世纪高职高专规划教材

高等职业教育规划教材编委会专家审定

计算机网络安全案例教程

主　编　王春莲　靳　晋　牟　思
副主编　李　燕　杨东岳　王海霞

U0290911

北京邮电大学出版社
www. buptpress. com

内 容 提 要

　　本书从网络安全的核心技术应用出发,将"以学生为中心"的理念作为指导思想,按照"项目导向,任务驱动"的教学改革思路进行教材的编写,是一本基于工作过程导向的工学结合的高职教材。

　　本书包含 8 个项目,每个项目的内容按照"项目描述"→"任务提出"→"任务分析"→"任务实施"→"总结练习"的顺序进行编写,体现了完整的教学环节,符合"学中做、做中学"的思路。内容包括现代网络安全威胁、网络病毒攻击防范、网络入侵防范、网络远程入侵防范、安全防护与入侵检测、加密技术与虚拟专用网、网络设备安全、网络安全管理技术。

　　本书既可以作为高职高专院校计算机专业的教材,也可以作为网络管理人员、信息安全管理人员以及计算机爱好者的技术参考书。

图书在版编目(CIP)数据

计算机网络安全案例教程 / 王春莲,靳晋,牟思主编 . -- 北京 : 北京邮电大学出版社,2014.8
ISBN 978-7-5635-4057-0

Ⅰ. ①计… Ⅱ. ①王… ②靳… ③牟… Ⅲ. ①计算机网络－安全技术－高等职业教育－教材
Ⅳ. ①TP393.08

中国版本图书馆 CIP 数据核字 (2014) 第 162506 号

| 书　　　　名:计算机网络安全案例教程 |
| 著作责任者:王春莲　靳　晋　牟　思　主编 |
| 责 任 编 辑:张珊珊 |
| 出 版 发 行:北京邮电大学出版社 |
| 社　　　址:北京市海淀区西土城路 10 号 (邮编:100876) |
| 发 行 部:电话:010-62282185　传真:010-62283578 |
| E-mail:publish@bupt. edu. cn |
| 经　　销:各地新华书店 |
| 印　　刷:北京鑫丰华彩印有限公司 |
| 开　　本:787 mm×1 092 mm　1/16 |
| 印　　张:18.5 |
| 字　　数:454 千字 |
| 版　　次:2014 年 8 月第 1 版　2014 年 8 月第 1 次印刷 |

ISBN 978-7-5635-4057-0　　　　　　　　　　　　　　　　定　价:37.00 元

前　言

校企合作、工学结合是职业教育发展的必由之路,为推进网络安全技术发展,培养更多优秀的网络管理人才,腾达电脑公司组织了行业技术专家和网络安全精品课程组成员共同编写了本书。

本书面向计算机信息系统集成、网络管理领域项目经理、系统集成工程师、网络管理员等相关工作岗位要求,提高学生的岗位实践能力,充分体现"理实一体"的教学理念。为了使本教材能正确反映网络安全技术最新发展方向,体现学科专业与教育教学的先进水平,更好地为我国的专业人才培养服务,我们在教材的编写过程中广泛听取了教师、学生、企业管理和技术人员、相关职业资格认证专家等各方面的意见。总体来说,本教材的体系结构和内容组织较好地体现了新的教学设计思想,注重理论联系实际,融知识学习和能力培养为一体。

本书包含8个项目:现代网络安全威胁;网络病毒攻击防范;网络入侵防范;网络远程入侵防范;安全防护与入侵检测;加密技术与虚拟专用网;网络设备安全;网络安全管理技术。为了方便教师教学,本书配备了内容丰富的教学资源,包括PPT电子教案、课后练习答案。该课程已建成精品课程,精品课程网站网址:http://jpkc.dzvtc.cn/wlgl/wlaq/。

本书是一本基于工作过程导向的工学结合教材。本书集项目教学、拓展实训与工程案例为一体,按照"项目描述"→"任务提出"→"任务分析"→"任务实施"→"总结练习"的层次进行组织,实用性强。本书内容源于实际工作项目,任务内容强调工学结合。在专业技能培养中突出实战化要求,贴近市场,贴近技术。

本书由德州职业技术学院计算机系教师王春莲、靳晋、牟思担任主编,德州职业技术学院计算机系教师李燕、杨东岳和山东电子职业技术学院计算机科学与技术系教师王海霞担任副主编,德州腾达电脑公司经理门金波、工程师陈建涛等专家参与了本书的编写,并审阅了书稿,提出了宝贵意见。

由于时间仓促以及编者水平,书中错误与疏漏之处在所难免,敬请专家、广大师生及读者批评指正。

编　者

目　　录

项目一　现代网络安全威胁 ·· 1

　　任务一　网络安全概述 ··· 1

　　　　步骤一　网络安全的概念 ··· 2

　　　　步骤二　网络安全分类 ··· 4

　　　　步骤三　网络安全威胁 ··· 9

　　　　步骤四　网络设备面临的威胁 ····································· 14

　　任务二　网络安全体系结构 ·· 16

　　　　步骤一　OSI 安全体系 ··· 17

　　　　步骤二　网络安全模型 ··· 22

　　项目实践　网络简单攻击防范 ·· 25

　　课后练习 ·· 31

项目二　网络病毒攻击防范 ·· 33

　　任务一　清除与预防网络病毒 ·· 33

　　　　步骤一　网络病毒概述 ··· 34

　　　　步骤二　局域网病毒防范 ··· 38

　　任务二　恶意软件攻击防范 ·· 40

　　　　步骤一　恶意软件概述 ··· 40

　　　　步骤二　恶意软件事件防范 ······································· 45

　　项目实践 1　网络蠕虫的清除与预防 ·································· 49

　　项目实践 2　"熊猫烧香"病毒的清除与防范 ··························· 52

　　课后练习 ·· 54

项目三　网络入侵防范 ·· 56

　　任务一　网络入侵 ·· 56

　　　　步骤一　网络入侵者(黑客) ······································ 57

　　　　步骤二　网络入侵常用攻击手段 ··································· 59

　　　　步骤三　网络入侵的一般过程 ····································· 61

　　　　步骤四　网络入侵常见的攻击方式 ································· 63

　　任务二　网络入侵防范 ·· 72

步骤一　网络入侵基本防范 ·· 73

步骤二　网络入侵防范基本操作 ·· 86

项目实践 1　端口扫描器 X-Scan 的使用 ·· 91

项目实践 2　嗅探器 Ethereal 的使用 ·· 95

课后练习 ·· 98

项目四　网络远程入侵防范 ·· 101

任务一　远程入侵展现 ·· 101

步骤一　远程入侵的一般过程 ·· 101

步骤二　网络监听 ·· 103

步骤三　拒绝服务器攻击 ··· 107

步骤四　协议欺骗攻击 ·· 110

步骤五　木马攻击 ·· 113

步骤六　缓冲区溢出 ··· 117

任务二　远程入侵实现 ·· 120

步骤一　IPC＄入侵 ··· 120

步骤二　Telnet 入侵 ··· 124

步骤三　3389 入侵 ··· 128

步骤四　木马入侵 ·· 132

项目实践　利用灰鸽子木马程序远程入侵 ······································· 135

课后练习 ·· 138

项目五　安全防护与入侵检测 ··· 141

任务一　典型安全防护措施 ··· 141

步骤一　防火墙技术 ··· 142

步骤二　入侵检测技术 ·· 153

任务二　安全防范操作 ·· 160

步骤一　小型办公/家庭办公网络防火墙的基本配置 ······················· 160

步骤二　路由器充当防火墙的基本配置 ·· 164

步骤三　天网防火墙的基本配置 ··· 169

步骤四　黑盾网络入侵检测系统 v3.0 ·· 176

项目实践　利用 PIX 防火墙完成内外部接口和 DMZ 之间的访问 ········· 183

课后练习 ·· 185

项目六　加密技术与虚拟专用网 ··· 187

任务一　加密技术 ·· 187

步骤一　加密技术概述 ·· 188

步骤二　加密技术的分类 ··· 192

步骤三　现代加密算法介绍 ·· 192

　　步骤四　常用的加密解密操作 ……………………………………………… 194

　任务二　VPN 技术 …………………………………………………………… 200

　　步骤一　VPN 技术的概述 …………………………………………………… 200

　　步骤二　IPSec(IP and Security)技术 ……………………………… 201

　　步骤三　VPN 产品的选择 …………………………………………………… 203

　项目实践　加密分析程序 CAP 的使用 ……………………………………… 204

　课后练习 …………………………………………………………………………… 211

项目七　网络设备安全 ………………………………………………………… 213

　任务一　网络设备安全技术 ………………………………………………… 213

　　步骤一　网络设备安全概述 ………………………………………………… 214

　　步骤二　路由器安全防范技术 ……………………………………………… 215

　　步骤三　交换机安全防范技术 ……………………………………………… 222

　　步骤四　无线网络安全 ……………………………………………………… 228

　任务二　网络设备的安全防范操作 ………………………………………… 239

　　步骤一　实现 vlan 的划分 ………………………………………………… 239

　　步骤二　路由器安全的简单配置 …………………………………………… 242

　　步骤三　无线路由器的配置 ………………………………………………… 248

　项目实践　Packet Tracer 模拟无线路由 ………………………………… 253

　课后练习 …………………………………………………………………………… 257

项目八　网络安全管理技术 ………………………………………………… 259

　任务一　网络安全管理概述 ………………………………………………… 259

　　步骤一　网络安全管理概念和内容 ………………………………………… 259

　　步骤二　网络安全管理步骤及功能 ………………………………………… 261

　　步骤三　网络安全管理技术 ………………………………………………… 263

　任务二　网络安全管理体系 ………………………………………………… 265

　　步骤一　网络安全保障体系 ………………………………………………… 266

　　步骤二　网络安全的法律法规 ……………………………………………… 268

　　步骤三　网络安全评估准则和测评 ………………………………………… 268

　项目实践　园区网络安全整体设计 ………………………………………… 274

　课后练习 …………………………………………………………………………… 283

项目一　现代网络安全威胁

　　随着网络技术的不断发展,网络在人们的生活中已经占有一席之地,为人们的生活带来了很大方便。然而,网络也不是完美无缺的,它在给人们带来惊喜的同时,也带来了威胁。计算机犯罪、黑客、有害程序和后门问题等严重威胁着网络的安全。

　　网络安全是一门涉及计算机科学、网络技术、通信技术、密码技术、信息安全技术、应用数学、数论、信息论等多种学科的综合性科学。网络安全是一个系统性概念,不仅包括网络信息的存储安全,还涉及信息的产生、传输和使用过程中的安全,应该说网络节点处的安全和通信链路上的安全共同构成了网络系统的安全体系。国际标准化组织(ISO)在 ISO 7498-2 文献中指出:"安全就是最大限度地减少数据和资源被攻击的可能性。"那么,什么是网络安全?

任务一　网络安全概述

【技能要点】

　　1. 学习网络安全的概念;

　　2. 了解网络安全分类;

　　3. 了解网络安全主要有哪些威胁;

　　4. 掌握网络安全管理原则。

【任务背景】

　　小王在某一学院网络中心实习,负责协助赵主任进行学院网络的安全管理维护工作,工作中常常遇到下面几种情况:下载一些有用的东西,却常常遭受病毒的困扰;有时重要的文件莫名丢失;网上有些美丽的图片竟然有木马程序;有时候自己没有操作,但桌面的鼠标却在动;有时候明明 IP 地址正确,却上不了网。面对复杂的网络状况,小王不知从何下手,就去请教经验丰富的赵主任。赵主任笑着说,我们的网络并不安全,如何保证上网的安全、如何保证我们的信息安全、如何防范恶意黑客的攻击,得从最基本的网络安全知识讲起,今天我就给你介绍一下网络安全的基本概念和网络安全的相关知识。

【任务分析】

　　全面进行网络安全管理,就要系统学习网络安全的基本知识,知道网络中主要的网络设备以及他们面临的威胁,了解网络安全管理原则。

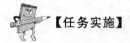【任务实施】

步骤一　网络安全的概念

随着 Internet 的发展,网络安全逐渐成为一个敏感的话题。网络安全有很多基本的概念,下面先来简单地介绍一下。

1. 网络安全的定义

一提到网络安全,不少人心里首先想到的应该是"某网站的主页被黑了"、"我的 QQ 号码或电子邮件地址被别人盗用"之类的网络信息安全事件,其实这些仅仅是属于其中的一类远程攻击。还有很多网络安全事件从表面上看没有发生的迹象,可是机密数据却被入侵者偷偷地读取或修改,这才是最严重的,它可能造成不可弥补的损失。网络安全的含义远远超出我们认识的范畴。

国际标准化组织(ISO)引用的"ISO74982"文献中对安全的定义是这样的:安全就是最大限度地减少数据和资源被攻击的可能性。Internet 的最大特点就是开放性,然而对于安全来说,这又是它致命的弱点。

网络安全目前并没有公认和统一的定义,现在采用比较多的定义是:网络安全(Network Security)是指网络系统中的硬件、软件及其中数据受到保护,不受偶然或者恶意的破坏、更改、泄露,保证系统连续可靠地运行,网络服务不中断的措施。

2. 网络安全的五要素

由于网络安全威胁的多样性、复杂性及网络信息、数据的重要性,在设计网络系统的安全时,应该努力达到安全目标。一个安全的网络包括五个基本要素:机密性、完整性、可用性、可控性与不可抵赖性。

(1) 机密性(Confidentiality)

机密性是防止信息泄露给非授权个人或实体,只允许授权用户访问的特性。保密性是一种面向信息的安全性,是保障网络系统安全的基本要求。

(2) 完整性(Integrity)

完整性是指网络中的信息安全、精确、有效,不因人为的因素而改变信息原有的内容、形式与流向,它要求保持信息的原样,即信息的正确生成、正确存储和正确传输,也就是信息在生成、存储或传输过程中保证不被偶然或蓄意地删除、修改、伪造、乱序、插入等破坏和丢失的特性。

(3) 可用性(Availability)

可用性即网络信息系统在需要时,允许授权用户或实体使用的特性;或者是网络信息系统部分受损或需要降级使用时,仍能为授权用户提供有效服务的特性。

(4) 可控性(Controllability)

可控性主要指对危害国家信息(包括利用加密的非法通信活动)的监视审计。控制授权范围内的信息流向及行为方式。使用授权机制,控制信息传播范围、内容,必要时能恢复密钥,实现对网络资源及信息的可控性。

（5）不可抵赖性（Non-repudiation）

不可抵赖性也称为不可否认性，对出现的安全问题提供调查的依据和手段。使用审计、监控、防抵赖等安全机制，使得攻击者、破坏者、抵赖者"逃不脱"，并进一步对网络出现的安全问题提供调查依据和手段，实现信息安全的可审查性。一般通过数字签名来提供不可否认服务。

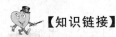 【知识链接】

1. 网络安全发展历程

最初，因特网（Internet）尚未出现，计算机网络未成型，人们使用普通邮件或电话进行交流，紧急情况下可以发送电报进行通信。

Internet 起源于 1969 年年初建立的 ARPANET（Advanced Research Projects Agency Network）：一个非常小的、独立封闭的、监管严格的网络。它是美国国防部高级研究计划管理局为准军事目的而建立的，开始只有 4 台主机，这就是只有 4 个节点的"网络之父"。

1972 年公开展示时，由于一些学术研究和政府机构的加入，ARPANET 网络已经连接了 50 所大学和研究机构的主机。

到 1982 年，ARPANET 实现了与其他多种异构网络的互联，从而形成了以它为主干网的互联网。

1983 年，美国国家科学基金会 NSF（National Science Foundation）斥巨资，建造了全美五大超级计算机中心。为了使全国的科学家、工程师能共享超级计算机的资源，又建立了基于 IP 协议（Internet Protocol）的计算机通信网络 NFSNET。

1986 年，NFSNET 建成后取代了 ARPANET 成为互联网的主干网。

发展到 1996 年，互联网已经连接了世界上 195 个国家，遍布每个大洲（甚至南极洲）的 1 300 多万台计算机。

互联网在拥有丰富资源共享、高度开放性和跨地区跨时间的自由性的同时，随之暴露出来的网络安全问题也日趋严重。病毒与病毒防治、入侵和安全防范的较量此消彼长，正所谓"魔高一尺，道高一丈"，这注定将是一场长期艰巨的战争。

2. 网络安全历史事件

1987 年，病毒"维也纳（Vienna）"问世，拉尔夫·伯格（Ralph Buerger）将其分解并发表在他的著作《计算机病毒：一种高科技疾病》（Computer Viruses：a High-tech Disease）中。这本书阐述了如何编写和实现繁衍成百上千的计算机病毒的概念，使得编写计算机病毒成为一种时尚。

1988 年 11 月 2 日，美国航天局艾姆斯研究中心（NASA Ames Research Center）的彼得·伊（Peter Yee）在互联网邮件列表里发布信息："我们正在遭受因特网病毒的攻击！"这个报告成了后来为人熟知的莫里斯蠕虫病毒（Morris Worm）发作的第一份历史记载。

1989 年 10 月，手淫蠕虫（WANK worm，Worms Against Nuclear Killers）——一个自动攻击 VMS 系统的蠕虫病毒出现，肇事者至今未明，成为有记载的史上第一次网络犯罪悬案。

20 世纪 90 年代，各种病毒变种和入侵手段进一步升级。在众多的网络安全事件中，有一些网络犯罪疑案至今悬而未决。

步骤二 网络安全分类

从防护和检测的层次上可以将网络安全分成四个层次：物理安全、网络安全、信息安全和管理安全。

1. 物理安全

物理安全是指用一些装置和应用程序来保护计算机硬件和存储介质的安全。比如在计算机下面安装将计算机固定在桌子上的安全托盘、硬盘振动保护器等。下面详细地谈一下物理安全。

物理安全非常重要，它负责保护计算机网络设备、设施以及其他媒体免遭地震、水灾、火灾等环境事故，以及人为操作失误、错误和各种计算机犯罪行为导致的破坏。它主要包括三个方面。

（1）环境安全：对系统所在环境的安全保护，如区域保护和灾难保护。参见国标 GB50173—93《电子计算机机房设计规范》、国标 GB 2887—89《计算站场地技术条件》和国标 GB9361—88《计算站场地安全要求》。

（2）设备安全：主要包括设备的防盗、防毁、防电磁信息辐射泄漏、防止线路截获、抗电磁干扰及电源保护等。

（3）媒体安全：包括媒体数据的安全及媒体本身的安全。

显然，为保证信息网络系统的物理安全，除在网络规划和场地、环境等要求之外，还要防止系统信息在空间的扩散。计算机系统通过电磁辐射使信息被截获而失密的案例已经很多，在理论和技术支持下的验证工作也证实这种截取距离在几百米甚至可达千米，给计算机系统信息的保密工作带来了极大的危害。为了防止系统中的信息在空间上的扩散，通常在物理上采取一定的防护措施，来减少或干扰扩散出去的空间信号。这是重要的政策机构、军队、金融机构在兴建信息中心时的首要设置条件。

正常的防范措施主要有三个方面。

（1）对主机房及重要信息存储、收发部门进行屏蔽处理。即建设一个具有高效屏蔽效能的屏蔽室，在其中安装运行的主要设备，以防止磁鼓、磁带与高辐射设备等的信号外泄，为提高屏蔽室的效能，在屏蔽室与外界的各项联系、连接中均要采取相应的隔离措施和设计，如信号线、电话线、空调、消防控制线，以及通风管道、门的开关等。

（2）对本地网、局域网传输线路传导辐射的抑制。由于电缆传输辐射信息的不可避免性，现均采用了光缆传输的方式，大多数均在 Modem 出来的设备用光电转换接口，用光缆接出屏蔽室外进行传输。

（3）对终端设备辐射的措施。终端机，尤其是 CRT 显示器，由于上万伏高压电子流的作用，辐射有极强的信号外泄，但又因终端分散使用而不宜集中采用屏蔽室的办法来防止，故现在除在订购设备上尽量选取低辐射产品外，目前主要采取主动式的干扰设备如干扰机来破坏对应信息的窃取，个别重要的电脑或集中的终端也可考虑采用有窗子的装饰性屏蔽室，这样虽降低了部分屏蔽效能，但可大大改善工作环境，使人感到像在普通机房内一样工作。

2. 网络安全

网络安全主要包括系统(主机、服务器)安全、网络运行安全、局域网和子网安全。

(1) 内外网隔离及访问控制系统

在内部网与外部网之间,设置防火墙(包括分组过滤与应用代理)实现内外网的隔离与访问控制是保护内部网安全的最主要、最有效、最经济的措施之一。防火墙技术可根据防范的方式和侧重点的不同分为很多种类型,但总体来讲有两大类较为常用:分组过滤和应用代理。

分组过滤(Packet filtering):作用在网络层和传输层,它根据分组包的源地址和端口号、协议类型等标志确定是否允许数据包通过。只有满足过滤逻辑的数据包才被转发到相应的目的地出口端,其余数据包则被从数据流中丢弃。

应用代理(Application Proxy):也叫应用网关(Application Cateway),它作用在应用层,其特点是完全"阻隔"了网络通信流,通过对每种应用服务编制专门的代理程序,实现监视和控制应用层通信流的作用。实际中的应用网关通常由专用工作站实现。无论何种类型防火墙,从总体上看,都应具有以下五大基本功能:

- 过滤进、出网络的数据;
- 管理进、出网络的访问行为;
- 封堵某些禁止的业务;
- 记录通过防火墙的信息内容和活动;
- 对网络攻击的检测和警告。

应该强调的是,防火墙是整体安全防护体系的一个重要组成部分,而不是全部。因此必须将防火墙的安全保护融合到系统的整体安全策略中,才能实现真正的安全。

(2) 内部网不同网络安全域的隔离及访问控制

在这里,防火墙被用来隔离内部网络的一个网段与另一个网段。这样,就能防止影响因一个网段的问题而通过整个网络传播。针对某些网络,在某些情况下,它的一些局域网的某个网段比另一个网段更受信任,或者某个网段比另一个更敏感,而在它们之间设置防火墙就可以限制局部网络安全问题对全局网络造成的影响。

(3) 网络安全检测

网络系统的安全性是网络系统中最薄弱的环节。如何及时发现网络系统中最薄弱的环节,如何最大限度地保证网络系统的安全,最有效的方法是定期对网络系统进行安全性分析,及时发现并修正存在的弱点和漏洞。

网络安全检测工具通常是一个网络安全性评估分析软件,其功能是用实践性的方法扫描分析网络系统,检查报告系统存在的弱点和漏洞,建议补救措施和安全策略,达到增强网络安全性的目的。

(4) 审计与监控

审计是记录用户使用计算机网络系统进行所有活动的过程,它是提高安全性的重要工具。它不仅能够识别谁访问了系统,还能指出系统正被怎样地使用。对于确定是否有网络攻击的情况,审计信息对于确定问题和攻击源很重要。同时,系统事件的记录能够更迅速和系统地识别问题,并且是后面阶段事故处理的重要依据。另外,通过对安全事件的不断收集与积累,并且加以分析,有选择性地对其中的某些站点或用户进行审计跟踪,以便对发现或可能产生的破坏性行为提供有力的证据。因此,除使用一般的网管软件和系统监控管理系统外,还应使用目前较为成熟的网络监控设备或实时入侵检测设备,以便对进出各级局域网的常见操作进行实时检查、监控、报警和阻断,从而防止针对网络的攻击与犯罪行为。

(5) 网络反病毒

由于在网络环境下,计算机病毒有不可估量的威胁性和破坏力,因此计算机病毒的防范是网络安全性建设中重要的一环。网络反病毒技术包括预防病毒、检测病毒和消毒三种技术。

• 预防病毒技术:它通过自身常驻系统内存,优先获得系统的控制权。监视和判断系统中是否有病毒存在,进而阻止计算机病毒进入计算机系统和对系统进行破坏。这类技术有加密可执行程序、引导区保护、系统监控与读写控制(如防病毒卡等)。

• 检测病毒技术:它是通过计算机病毒的特征来进行判断的技术,如自身校验、关键字、文件长度的变化等。

• 消毒技术:它通过对计算机病毒的分析,开发出具有删除病毒程序并恢复原文件的软件。网络反病毒技术的具体实现方法包括:对网络服务器中的文件进行频繁的扫描和监测;在工作站上使用防病毒芯片;对网络目录及文件设置访问权限等。

(6) 网络备份系统

备份系统为一个目的而存在:尽可能快地全盘恢复运行计算机系统所需的数据和系统信息。根据系统安全需求可选择的备份机制有:场地内高速度、大容量自动的数据存储、备份与恢复;场地外的数据存储、备份与恢复;对系统设备的备份。备份不仅在网络系统硬件故障或人为失误时起到保护作用,也在入侵者非授权访问或对网络攻击及破坏数据完整性时起到保护作用,同时亦是系统灾难恢复的前提之一。

一般的数据备份操作有三种:一是全盘备份,即将所有文件写入备份介质;二是增量备份,只备份那些上次备份之后使用和修改过的文件,它是最有效的备份方法;三是差分备份,即备份上次全盘备份之后使用和修改过的所有文件,其优点是只需两组磁带就可恢复最后一次全盘备份的磁带和最后一次差分备份的磁带。在确定备份的指导思想和备份方案之后,就要选择安全的存储媒介和技术进行数据备份。有"冷备份"和"热备份"两种。热备份是指"在线"的备份,即下载备份的数据还在整个计算机系统和网络中,只不过传到另一个非工作的分区或是另一个非实时处理的业务系统中存放。"冷备份"是指"不在线"的备份,下载的备份存放到安全的存储媒介中,而这种存储媒介与正在运行的整个计算机系统和网络没有直接联系,在系统恢复时重新安装,有一部分原始的数据长期保存并作为查询使用。热备份的优点是投资大,调用快,使用方便,在系统恢复中需要反复调试时更显优势。

热备份的具体做法是:可以在主机系统开辟一块非工作运行空间,专门存放备份数据,即分区备份;另一种方法是,将数据备份到另一个子系统中,通过主机系统与子系统之间的传输,同样具有速度快和调用方便的特点,但投资比较昂贵。冷备份弥补了热备份的一些不足,二者优势互补,相辅相成,因为冷备份在回避风险中还具有便于保管的特殊优点。在进行备份的过程中,常使用备份软件,它一般应具有以下功能:

• 保证备份数据的完整性,并具有对备份介质的管理能力;

• 支持多种备份方式,可以定时自动备份,还可设置备份自动启动和停止日期;

• 支持多种校验手段(如字节校验、CRC 循环冗余校验、快速磁带扫描),以保证备份的正确性；

- 提供联机数据备份功能；
- 支持 RAID 容错技术和图像备份功能。

3. 信息安全

Internet 是信息的革命。在方便地享用信息的同时，也带来了安全方面的问题。由于 Internet 从建立开始就缺乏安全的总体构想和设计，而 TCP/IP 协议也是在信息环境下为网络互联专门设计的，同样缺乏安全措施的考虑，加上黑客的攻击及病毒的干扰，使得网络存在很多不安全因素，如口令猜测、地址欺骗、TCP 盗用、业务否决、对域名系统和基础设施破坏、利用 Web 破坏数据库、社会工程、邮件炸弹、病毒携带等。

诸多的不安全让我们措手不及。害怕自己的信息被他人利用及信息漏失；担心自己的计算机系统遭到外界的破坏（如收到大批电子邮件垃圾）；最迫切需要使用计算机时，却出现了系统故障，什么事也干不了，浪费时间；存在计算机上的有关个人钱财、健康状况、购物习惯等个人隐私也有被偷窥的可能。

所以采取相应的措施和手段来保护网络与信息的安全是非常必要的。所谓信息安全就是要保证数据的机密性、完整性、抗否认性和可用性，主要涉及信息传输的安全、信息存储的安全以及反对网络传输信息内容的审计三方面。

安全级别有四等：绝对可信网络安全、完全可信网络安全、可信网络安全和不可信网络安全。

安全的层次有四层：企业级安全、应用级安全、系统级安全和网络级安全。安全访问控制就是属于系统级安全。

网络上系统信息的安全包括用户口令鉴别、用户存取权限控制、数据存取权限和方式控制、安全审计、安全问题跟踪、计算机病毒防治、数据加密等。

（1）鉴别

鉴别是对网络中的主体进行验证的过程，通常有三种方法验证主体身份。一是只有该主体了解的秘密，如口令、密钥；二是主体携带的物品，如智能卡和令牌卡；三是只有该主体具有的独一无二的特征或能力，如指纹、声音、视网膜或签字等。

口令机制：口令是相互约定的代码，只有用户和系统知道。口令有时由用户选择，有时由系统分配。通常情况下，用户先输入某种标志信息，比如用户名和 ID 号，然后系统询问用户口令，若口令与用户文件中的相匹配，用户即可进入访问。口令有多种，如一次性口令，即系统生成一次性口令的清单，第一次时必须使用 X，第二次时必须使用 Y，第三次时使用 Z，这样一直下去；还有基于时间的口令，即访问使用的正确口令随时间变化，变化基于时间和一个秘密的用户密钥。这样口令每分钟都在改变，使其更加难以猜测。

智能卡：访问不但需要口令，也需要使用物理智能卡。在允许进入系统之前检查是否允许其接触系统，智能卡大小形如信用卡，一般由微处理器、存储器及输入/输出设施构成。微处理器可计算该卡的一个唯一数（ID）和其他数据的加密形式。ID 保证卡的真实性，持卡人就可访问系统，为防止智能卡遗失或被窃，许多系统需要卡和身份识别码（PIN）同时使用。若仅有卡而不知 PIN 码，则不能进入系统。智能卡比传统的口令方法更好，但其携带不方便，且开户费用较高。

主体特征鉴别：利用个人特征进行鉴别的方式具有很高的安全性。目前已有的设备包括视网膜扫描仪、声音验证设备、手型识别器。

（2）数据传输安全系统

① 数据传输加密技术

数据传输加密技术的目的是对传输中的数据流加密，以防止通信线路的窃听、泄露、篡改和破坏。如果以加密实现的通信层次来区分，加密可以在通信的三个不同层次来实现，即链路加密（位于 OSI 网络层以下的加密）、节点加密及端到端加密（传输前对文件加密，位于 OSI 网络层以上的加密）。

一般常用的是链路加密和端到端加密这两种方式。链路加密侧重于在通信链路上加密而不考虑信源和信宿，保密信息通过各链路时采用不同的加密密钥提供安全保护。链路加密是面向节点的，对于网络高层主体是透明的，它对高层的协议信息（地址、检错、帧头帧尾）都加密，因此数据在传输中是密文的，但在中央节点必须解密得到路由信息。端到端加密则指信息由发送端自动加密并进入 TCP 数据包封装，然后作为不可阅读和不可识别的数据穿过互联网，这些信息一旦到达目的地，将自动重组、解密，成为可读数据。端到端加密是面向网络高层主体的，它不对下层协议进行信息加密，协议信息以明文形式传输，用户数据在中央节点无须解密。

② 数据完整性鉴别技术

目前，对于动态传输的信息，许多协议确保信息完整性大多采用的是收错重传、丢弃后续包的办法，但黑客的攻击可以改变信息包内部的内容，所以应采取有效的措施来进行完整性控制。

报文鉴别：与数据链路层的 CRC 控制类似，将报文名字段（或域）使用一定的操作组成一个约束值，称为该报文的完整性检测向量 ICV（Integrated Check Vector）。然后将它与数据封装在一起进行加密，传输过程中由于侵入者不能对报文解密，所以也就不能同时修改数据并计算新的 ICV，这样，接收方收到数据后解密并计算 ICV，若与明文中的 ICV 不同，则认为此报文无效。

校验和：一个最简单易行的完整性控制方法是使用校验和，计算出该文件的校验和值并与上次计算出的值比较。若相等，说明文件没有改变；若不相等，则说明文件可能被未察觉的行为改变了。校验和方式可以查错，但不能保护数据。

加密校验和：将文件分成小块，对每一块计算 CRC 校验值，然后再将这些 CRC 值加起来作为校验和。只要运用恰当的算法，这种完整性控制机制几乎无法攻破，但这种机制运算量大，并且昂贵，只适用于那些完整性要求保护级高的情况。

消息完整性编码 MIC（Message Integrity Code）：使用简单单向散列函数计算消息的摘要，连同信息发送给接收方，接收方重新计算摘要，并进行比较验证信息在传输过程中的完整性。这种散列函数的特点是任何两个不同的输入不可能产生两个相同的输出。因此，一个被修改的文件不可能有同样的散列值。单向散列函数能够在不同的系统中高效实现。

防抵赖技术：它包括对源目的地双方的证明，常用方法是数字签名，数字签名采用一定的数据交换协议，使得通信双方能够满足两个条件：接收方能够鉴别发送方所宣称的身份，发送方以后不能否认它发送过数据这一事实。比如，通信的双方采用公钥体制，发送方使用接收方的公钥和自己的私钥加密的信息，只有接收方凭借自己的私钥和发送方的公钥解密之后才能读懂，而对于接收方的回执也是同样道理。另外实现防抵赖的途径还有采用可信第三方的权标、使用时间戳、采用一个在线的第三方、数字签名与时间戳相结合等。

为保障数据传输的安全,需采用数据传输加密技术、数据完整性鉴别技术及防抵赖技术。因此为节省投资、简化系统配置、便于管理、使用方便,有必要选取集成的安全保密技术措施及设备。这种设备应能够为大型网络系统的主机或重点服务器提供加密服务,为应用系统提供安全性强的数字签名和自动密钥分发功能,支持多种单向散列函数和校验码算法,以实现对数据完整性的鉴别。

(3) 数据存储安全系统

在计算机信息系统中存储的信息包括纯粹的数据信息和各种功能文件信息两大类。对纯粹数据信息的安全保护,以数据库信息的保护最为典型,而对各种功能文件的保护,终端安全很重要。

① 数据库安全

对数据库系统所管理的数据和资源提供安全保护,一般包括以下几点:

- 物理完整性,即数据能够避免物理方面破坏的问题,如掉电、火灾等;
- 逻辑完整性,能够保持数据库的结构,如对一个字段的修改不至于影响其他字段;
- 元素完整性,包括在每个元素中的数据是准确的;
- 数据的加密;
- 用户鉴别,确保每个用户被正确识别,避免非法用户入侵;
- 可获得性,指用户一般可访问数据库和所有授权访问的数据;
- 可审计性,能够追踪到谁访问过数据库。

要实现对数据库的安全保护,一种选择是安全数据库系统,即从系统的设计、实现、使用和管理等各个阶段都要遵循一套完整的系统安全策略;二是以现有数据库系统所提供的功能为基础,构建安全模块,旨在增强现有数据库系统的安全性。

② 终端安全

主要解决微机信息的安全保护问题,一般的安全功能如下:基于口令或(和)密码算法的身份验证,防止非法使用机器;自主和强制存取控制,防止非法访问文件;多级权限管理,防止越权操作;存储设备安全管理,防止非法软盘复制和硬盘启动;数据和程序代码加密存储,防止信息被窃;预防病毒,防止病毒侵袭;严格的审计跟踪,便于追查责任事故。

(4) 信息内容审计系统

实时对进出内部网络的信息进行内容审计,以防止或追查可能的泄密行为。因此,为了满足国家保密法的要求,在某些重要或涉密网络,应该安装使用此系统。

步骤三 网络安全威胁

网络中存储了大量的信息,这就自然而然地成了攻击者攻击的目标,也必然受到方方面面带来的威胁。

1. 网络安全面临的主要威胁

目前,计算机互联网络面临的安全性威胁主要有以下几个方面。

(1) 非授权访问和破坏("黑客"攻击)

非授权访问:没有预先经过同意,就使用网络或于计算机资源被看作非授权访问,如有意避开系统包间控制机制,对网络设备及资源进行非正常使用,或擅自扩大权限,越权访问信息。它主要有以下几种形式:假冒、身份攻击、非法用户进入网络系统进行违法操作、合法用户以未授权方式进行操作等。操作系统总不免存在这样那样的漏洞,一些人就利用系统的漏洞进行网络攻击,其目标就是对系统数据的非法访问和"黑客"攻击。"黑客"攻击已有十几年的历史,黑客活动几乎覆盖了所有的操作系统,包括 UNIX、Windows NT、VM、VMS以及 MVS。

(2) 拒绝服务攻击(Denial of Service Attack)

最早的拒绝服务攻击是"电子邮件炸弹",它能使用户在很短的时间内收到大量电子邮件,使用户系统不能处理正常业务,严重时会使系统崩溃、网络瘫痪。

它不断对网络服务系统进行干扰,改变其正常的作业流程,执行无关程序使系统响应减慢甚至瘫痪,影响正常用户的使用,甚至使合法用户被排斥而不能进入计算机网络系统或不能得到相应的服务。

(3) 计算机病毒

计算机病毒程序很容易做出,有着巨大的破坏性,其危害已被人们所认识。单机病毒就已经让人们"谈毒色变"了,而通过网络传播的病毒,无论是在传播速度、破坏性,还是在传播范围等方面都是单机病毒不能比拟的。

(4) 特洛伊木马(Trojan Horse)

特洛伊木马的名称来源于古希腊的历史故事。特洛伊木马程序一般是由编程人员编制,它提供了用户所不希望的功能,这些额外的功能往往是有害的。把预谋的有害的功能隐藏在公开的功能中,以掩盖其真实企图。

(5) 破坏数据完整性

指以非法手段窃得对数据的使用权,删除、修改、插入或重发某些重要信息,可以修改、销毁以及替代网络上传输的数据,重复播放某个分组序列,改变网络上传输的数据包的先后次序,使攻击者获益,以干扰用户的正常使用。

(6) 蠕虫(Worms)

蠕虫是一个或一组程序,可以从一台机器向另一台机器传播,它同病毒不一样,它不需要修改宿主程序就能传播。

(7) 活板门(Trap Doors)

为攻击者提供"后门"的一段非法的操作系统程序,这一般是指一些内部程序人员为了特殊的目的,在所编制的程序中潜伏代码或保留漏洞。

(8) 隐蔽通道

这是一种允许违背合法的安全策略的方式进行操作系统进程间通信(IPC)的通道,它分为隐蔽存储通道和隐蔽时间通道,隐蔽通道的重要参数是带宽。

(9) 信息泄露或丢失

指敏感数据在有意或无意中被泄露出去或丢失,它通常包括:信息在传输中丢失或泄露(如"黑客"们利用电磁泄露或搭线窃听等方式截获机密信息,或通过对信息流向、流量、通信频度和长度等参数的分析,推出有用信息,如用户口令、账号等),信息在存储介质中丢失或泄露,通过建立隐蔽隧道等窃取敏感信息等。

2. 网络安全威胁产生的原因

（1）薄弱的认证环节

网络上的认证通常是使用口令来实现的，但口令有公认的薄弱性。网上口令可以通过许多方法破译，其中最常用的两种方法是把加密的口令解密和通过信道窃取口令。

（2）系统的易被监视性

用户使用 Telnet 或 FTP 连接他在远程主机上的账户，在网上传的口令是没有加密的。入侵者可以通过监视携带用户名和口令的 IP 包获取它们，然后使用这些用户名和口令通过正常渠道登录到系统。如果被截获的是管理员的口令，那么获取特权级访问就变得更容易了。成千上万的系统就是被这种方式侵入的。

（3）易欺骗性

TCP 或 UDP 服务相信主机的地址。如果使用"IP Source Routing"，那么攻击者的主机就可以冒充一个被信任的主机或客户。具体步骤如下：

第一，攻击者要使用那个被信任的客户的 IP 地址取代自己的地址；

第二，攻击者构造一条要攻击的服务器和其主机间的直接路径，把被信任的客户作为通向服务器的路径的最后节点；

第三，攻击者用这条路径向服务器发出客户申请；

第四，服务器接受客户申请，就好像是从可信任客户直接发出的一样，然后给可信任客户返回响应；

第五，可信任客户使用这条路径将包向前传送给攻击者的主机。

（4）有缺陷的局域网服务和相互信任的主机

主机的安全管理既困难又费时。为了降低管理要求并增强局域网，一些站点使用了诸如 NIS 和 NFS 之类的服务。这些服务通过允许一些数据库（如口令文件）以分布式方式管理以及允许系统共享文件和数据，在很大程度上减轻了过多的管理工作量。但这些服务带来了不安全因素，可以被有经验闯入者利用以获得访问权。

一些系统（如 rlogin）出于方便用户并加强系统和设备共享的目的，允许主机们相互"信任"。如果一个系统被侵入或欺骗，那么对闯入者来说，获取那些信任其他系统的访问权就很简单了。

（5）复杂的设置和控制

主机系统的访问控制配置复杂且难于验证，因此偶然的配置错误会使闯入者获取访问权。一些主要的 UNIX 经销商仍然把 UNIX 配置成具有最大访问权的系统，这将导致未经许可的访问。许多网上的安全事故原因是由于入侵者发现了系统的弱点而造成。

（6）无法估计主机的安全性

主机系统的安全性无法很好地估计，随着一个站点的主机数量的增加，确保每台主机的安全性都处在高水平的能力却在下降。只用管理一台系统的能力来管理如此多的系统就容易犯错误。另一因素是系统管理的作用经常变换并行动迟缓。这导致一些系统的安全性比另一些要低。这些系统将成为薄弱环节，最终将破坏这个安全链。

【知识链接】2012 中国互联网安全研究报告分析

为了让大家及时了解最新国内网络安全状况，下面分析一下 2012 年中国互联网安全研究报告。

1．总体情况

（1）新增木马逐月减少

根据360安全数据中心统计，2012年1月至6月，国内日均约2 835.3万台电脑遭到木马病毒等恶意程序攻击。与此同时，木马病毒攻击的成功率显著降低，一般在千分之五以内，如图1-1所示。

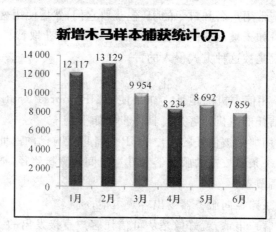

图1-1　2012年新增木马样本统计图

根据360用户调查显示，电脑中毒的主要原因是用户在木马病毒诱导性提示下关闭了安全软件的防护功能，主要集中在游戏外挂和诱惑视频播放器使用人群上。中国互联网用户因此被分为两大群体：大部分网民几乎与木马病毒隔离，很少遇到木马病毒攻击；另外一部分人群则频繁冒险中毒、杀毒。

（2）钓鱼网站威胁加剧

2012年上半年，360安全卫士共截获新增钓鱼网站350 149家（以host计算），已经达到去年全年截获新增钓鱼网站总量的75%，拦截钓鱼网站访问量更是高达21.7亿次，比2011年全年拦截量还高2 000万，如图1-2所示。

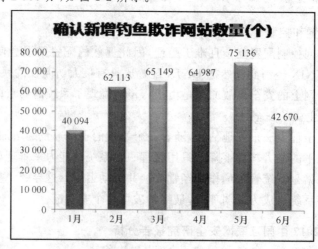

图1-2　2012年新增钓鱼木马样本统计图

从钓鱼网站的类型分布上来看,如图 1-3 所示。虚假购物仍然以 41.53％的比例蝉联钓鱼网站排名的榜首,紧随其后的是虚假中奖和模仿登录类钓鱼网站。排名前三的钓鱼网站占到钓鱼网站总量的 74.09％。值得一提的是,去年排名靠前的各种博彩类钓鱼网站的排名明显下降,而模仿登录类钓鱼网站比例却大幅上升,排名也大幅提前。

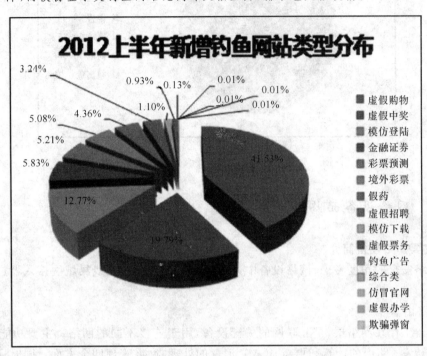

图 1-3　2012 年上半年新增钓鱼网站类型分布统计图

2. 现阶段网络安全的主要威胁

(1) 钓鱼欺诈成为网络安全首害

挂马和钓鱼是恶意网站攻击用户的两大手段。由于以往用户电脑很少打补丁,也很少有网民购买收费杀毒产品防范 0day 漏洞,木马能轻易通过浏览器自动下载到用户电脑中实施攻击,挂马网页因此一度疯狂泛滥,人们耳熟能详的 AV 终结者、熊猫烧香、机器狗、磁碟机、犇牛等顽固病毒主要是通过挂马网页传播。

(2) 网站拖库成为黑客主流盗号手段

由于个人电脑的防护越来越严密,很多黑客转向攻击网站,直接窃取网站数据库获取用户密码(拖库)。与个人电脑相比,网站系统要庞大得多,存在安全漏洞的可能性也更大。加之很多网站程序员缺少安全编程的经验,致使高危的安全漏洞在网站系统中普遍存在。根据 360 网站安全测试平台(http://Webscan.360.cn)的统计,超过 75％的国内网站带有高危漏洞。2011 年下半年多起大网站泄密事件的集中爆发,使网站安全问题进入公众视野。2012 年上半年,网站拖库问题还在持续发酵。

WebScan 对现有用户的安全评级的分析结果统计如图 1-4 所示。从图中可以看出,超过七成网站存在高危漏洞,能够达到安全和警告这两个相对比较可靠级别的网站,占比仅为 7％左右,而达到高危或超高危程度的网站却超过了 75％。也就是说,中国的网络环境正处于极度不安全的发展状态。

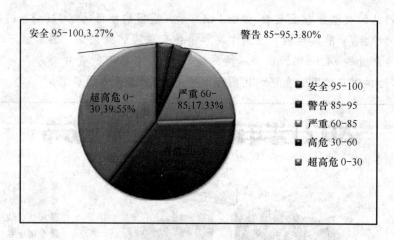

图 1-4　2012 年用户安全评级分析结果统计图

步骤四　网络设备面临的威胁

1. 主要网络设备简介

从网络安全的角度考虑,网络设备中只对路由器、交换机、无线局域网接入器进行简单介绍。

(1) 路由器

路由器工作在网络层,是互联网的关键设备,用于连接不同的网络。主要功能包括 IP 数据包的转发、路由的计算和更新、ICMP 消息的处理、网络管理四个方面。同时还具有数据包过滤、网络地址转换的功能,能够完成防火墙的部分功能,但这对路由器的性能提出了较高的要求。

有的路由器还支持虚拟私有专线链接,它适用于企业的总部与分部之间信息的链接,提供数据加密传输、数据可靠性验证、用户身份认证等一系列的安全防范措施,使用户能在现有设备的基础上通过 Internet 安全传输数据。

(2) 交换机

交换机一般工作在数据链路层,是智能化的转发设备,能够为每个端口提供独立的高带宽。主要功能包括分隔冲突域、提供端口的冗余备份、端口的链路汇聚、虚拟局域网、组播技术。有的交换机还具有三层交换功能、结合管理软件的用户认证功能、网络服务质量(Quality of Service,QoS) 功能、MAC 地址和 IP 地址过滤功能。

(3) 无线局域网接入器

无线网络作为有线网络的补充,扩大了有线网络的覆盖范围和接入的灵活性,使移动用户和布线困难的位置可以轻松接入网络,可以为用户提供无线漫游接入和移动办公。无线网桥是无线网络的接入设备,在安全方面一般支持 64-bit 或 128-bit WEP(Wired Equivalent Protocol,有线等效保密)加密,提供 MAC 地址过滤和 SSID(Service Set Identifier,服务识别码)隐藏功能。

2. 网络设备面临的安全威胁

网络设备面临的安全威胁主要有以下六个方面。

（1）人为设置错误

在网络设备配置和管理中,人为设置错误会给网络设备甚至整个网络带来严重的安全问题。常见的人为设置错误主要有以下三种。

• 网络设备管理的密码设置为缺省密码而不更改甚至不设密码

在可网管的网络设备中,都使用密码来验证登录到网络设备上的用户的合法性和权限。密码在网络设备上有两种保存方式:一种是明码的文本,可以通过查看配置文件直接看到密码;另一种是经过加密的,不能通过查看配置文件而直接识别出来。

网络设备有的有缺省密码,有的密码为空,用户在配置网络设备时首先将密码修改为复杂的密码,并使用加密存放或使用 TACACS＋或 RADIUS 认证服务器。一旦入侵者通过了网络设备的密码验证,该网络设备的控制权就被入侵者控制了,将威胁网络设备及网络的安全。

• 不对远程管理等进行适当的控制

对于网络设备的管理,通常使用图形界面的网管软件、telnet 命令、浏览器等方式对网络设备进行远程管理,用户要对这些远程管理进行适当的限制。

• 网络设备的配置错误

如果网络设备的配置错误将无法达到预期的目的,会威胁网络的安全。如路由器中的访问控制配置错误、无线局域网接入器广播服务识别码等。

（2）网络设备运行的操作系统存在漏洞

网络操作系统是控制网络设备运行、数据转发、路由计算、访问控制等服务的主体,它全面掌控着网络设备。不同厂商的网络设备运行各自定制的系统,存在较大差异,不同程度存在系统漏洞。

一般网络操作系统的漏洞主要表现在:接收特定的非法、畸形数据包后导致系统的拒绝访问、内存泄露、完全瘫痪,甚至出现设备被完全控制。

（3）网络设备提供不必要的服务

通常,一台网络设备在出厂默认情况下,会对外部提供特定的网络服务,如 HTTP、NTP、CDP 等,这些服务都可能作为攻击者的利用条件,为其提供一定的攻击机会。

攻击者可通过这些不安全的服务对设备进行远程拒绝服务攻击,也可通过这些服务掌握设备基本信息或完全控制设备。

（4）网络设备没有安全存放,易受临近攻击

临近攻击主要指在攻击者物理接近后对设备进行修改、收集设备信息的一种攻击行为。这种攻击主要针对放置位置属共用、公用场所的某些网络设备。主要攻击方式有非法进行串口连接、非法实施密码恢复默认、非法关机等行为。

一般来说,一次网络攻击的成功与否取决于三个因素:攻击者的能力(capability);攻击者的动机(motivation);攻击者的机会(opportunity)。正常情况下,普通用户是无法削弱攻击者的能力和动机这两个因素的,但是有一点我们可以做到:那就是尽量减少他们的攻击机会。

 任务小结

经过赵主任的详细介绍,小王终于了解到:①网络安全主要有哪些威胁,在工作中如何

制定正确的安全策略；②明白了网络机房为什么要这样建设；③明白了网络信息安全的重要性；④理解了制定网络安全管理规定的重要性。赵主任说，这是网络安全最基础的知识，除了这些基础内容，下一任务，我给你讲一下网络安全基础知识中有关体系结构和典型模型的知识。

 任务练习

练习1　计算机犯罪的近期发展趋势

1. 利用互联网、杂志、书籍或其他资源，找出最新计算机犯罪调查，注意计算机犯罪增加和减少的领域。

2. 描述这个调查与 2006 年发布的调查之间的变化。

3. 计算机犯罪在什么领域增长得最快？

练习2　安全专业术语

利用互联网定义下述术语：访问控制列表（access control list），广告软件（adware），认证（authentication），后门（backdoor），缓冲区（buffer），热补丁（hotfix）。

任务二　网络安全体系结构

 【技能要点】

1. 学习 OSI 安全体系；

2. 理解网络安全的体系结构；

3. 掌握网络安全典型模型；

4. 认识国内外网络安全标准。

 【任务背景】

小王在网络中心配置服务器安全，一直搞不清网络安全策略是怎样，安全服务有哪些，网络的安全体系机构是怎样，有没有典型的模型，究竟网络安全的标准是怎样的。他去请教张主任，张主任说，要掌握这些知识还得从最基本的 OSI 安全体系结构知识讲起。今天我就给你介绍一下网络安全的基本概念和网络安全的体系结构。

 【任务分析】

了解网络的服务、机制和安全管理，要从学习 OSI 网络安全体系结构和典型模型开始，进一步了解网络安全的关键技术以及国内外网络安全标准。

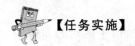【任务实施】

步骤一 OSI 安全体系

ISO(国际标准化组织)1989 年制定的 ISO/IEC 7489-2 给出了 ISO/OSI 参考模型的安全体系结构。在 OSI 参考模型中增设了安全服务、安全机制和安全管理,并给出了 OSI 网络层次、安全服务和安全机制之间的逻辑关系,如图 1-5 所示。定义了五大类安全服务,提供这些服务的八大类安全机制以及相应的开放系统互联的安全管理。

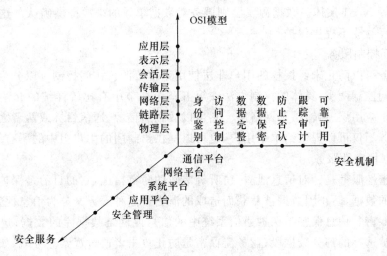

图 1-5 网络安全三维模型

1. 网络安全策略

安全策略是指在一个特定的环境里,为提供一定级别的安全保护所必须遵守的规则。即:

• 威严的法律:安全的基石是社会法律、法规与手段,这是建立一套安全管理的标准和方法。即通过建立与信息安全相关的法律、法规,使非法分子慑于法律,不敢轻举妄动。

• 先进的技术:先进的安全技术是信息安全的根本保障,用户对自身面临的威胁进行风险评估,根据安全服务的种类,选择相应的安全机制,然后集成先进的安全技术。

• 严格的管理:网络的安全管理策略包括确定安全管理等级和安全管理范围;制定有关网络操作使用规程和人员出入机房管理制度;制定网络系统的维护制度和应急措施等。各网络使用机构、企业和单位应建立相宜的信息安全管理办法,加强内部管理,建立审计和跟踪体系,提高整体信息安全意识。

2. 网络安全服务

所谓网络安全服务是指在应用层对信息的保密性、完整性和来源真实性进行保护和鉴别,满足用户安全需求,防止和抵御各种安全威胁和攻击手段。

五种安全服务包括:对象认证服务(鉴别)、访问控制服务、数据保密性服务、数据完整性服务以及防抵赖服务。

（1）对象认证服务（鉴别）

对象认证服务是防止主动攻击的重要措施，这种安全服务提供对通信中的对等实体和数据来源的鉴别，它对于开放系统环境中的各种信息安全有重要的作用。认证就是识别和证实。识别是辨别一个对象的身份，证实是证明该对象的身份就是其声明的身份。OSI 环境可提供对等实体认证的安全服务和数据源认证的安全服务。

对等实体认证（鉴别）：这种服务当由第 N 层提供时，将使 $N+1$ 实体确信与之打交道的对等实体正是它所需要的 $N+1$ 实体。这种服务在连接建立或在数据传送阶段的某些时刻提供使用，用以证实一个或多个实体的身份。

数据源认证（鉴别）：这种服务当由第 N 层提供时，将使 $N+1$ 实体确信数据来源正是所要求的对等 $N+1$ 实体。数据源发鉴别服务对数据单元的来源提供确认。这种服务对数据单元的重复篡改不提供保护。

（2）访问控制服务

这种服务可以防止未经授权的用户非法使用系统资源。访问控制可以分为自主访问控制和强制访问控制两类，具体的控制方法在第五章第二节中有比较详细的介绍。访问控制服务主要位于应用层、传输层和网络层。它可以放在通信源、通信目标或两者之间的某一部分。这种服务不仅可以提供给单个用户，也可以提供给封闭的用户组中的所有用户。

（3）数据保密性服务

数据保密性服务是针对信息泄露、窃听等威胁的防御措施，它的目的是保护网络中各系统之间交换的数据，防止因数据被截获而造成的泄密。这种服务又分为信息保密、选择段保密和业务流保密。信息保密是保护通信系统中的信息或网络数据库的数据；选择段保密是保护信息中被选择的部分数据段；业务流保密是防止攻击者通过观察业务流，如信源、信宿、转送时间、频率和路由等来得到敏感的信息。

（4）数据完整性服务

这种服务用来防止非法用户的主动攻击，以保证数据接收方收到的信息与发送方发送的信息一致。数据完整性服务又分为连接完整性服务、选择段有连接完整性服务、无连接完整性服务以及选择段无连接性服务。

连接完整性服务为一个连接上的所有信息提供完整性，具体方法是探测是否对信息进行了非法的插入、删除或篡改；选择段有连接完整性服务为一个连接所传送信息中选择的信息段提供完整性，方法是探测对选择的信息段是否进行了非法的插入、删除或篡改；无连接完整性服务为无连接的各个信息提供完整性，方法是鉴别所收到信息是否被非法篡改过；选择段无连接完整性服务为在各个无连接的信息中所选择的信息段提供完整性，方法是鉴别所选择的信息段是否被非法地篡改过。

（5）防抵赖服务

防抵赖服务或称不可否认性服务，主要是用来防止发送数据方发送数据后否认自己发送过数据，或接收数据方收到数据后否认自己收到过数据。这种服务又可细分为不得否认发送、不得否认接收和依靠第三方等三种。不得否认发送服务向数据的接收者提供数据来源的证据，从而可防止发送者否认发送过这些数据或否认这些数据的内容；不得否认接收服务向数据的发送者提供数据交付证据，从而防止了数据接收者事后否认收到过这些数据或否认它的内容；依靠第三方服务是在通信双方互不信任，但对第三方（公证方）则绝对信任的情况下,依靠第三方来证实已发生的操作。

3. 网络安全机制

网络安全机制是利用密码算法对重要而敏感的信息进行处理。网络安全机制包括加密机制、访问控制机制、数据完整性机制、数字签名机制、交换鉴别机制、公证机制、流量填充机制、路由控制机制。

（1）加密机制

加密是提供信息保密的核心方法。按照密钥的类型不同,加密算法可分为对称密钥算法和非对称密钥算法两种。按照密码体制的不同,又可以分为序列密码算法和分组密码算法两种。加密算法除了提供信息的保密性之外,它和其他技术结合,例如 hash 函数,还能提供信息的完整性。

加密技术不仅应用于数据通信和存储,也应用于程序的运行,通过对程序的运行实行加密保护,可以防止软件被非法复制,防止软件的安全机制被破坏,这就是软件加密技术。

（2）访问控制机制

访问控制可以防止未经授权的用户非法使用系统资源,这种服务不仅可以提供给单个用户,也可以提供给用户组的所有用户。访问控制是通过对访问者的有关信息进行检查来限制或禁止访问者使用资源的技术,分为高层访问控制和低层访问控制。

高层访问控制包括身份检查和权限确认,是通过对用户口令、用户权限、资源属性的检查和对比来实现的。低层访问控制是通过对通信协议中的某些特征信息的识别、判断,来禁止或允许用户访问的措施。如在路由器上设置过滤规则进行数据包过滤,就属于低层访问控制。

（3）数据完整性机制

数据完整性包括数据单元的完整性和数据序列的完整性两个方面。数据单元的完整性是指组成一个单元的一段数据不被破坏和增删篡改,通常是把包括有数字签名的文件用 hash 函数产生一个标记,接收者在收到文件后也用相同的 hash 函数处理一遍,看看产生的标记是否相同就可知道数据是否完整。

数据序列的完整性是指发出的数据分割为按序列号编排的许多单元时,在接收时还能按原来的序列把数据串联起来,而不要发生数据单元的丢失、重复、乱序、假冒等情况。

（4）数字签名机制

数字签名机制具有可证实性、不可否认性、不可伪造性和不可重用性。数字签名机制主要解决以下安全问题。

- 否认:事后发送者不承认文件是他发送的。
- 伪造:有人自己伪造了一份文件,却声称是某人发送的。
- 冒充:冒充别人的身份在网上发送文件。
- 篡改:接收者私自篡改文件的内容。

（5）交换鉴别机制

交换鉴别机制是通过互相交换信息的方式来确定彼此的身份。用于交换鉴别的技术有如下几种。

口令:由发送方给出自己的口令,以证明自己的身份,接收方则根据口令来判断对方的身份。

密码技术：发送方和接收方各自掌握的密钥是成对的。接收方在收到已加密的信息时，通过自己掌握的密钥解密，能够确定信息的发送者是掌握了另一个密钥的那个人。在许多情况下，密码技术还和时间标记、同步时钟、双方或多方握手协议、数字签名、第三方公证等相结合，以提供更加完善的身份鉴别。

特征实物：例如 IC 卡、指纹、声音频谱等。

（6）公证机制

网络上鱼龙混杂，很难说相信谁不相信谁。同时，网络的有些故障和缺陷也可能导致信息的丢失或延误。为了免得事后说不清，可以找一个大家都信任的公证机构，各方的交换的信息都通过公证机构来中转。公证机构从中转的信息里提取必要的证据，日后一旦发生纠纷，就可以据此做出仲裁。

（7）流量填充机制

流量填充机制提供针对流量分析的保护。外部攻击者有时能够根据数据交换的出现、消失、数量或频率而提取出有用信息。数据交换量的突然改变也可能泄露有用信息。例如当公司开始出售它在股票市场上的份额时，在消息公开以前的准备阶段中，公司可能与银行有大量通信。因此对购买该股票感兴趣的人就可以密切关注公司与银行之间的数据流量以了解是否可以购买。

流量填充机制能够保持流量基本恒定，因此观测者不能获取任何信息。流量填充的实现方法是：随机生成数据并对其加密，再通过网络发送。

（8）路由控制机制

路由控制机制使得可以指定通过网络发送数据的路径。这样，可以选择那些可信的网络节点，从而确保数据不会暴露在安全攻击之下。而且，如果数据进入某个没有正确安全标志的专用网络时，网络管理员可以选择拒绝该数据包。

安全服务与安全机制有着密切的联系，安全服务由安全机制来实现，它体现了网络安全模型的功能。一个安全服务可以由一个或几个安全机制来实现，同样，一个安全机制也可用于实现不同的安全服务中。

4. 网络安全工作目的

安全工作的目的就是为了在安全法律、法规、政策的支持与指导下，通过采用合适的安全技术与安全管理措施，完成以下任务。

（1）使用访问控制机制，阻止非授权用户进入网络，即"进不来"，从而保证网络系统的可用性。

（2）使用授权机制，实现对用户的权限控制，即不该拿走的"拿不走"，同时结合内容审计机制，实现对网络资源及信息的可控性。

（3）使用加密机制，确保信息不暴露给未授权的实体或进程，即"看不懂"，从而实现信息的保密性。

（4）使用数据完整性鉴别机制，保证只有得到允许的人才能修改数据，而其他人"改不了"，从而确保信息的完整性。

（5）使用审计、监控、防抵赖等安全机制，使得攻击者、破坏者、抵赖者"走不脱"，并进一步对网络出现的安全问题提供调查依据和手段，实现信息安全的可审查性。

【知识链接】网络安全关键技术

网络安全关键技术包括安全漏洞扫描技术、网络嗅探技术、数据加密技术、数字签名技术、鉴别技术、访问控制技术、安全审计技术、防火墙技术、入侵检测技术、病毒防治技术。

1. 安全漏洞扫描技术

安全漏洞扫描技术用于对网络系统进行安全检查，寻找和发现其中可被攻击者利用的安全漏洞和隐患。安全漏洞扫描技术通常采用被动式和主动式两种策略。

2. 网络嗅探技术

网络嗅探技术是利用计算机的网络端口截获网络中数据报文的一种技术。它工作在网络的底层，可以对网络传输数据进行记录，从而帮助网络管理员分析网络流量，找出网络潜在的问题。

例如，网络的某一段运行得不是很好，报文发送比较慢，而用户又不知道问题出在什么地方，此时就可以用嗅探器来做出精确的问题判断。

3. 数据加密技术

数据加密技术就是对信息进行重新编码，从而达到隐藏信息内容，使非法用户无法获取信息真实内容的一种技术手段。现代加密算法不仅可以实现信息加密，还可以实现数字签名和身份认证等功能，因此，数据加密技术是网络信息安全的核心技术。

4. 数字签名技术

数字签名是在电子文件上签名的技术，以解决伪造、抵赖、冒充和篡改等安全问题。数字签名一般采用非对称加密技术，签名者用自己的私钥对明文进行加密，将其作为签名；接收方使用签名者的公钥对签名进行解密，若结果与明文一致，则证明对方身份是真实的。

5. 鉴别技术

鉴别技术用在安全通信中，目的是对通信双方的身份以及传输数据的完整性进行验证。按照鉴别内容的不同，鉴别技术可以分为用户身份鉴别和消息内容鉴别。利用数字签名，可同时实现收、发双方的身份鉴别和消息完整性鉴别。

6. 访问控制技术

访问控制通常采用设置口令和入网限制，采取 CA 认证和数字签名等技术对用户身份进行验证和确认，设置不同软件及数据资源的属性和访问权限，进行网络监控、网络审计和跟踪，使用防火墙系统、入侵检测和防护系统等方法实现。

7. 安全审计技术

安全审计技术能记录用户使用计算机网络系统进行所有活动的过程，是提高网络安全性的重要工具。它通过记录和分析历史操作，能够发现系统漏洞或对可能产生破坏性的行为进行审计跟踪。

8. 防火墙技术

防火墙是在两个网络之间执行访问控制策略的一个或一组系统，它包括硬件和软件。防火墙对经过的每一个数据包进行检测，判断数据包是否与事先设置的过滤规则匹配，并按控制机制做出相应的动作，从而保护网络的安全。防火墙是企业网与 Internet 连接的第一道屏障。

9. 入侵检测技术

网络入侵检测技术是一种动态的攻击检测技术,能够在网络系统运行过程中发现入侵者的攻击行为和踪迹。一旦发现网络被攻击,立刻根据用户所定义的动作做出反应,如报警、记录、切断或拦截等。入侵检测系统被认为是防火墙之后的第二道安全防线,与防火墙相辅相成,构成比较完整的网络安全基础结构。

10. 病毒防范技术

病毒防范是指通过建立合理的计算机病毒防范体系和制度,及时发现计算机病毒的入侵,并采取有效的手段阻止病毒的传播和破坏,恢复受影响的计算机系统和数据。一个安全的网络系统,必须具备强大的病毒防范和查杀能力。

在安全的开放环境中,用户可以使用各种安全应用。安全应用由一些安全服务来实现;而安全服务又是由各种安全机制或安全技术来实现的。应当指出,同一安全机制有时也可以用于实现不同的安全服务。

步骤二 网络安全模型

网络安全模型是动态网络安全过程的抽象描述。通过对安全模型的研究,了解安全动态过程的构成因素,是构建合理而实用的安全策略体系的前提之一。为了达到安全防范的目标,需要建立合理的网络安全模型,以指导网络安全工作的部署和管理。目前,在网络安全领域存在较多的网络安全模型,下面介绍常见的 P2DR 模型和 PDRR 模型。

1. P2DR 网络安全模型

P2DR 是美国国际互联网安全系统公司(ISS)提出的动态网络安全体系的代表模型,也是动态安全模型的雏形。它包含 4 个主要部分:Policy(策略)、Protection(防护)、Detection(检测)和 Response(响应),如图 1-6 所示。4 个方面组成了一个信息安全周期。当然安全策略的每一个环节都是通过相应的安全技术来保证,这也正是我们要介绍的内容。

P2DR 模型的基本思想是:在整体安全策略的控制和指导下,在综合运用防护工具(如防火墙、身份认证、加密等)的同时,利用检测工具(如漏洞评估、入侵检测等)了解和评估系统的安全状态,通过适当的反应将系统调整到"最安全"和"风险最低"的状态。

图 1-6 P2DR 安全模型

(1)Policy(策略)

策略体系的建立包括安全策略的制定、安全策略的评估和安全策略的执行等过程。网络安全策略一般包括两部分:总体的安全策略和具体的安全规则。总体的安全策略用于阐述本部门网络安全的总体思想和指导方针；具体的安全规则是根据总体安全策略提出的具体网络安全实施规则，它用于说明网络上什么活动是被允许的，什么活动是被禁止的。

（2）Protection（防护）

防护是根据系统可能出现的安全问题采取一些预防措施，通过一些传统的静态安全技术及方法来实现。通常采用的主动防护技术有：数据加密、身份验证、访问控制、授权和虚拟专用网技术等。被动防护技术有：防火墙技术、安全扫描、入侵检测、路由过滤、数据备份和归档、物理安全、安全管理等。

（3）Detection（检测）

攻击者如果穿过防护系统，检测系统就要将其检测出来，如检测入侵者的身份、攻击源点和系统损失等。防护系统可以阻止大部分的入侵事件，但不能阻止所有的入侵事件，特别是那些利用新的系统缺陷、新的攻击手段的入侵。如果入侵事件发生，就要启动检测系统进行检测。

检测与防护有根本的区别。防护主要是修补系统和网络缺陷，增加系统安全性能，从而消除攻击和入侵的条件，避免攻击的发生；而检测是根据入侵事件的特征进行的。因黑客往往是利用网络和系统缺陷进行攻击的，所以入侵事件的特征一般与系统缺陷的特征有关。在 P2DR 模型中，防护和检测有互补关系。如果防护系统过硬，绝大部分入侵事件被阻止，那么检测系统的任务就减少了。

（4）Response（响应）

系统一旦检测出有入侵行为，响应系统则开始响应，进行事件处理。P2DR 中的响应就是在已知入侵事件发生后进行的紧急响应（事件处理）。响应工作可由一个特殊部门负责，那就是计算机安全应急响应小组（Computer Emergency Response Team，CERT）。从 CERT 建立之后，世界各国以及各机构也纷纷建立自己的计算机应急响应小组。我国第一个计算机安全应急响应小组（CCERT）建立于 1999 年，主要服务于 CERNET。不同机构的网络系统也有相应的计算机安全应急响应小组。

2. PDRR 网络安全模型

PDRR 是美国国防部提出的安全模型，它包含了网络安全的 4 个环节：Protection（防护）、Detection（检测）、Response（响应）和 Recovery（恢复），如图 1-7 所示。PDRR 模式是一种公认的比较完善也比较有效的网络信息安全解决方案，可以用于政府、机关、企业等机构的网络系统。

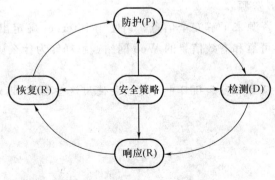

图 1-7 PDRR 安全模型

PDRR 模型与前述的 P2DR 模型有很多相似之处。其中 Protection(防护)和 Detection (检测)两个环节的基本思想是相同的,P2DR 模型中的 Response(响应)环节包含了紧急响应和恢复处理两部分,而在 PDRR 模型中 Response(响应)和 Recovery(恢复)是分开的,内容也有所扩展。

响应是在已知入侵事件发生后对其进行处理。在大型网络中,响应除了对已知的攻击采取应对措施外,还提供咨询、培训和技术支持。人们最熟悉的响应措施就是采用杀毒软件对因计算机病毒造成系统损害的处理。

恢复是 PDRR 网络信息安全解决方案中的最后环节。它是在攻击或入侵事件发生后,把系统恢复到原来的状态或比原来更安全的状态,把丢失的数据找回来。恢复是对入侵最有效的挽救措施。

P2DR 和 PDRR 安全模型都存在一定的缺陷。它们都更侧重于技术,而对诸如管理方面的因素并没有强调。模型中一个明显的不足就是忽略了内在的变化因素。

实际上,安全问题牵涉面广,除了涉及防护、检测、响应和恢复外,系统本身安全的"免疫力"的增强、系统和整个网络的优化以及人员素质的提升等,都是网络安全中应该考虑到的问题。网络安全体系应该是融合了技术和管理在内的一个可以全面解决安全问题的体系结构,它应该具有动态性、过程性、全面性、层次性和平衡性等特点。

 任务小结

通过本任务的学习,小王了解了 OSI 体系结构包含的几项内容及它们之间的关系。而且通过上述理论知识的讲解,他明白了两种典型网络安全模型,对网络的安全保障措施有了初步认识,他也了解了网络安全关键技术,知道国内外安全标准有一定的差别。为其以后的网络安全知识的学习打下坚实的基础。赵主任说,管理网络会经常和病毒黑客打交道,全面了解他们才能知彼知己百战不殆,下面给你先讲一下病毒的知识。

 任务练习

练习 1　安全专业

使用包括 Web 在内的各种资源,寻找计算机安全管理员职业所要求的资格。找出所要求的专门技术、经历年限、教育水平以及有何认证。该项目应该帮助你了解业界要求安全专业人员要理解的最重要的主题是什么。

练习 2　寻找 Web 资源

本任务使用 Web 资源来了解安全信息。请使用 Internet 确定出三个你认为有益于安全专业人员的、能提供可靠和有效信息的 Web 网站。解释你为什么认为这些网站是信息的有效来源。

注意:你在后面的项目练习和项目中有可能要使用这些资源,因此,一定要确保你可以信赖他们提供的数据。

项目实践 网络简单攻击防范

【实训描述】

网络中的计算机经常遭受莫名的攻击,有时能使机器瘫痪。攻击中经常使用的是 Ping 攻击。Ping(因特网包探索器)命令是用于测试网络连接量的程序。它发送一个 ICMP 响应请求消息给目的地,并报告是否收到所希望的 ICMP 应答,校验与远程或本地计算机的连接。攻击只需网络中多台计算机同时在 Ping 后加上参数-t 对目标机进行长时间测试,从攻击的意义而言就完成了一次 Ping 攻击,大量的数据包将会使目标机运行速度越来越慢,最终崩溃,因此要对 Ping 攻击进行防范。

【实训目的】

1. Ping 攻击防范策略
2. IP 安全策略管理的设置

【实训步骤】

第 1 步:添加 IP 安全策略。首先在控制台中添加 IP 安全策略单元,添加步骤如下。

(1) 依次单击"开始"|"运行",然后在"运行"窗口中输入"mmc"并回车,此时将会打开"控制台 1"窗口,如图 1-8 所示。

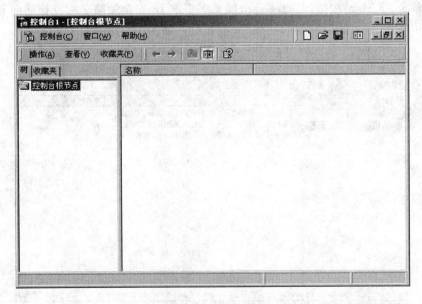

图 1-8 控制台窗口

(2) 在控制台窗口依次单击"文件"|"添加/删除管理单元"|"添加",此时将会打开"添

加/删除管理单元"窗口,在此窗口下的列表中双击"IP 安全策略管理",如图 1-9 所示。

图 1-9　添加独立管理单元窗口

(3)这时将会弹出"选择计算机域"窗口,在此我们选中"本地计算机",然后单击"完成"按钮,最后依次单击"关闭"|"确定",返回"控制台 1"主界面,此时我们将会发现在"控制台根节点"下多了个"IP 安全策略,在本地计算机",如图 1-10 所示,此时可以说明控制台中已经添加了 IP 安全策略项。

第 2 步:创建 IP 安全策略。在添加了 IP 安全策略项后,还要创建一个新的 IP 安全策略,步骤如下:

(1)在控制台窗口中右击"IP 安全策略,在本地机器"选项,执行"创建 IP 安全策略"命令,此时将会打开"IP 安全策略向导"窗口。

(2)单击"下一步"按钮,此时将会出现要求指定 IP 安全策略名称及描述向导页面,可以在"描述"下输入一个策略描述,比如"禁止 Ping",如图 1-11 所示。

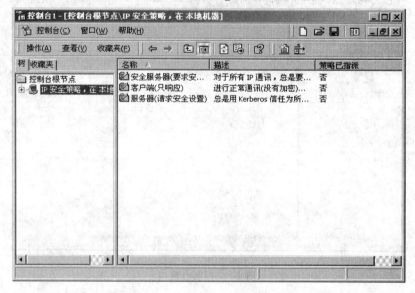

图 1-10　添加了 IP 安全策略的控制台窗口

（3）单击"下一步"按钮,然后在出现的页面中确保选中了"激活默认相应规则"项,然后单击"下一步"。

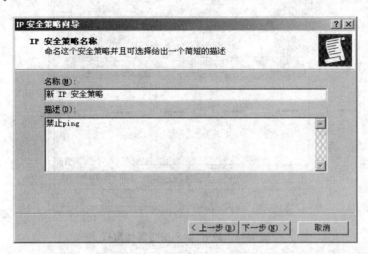

图 1-11　IP 安全策略向导 1

（4）在出现的"默认响应规则身份验证方法"对话框中选中"此字符串用来保护密钥交换（预共享密钥）"选项,然后在下面的文字框中键入一段字符串（如"禁止 Ping"）,如图 1-12 所示。

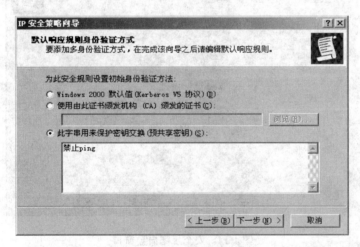

图 1-12　IP 安全策略向导 2

（5）单击"下一步"按钮,此时将会出现完成 IP 安全策略向导页面窗口,最后单击"完成"按钮即完成了 IP 安全策略的创建工作。

第 3 步:编辑 IP 安全策略属性。在以上 IP 安全策略创建后,在控制台中就会看到刚刚创建好的"新 IP 安全策略"项,下面还要对其属性进行编辑修改,步骤如下。

（1）在控制台中双击创建好的新 IP 安全策略,此时将会弹出"新 IP 安全策略属性"窗口,如图 1-13 所示。

（2）单击"添加"按钮,此时将会弹出"安全规则向导"窗口,直接单击"下一步"按钮则进入"隧道终结点"页面,在此点选"此规则不指定隧道"。

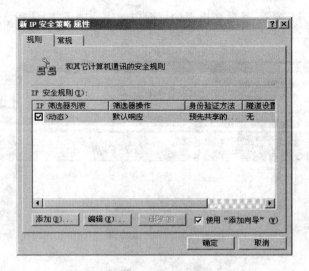

图 1-13　新 IP 安全策略属性窗口

（3）单击"下一步"按钮，此时将会出现"网络类型"页面，在该页面中我们单击"所有网络连接"项，这样就能保证所有的计算机都 Ping 不通该主机了，如图 1-14 所示。

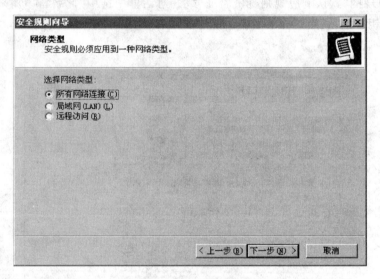

图 1-14　安全规则向导窗口

（4）单击"下一步"按钮，此时将会出现"身份验证方法"页面，继续选中"此字符串用来保护密钥交换（预共享密钥）"项，然后在下面的输入框中输入"禁止 Ping"的文字，如图 1-15 所示。

（5）单击"下一步"按钮，然后在打开的"IP 筛选器列表"页面中单击"添加"按钮，此时将会打开"IP 筛选器列表"窗口，如图 1-16 所示。

（6）在"IP 筛选器列表"窗口中单击"添加"按钮，此时将会弹出"IP 筛选器向导"窗口，单击"下一步"按钮，此时将会弹出"IP 通信源"页面，在该页面中设置"源地址"为"我的 IP 地址"，如图 1-17 所示。

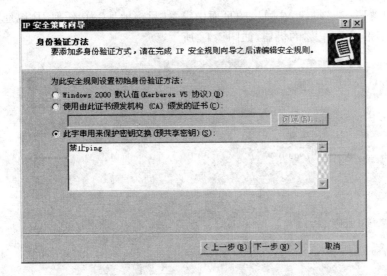

图 1-15　IP 安全策略向导 3

图 1-16　IP 筛选器列表窗口

图 1-17　筛选器向导窗口 1

（7）单击"下一步"按钮，在弹出的页面中设置"目标地址"为"任何 IP 地址"，任何 IP 地址的计算机都不能 Ping 你的机器，如图 1-18 所示。

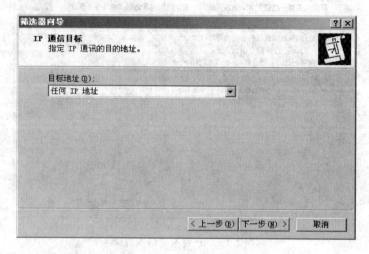

图 1-18　筛选器向导窗口 2

（8）单击"下一步"按钮，然后在出现的"IP 协议类型"页面中设置"选择协议类型"为"ICMP"，如图 1-19 所示。

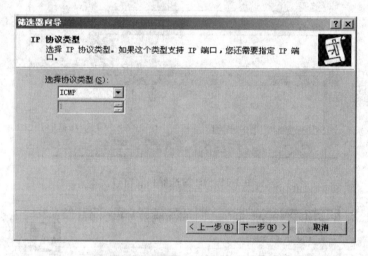

图 1-19　筛选器向导窗口 3

（9）依次单击"下一步"|"完成"，此时，你将会在"IP 筛选器列表"看到刚创建的筛选器，将其选中后单击"下一步"按钮，在出现的"筛选器操作"页面中设置筛选器操作为"需要安全"选项，如图 1-20 所示。

（10）单击"下一步"按钮，然后依次单击"完成"|"确定"|"关闭"按钮，保存相关的设置返回控制台即可。

第 4 步：指派 IP 安全策略。安全策略创建完毕后并不能马上生效，还需通过"指派"功能令其发挥作用。方法是：在"控制台根节点"中右击"新的 IP 安全策略"项，然后在弹出的右键菜单中执行"指派"命令，即可启用该策略。

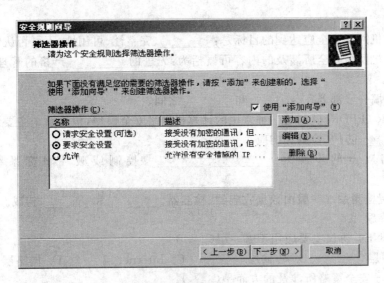

图 1-20 安全规则向导窗口

至此,这台主机已经具备了拒绝其他任何机器 Ping 自己 IP 地址的功能,不过在本地仍然能够 Ping 通自己。经过这样的设置之后,所有用户(包括管理员)都不能在其他机器上对此服务器进行 Ping 操作,不用担心被 Ping 威胁了。

项目思考

小陶是一家大型书店的网络管理员,员工使用 15 个终端记录销售情况,经理使用 1 个终端输入库存和制作报表。管理员完成下面的活动:

(1)每一台机器都升级到 Windows XP,并打开个人防火墙;

(2)在所有机器上安装反病毒软件;

(3)雇员终端上的所有浏览器都被设置为中等或高级安全。

现在要考虑这些问题:

(1)这些动作要完成什么事情?

(2)你建议还要采取些什么动作?

(3)这些动作没有回应什么样的威胁?

课 后 练 习

一、填空题

1. 保证计算机网络的安全,就是要保护网络信息在存储和传输过程中的_____、_____、_____、和不可抵赖性。

2. 信息安全的大致内容包括三部分:_____、_____和_____。

3. P2DR (PPDR)模型是一种常用的计算机网络安全模型,包含 4 个主要组成部分,分别是:_____、防护、检测和响应。

4. 对计算机网络安全构成威胁的因素可以概括为:偶发因素、自然因素和_____三个方面。

5. 计算机网络安全应达到的目标是：_____、完整性、可用性、不可否认性和可控性。

6. 计算机网络安全所涉及的内容可概括为：先进的_____、严格的管理和威严的法律三个方面。

7. 防火墙一般部署在_____和_____之间。

8. P2DR（PPDR）模型是一种常用的计算机网络安全模型，包含 4 个主要组成部分，分别是：_____、防护、检测和响应。

9. 网络攻击的步骤是：_____、_____、控制或破坏目标系统、_____和_____。

10. 入侵检测系统一般由数据收集器、检测器、_____和_____构成。

二、选择题

1. TELNET 协议主要应用于哪一层（   ）。

A. 应用层　　　　B. 传输层　　　　C. Internet 层　　　D. 网络层

2. 不属于安全策略所涉及的方面是（   ）。

A. 物理安全策略　　B. 访问控制策略　　C. 信息加密策略　　D. 防火墙策略

3. 在每天下午 5 点使用计算机结束时断开终端的连接属于（   ）。

A. 外部终端的物理安全　　　　　B. 通信线的物理安全

C. 窃听数据　　　　　　　　　　D. 网络地址欺骗

4. OSI 安全体系结构中定义了五大类安全服务，其中，数据机密性 服务主要针对的安全威胁是（   ）。

A. 拒绝服务　　　B. 窃听攻击　　　C. 服务否认　　　D. 硬件故障

5. 不属于 CIDF 体系结构的组件是（   ）。

A. 事件产生器　　B. 事件分析器　　C. 自我防护单元　　D. 事件数据库

6. 计算机网络安全的目标不包括（   ）。

A. 保密性　　　　B. 不可否认性　　C. 免疫性　　　　D. 完整性

7. PPDR 模型中的 D 代表的含义是（   ）。

A. 检测　　　　　B. 响应　　　　　C. 关系　　　　　D. 安全

8. CMIP 的中文含义为（   ）。

A. 边界网关协议　　　　　　　　B. 公用管理信息协议

C. 简单网络管理协议　　　　　　D. 分布式安全管理协议

9. 在 P2DR（PPDR）模型中，作为整个计算机网络系统安全行为准则的是（   ）。

A. Policy（安全策略）　　　　　　B. Protection（防护）

C. Detection（检测）　　　　　　D. Response（响应）

10. 拒绝服务攻击是对计算机网络的哪种安全属性的破坏（   ）。

A. 保密性　　　　B. 完整性　　　　C. 可用性　　　　D. 不可否认性

三、简答题

1. TCP/IP 是什么中英文协议的名称？

2. 什么是计算机网络？

3. OSI 参考模型层次结构的七层名称是什么？

4. 写出现代计算机网络的五个方面的应用。

5. 什么叫计算机对等网络？

项目二　网络病毒攻击防范

　　病毒是目前导致网络不安全的最大因素之一，现在新病毒层出不穷，每天都会产生20～30种新病毒，比以前增加3倍以上，它们破坏性极大，严重影响着网络的正常运转。我国目前的病毒疫情呈现出两种趋势，一种趋势是国外流行的网络化病毒大肆侵袭我国的计算机网络，另一种趋势是出现大量本土病毒，并且传播能力和破坏性越来越强。

　　网络病毒不可预测，但是是可以防范的，我们只有掌握病毒的特点、特征，掌握病毒防范和清除的工具和方法。才能给网络提供一个安全、健康的环境。因此，全面了解网络病毒的特性，采取有效的防范措施，尤为重要。

任务一　清除与预防网络病毒

【技能要点】

　　1. 了解病毒尤其是网络病毒概念；

　　2. 掌握网络病毒的特征；

　　3. 了解网络病毒发展趋势；

　　4. 掌握局域网防病毒策略。

【任务背景】

　　小王的电脑使用一段时间后，发现系统运行速度减慢，经常无故发生死机，存储的容量异常减少，有些文件莫名丢失或损坏，而且屏幕上出现异常显示，机器变得非常难用，正常工作被打乱。面对着急的小王，赵主任说，你的机器肯定是中病毒了，了解一下病毒尤其是网络病毒知识，你就胸有成竹了。

【任务分析】

　　网络安全管理过程中，经常和各种病毒以及它们的变种打交道，要了解病毒尤其网络病毒的特征和发展趋势，还要针对局域网病毒进行防范和部署。

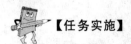

【任务实施】

步骤一　网络病毒概述

在生物学界,病毒是一类没有细胞结构但有遗传、复制等生命特征,主要由核酸和蛋白质组成的有机体。计算机病毒与其非常相似。

1. 计算机病毒定义

计算机病毒(Computer Virus)在《中华人民共和国计算机信息系统安全保护条例》中被明确定义,病毒指"编制者在计算机程序中插入的破坏计算机功能或者破坏数据,影响计算机使用并且能够自我复制的一组计算机指令或者程序代码"。与医学上的"病毒"不同,计算机病毒不是天然存在的,是某些人利用计算机软件和硬件所固有的脆弱性编制的一组指令集或程序代码。它能通过某种途径潜伏在计算机的存储介质(或程序)里,当达到某种条件时即被激活,通过修改其他程序的方法将自己的精确复制或者可能演化的形式放入其他程序中,从而感染其他程序,对计算机资源进行破坏。所谓的病毒就是人为造成的,对其他用户的危害性很大。

2. 计算机病毒的特征

计算机病毒有一些与生物界中的病毒极为相似的特征,主要有以下几个。

(1)传染性和衍生性

病毒也是一种程序,它与其他程序的显著不同之处就是它的传染性。与生物界中的病毒可以从一个生物体传播到另一个生物体一样,计算机病毒可以借助各种渠道从已经感染的计算机系统扩散到其他计算机系统。

(2)潜伏性和隐蔽性

计算机病毒通常是由技术高超者编写的比较完美的、精巧严谨、短小精悍的程序。通常附在正常程序中或磁盘中较隐蔽的地方,也有个别的以隐含文件形式出现,目的是不被发现它的存在。如果不经过代码分析,病毒程序与正常程序是不容易区别开来的。一般在没有防护措施的情况下,计算机病毒程序取得系统控制权后,可以在很短的时间里传染大量程序。而且受到传染后,计算机系统通常仍能正常运行,不会感到任何异常。

(3)欺骗性和持久性

每个计算机病毒都有特洛伊木马的特点,用欺骗手段寄生在其文件上,一旦这种文件被加载,就发生问题。

即使在病毒程序被发现以后,数据和程序乃至操作系统的恢复都非常困难。特别是在网络操作情况下,由于病毒程序由一个受感染的拷贝通过反复传播,使得病毒程序的消除非常复杂。

(4)触发性和破坏性

触发性是指计算机病毒的发作一般都有一个激发条件,即一个条件控制。这个条件根据病毒编制者的要求可以是日期、时间、特定程序的运行或程序的运行次数等。

3. 计算机病毒的分类

计算机病毒根据其属性,可分类如下。

（1）按病毒存在的媒体

根据病毒存在的媒体，病毒可以划分为网络病毒、文件病毒、引导型病毒。网络病毒通过计算机网络传播感染网络中的可执行文件；文件病毒感染计算机中的文件（如 COM、EXE、DOC 等）；引导型病毒感染启动扇区（Boot）和硬盘的系统引导扇区（MBR）。还有这三种情况的混合型，例如多型病毒（文件和引导型）感染文件和引导扇区两种目标，这样的病毒通常都具有复杂的算法，它们使用非常规的办法侵入系统，同时使用了加密和变形算法。

（2）按病毒传染的方法

根据病毒传染的方法可分为驻留型病毒和非驻留型病毒，驻留型病毒感染计算机后，把自身的内存驻留部分放在内存（RAM）中，这一部分程序挂接系统调用并合并到操作系统中去，它处于激活状态，一直到关机或重新启动。非驻留型病毒在得到机会激活时并不感染计算机内存，一些病毒在内存中留有小部分，但是并不通过这一部分进行传染，这类病毒也被划分为非驻留型病毒。

（3）按病毒破坏的能力

无害型：除了传染时减少磁盘的可用空间外，对系统没有其他影响。

无危险型：这类病毒仅仅是减少内存、显示图像、发出声音及同类音响。

危险型：这类病毒在计算机系统操作中造成严重的错误。

非常危险型：这类病毒删除程序、破坏数据、清除系统内存区和操作系统中重要的信息。这些病毒对系统造成的危害，并不是本身的算法中存在危险的调用，而是当它们传染时会引起无法预料的和灾难性的破坏。由病毒引起其他的程序产生的错误也会破坏文件和扇区。

（4）按病毒的算法

伴随型病毒：这一类病毒并不改变文件本身，它们根据算法产生 exe 文件的伴随体，具有同样的名字和不同的扩展名（COM），例如：XCOPY.exe 的伴随体是 XCOPY-COM。病毒把自身写入 COM 文件并不改变 exe 文件，当 DOS 加载文件时，伴随体优先被执行到，再由伴随体加载执行原来的 exe 文件。

"蠕虫"型病毒：通过计算机网络传播，不改变文件和资料信息，利用网络从一台机器的内存传播到其他机器的内存，计算网络地址，将自身的病毒通过网络发送。有时它们在系统存在，一般除了内存不占用其他资源。

寄生型病毒除了伴随和"蠕虫"型，其他病毒均可称为寄生型病毒，它们依附在系统的引导扇区或文件中，通过系统的功能进行传播，按其算法不同可分为：练习型病毒，病毒自身包含错误，不能进行很好的传播，例如一些病毒在调试阶段。

诡秘型病毒：它们一般不直接修改 DOS 中断和扇区数据，而是通过设备技术和文件缓冲区等 DOS 内部修改，不易看到资源，使用比较高级的技术。利用 DOS 空闲的数据区进行工作。

变型病毒（又称幽灵病毒）：这一类病毒使用一个复杂的算法，使自己每传播一份都具有不同的内容和长度。它们一般的做法是一段混有无关指令的解码算法和被变化过的病毒体组成。

4. 网络病毒

目前绝大多数病毒传播的途径是网络。对于一个网络系统而言，针对病毒的入侵渠道和病毒集散地进行防护是最有效的防治策略。正如一个国家如果只让每个公民进行自我保护是低效和不可控制的,必须设立专门的海关、警署等机关,对进入本地的人员进行检查,以便将外来的威胁阻止在本地的入口。

（1）网络病毒定义

网络病毒实际上是一个笼统的概念,可以从两方面理解。一是网络病毒专门指在网络上传播并对网络进行破坏的病毒;二是网络病毒是指与 Internet 有关的病毒,如 HTML 病毒、电子邮件病毒、Java 病毒等。

Internet 的开放性成为计算机病毒广泛传播的有利途径,Internet 本身的安全漏洞也为产生新的计算机病毒提供了良好的条件,加之一些新的网络编程软件（如 Java Script、ActiveX）也为将计算机病毒渗透到网络的各个角落提供了方便。这就是近几年兴起并大肆肆虐网络系统的"网络病毒"。

（2）网络病毒的传播

Internet 上有众多的软件、工具可供下载,有大量的数据交换,给病毒的大面积传播提供了可能和方便。Internet 本身也衍生出一些新一代病毒,如 Java 和 ActiveX 病毒。而且它们可跨越操作平台,一旦传染,便可毁坏所有操作系统。网络病毒一旦突破网络安全系统,传播到网络服务器,进而在整个网络上传染、再生,就会使网络资源遭到严重破坏。

除通过电子邮件传播外,病毒入侵网络的途径还有:通过工作站传播到服务器硬盘,再由服务器的共享目录传播到其他工作站;网络上传下载带病毒的文件的传播;入侵者通过网络漏洞的传播等。Internet 可以作为文件病毒的载体,通过它文件病毒可以很方便地传送到其他站点。

（3）网络病毒的特点

网络的主要特征是资源共享。一旦共享资源感染了病毒,网络各节点间信息的频繁传输会将计算机病毒传染到所共享的机器上,从而形成多种共享资源的交叉感染。网络病毒有以下特点。

传播方式复杂:病毒入侵网络主要是通过电子邮件、网络共享、网页浏览、服务器共享目录等方式传播,病毒的传播方式多且复杂。

传播速度快:在网络环境下,病毒可以通过网络通信机制,借助于网络线路进行迅速传输和扩散,特别是通过 Internet,一种新出现的病毒可以迅速传播到全球各地。

传染范围广:网络范围的站点多,借助于网络中四通八达的传输线路,病毒可传播到网络的"各个角落",乃至全球各地,所以,在网络环境下计算机病毒的传播范围广。

清除难度大:在网络环境下,病毒感染的站点数量多、范围广。只要有一个站点的病毒未被清除干净,它就会在网络上再次被传播开来,传染其他站点,甚至是刚刚完成清除任务的站点。

破坏危害大:网络病毒将直接影响网络的工作,轻则降低速度,影响工作效率,重则破坏服务器系统资源,造成网络系统瘫痪,使众多工作毁于一旦。

病毒变种多:现在,计算机高级编程语言种类繁多,网络环境的编程语言也十分丰富,因此,利用这些编程语言编制的计算机病毒也是种类繁杂。病毒容易编写,也容易修改、升级,从而生成许多新的变种。

病毒功能多样化:病毒的编制技术随着网络技术的普及和发展也在不断发展和变化。现代病毒又具有了蠕虫的功能,可以利用网络进行传播。有些现代病毒有后门程序的功能,它们一旦侵入计算机系统,病毒控制者可以从入侵的系统中窃取信息,进行远程控制。现代的计算机网络病毒具有了功能多样化的特点。

难于控制:病毒一旦在网络环境下传播、蔓延,就很难对其进行控制。往往在将要对其采取措施时,就可能已经遭到其侵害。除非关闭网络服务。但关闭网络服务后,又会给清除病毒带来不便,同时也影响网络系统的正常工作。

常见的网络病毒主要有网络蠕虫、电子邮件病毒、多态病毒、伙伴病毒、Java病毒等。

5. 网络病毒发展趋势

在现今的网络时代,病毒的发展呈现出以下趋势。

(1) 病毒与黑客程序相结合

随着网络的普及和网速的提高,计算机之间的远程控制越来越方便,传输文件也变得非常快捷,正因为如此,病毒与黑客程序(木马病毒)结合以后的危害更为严重,病毒的发作往往伴随着用户机密资料的丢失。病毒的传播可能会具有一定的方向性,按照制作者的要求侵蚀固定的内容。

(2) 蠕虫病毒更加泛滥

其表现形式是邮件病毒会越来越多,这类病毒是由受到感染的计算机自动向用户的邮件列表内的所有人员发送带毒文件,往往在邮件当中附带一些具有欺骗性的话语,由于是熟人发送的邮件,接受者往往没有戒心。因此,这类病毒传播速度非常快,只要有一个用户受到感染,就可以形成一个非常大的传染面。

(3) 病毒破坏性更大

计算机病毒不再仅仅以侵占和破坏单机的资料为目的。木马病毒的传播使得病毒在发作的时候有可能自动联络病毒的创造者(如爱虫病毒),或者采取DoS(拒绝服务)的攻击(如最近的红色代码病毒)。一方面可能会导致本机机密资料的泄露;另一方面会导致一些网络服务的中止。而蠕虫病毒则会抢占有限的网络资源,造成网络堵塞(如最近的Nimda病毒),如有可能,还会破坏本地的资料(如针对9·11恐怖事件的Vote病毒)。

(4) 制作病毒的方法更简单

由于网络的普及,使得编写病毒的知识越来越容易获得。同时,各种功能强大而易学的编程工具让用户可以轻松编写一个具有极强杀伤力的病毒程序。用户通过网络甚至可以获得专门编写病毒的工具软件,只需要通过简单的操作就可以生成破坏性的病毒。

(5) 病毒传播速度更快,传播渠道更多

目前上网用户已不再局限于收发邮件和网站浏览,文件传输成为病毒传播的另一个重要途径。随着网速的提高,在数据传输时间变短的同时,病毒的传送时间会变得更加微不足道。同时,其他的网络连接方式如ICQ、IRC也成了传播病毒的途径。

(6) 病毒的实时检测更困难

众所周知,对待病毒应以预防为主,如果发生了病毒感染,往往就已经造成了不可挽回的损失,因此对网上传输的文件进行实时病毒检测成了亟待解决的重要问题。

(7) 网关防毒已成趋势

如果等病毒已经进入局域网后再进行剿杀,显然为时已晚。因此,通过网关把病毒拒绝在网络之外是最好的解决办法。这种办法还可以防止将网络内部受到感染的病毒文件传到其他的网络当中,使得各个网络能够互相独立。

步骤二　局域网病毒防范

局域网及其应用系统已成为日常管理的基础平台。局域网管理系统具有多平台、多应用的特点,所以需要建立一个有效的、可管理的整体防病毒体系。

1. 局域网潜在病毒威胁

基于病毒入侵途径的分析,评估局域网是否存在以下的病毒防护漏洞。

(1) 是否具有良好的防病毒安全策略,且能构成动态自适应防病毒系统

构建一个全面有效的网络防病毒系统,应根据特定的网络环境定制病毒防护策略;策略包括预防策略、升级策略、病毒爆发初期管理控制策略、集中清除策略、审计策略、集中管理策略等。

(2) 是否部署针对不同操作系统平台及应用防病毒软件

在网络体系中,各类操作系统平台有大量应用,如 Windows NT/2000/2003 系统,UNIX/Linux 系统,此外还分布有大量应用系统,如邮件系统、数据库系统等。如果没有采取任何病毒防护措施,这样信息交换很难保证该网络系统的安全,会对各类操作系统及关键应用业务产生潜在的安全威胁。

(3) 是否缺少防病毒中央控管系统

由于网络节点太多,且分布较散,要管理好整个防病毒系统必须有一个良好的管理控制系统。能通过浏览器方式实现远程异地管理防病毒软件,监视该软件的运行状况参数(如防病毒软件病毒库、扫描引擎更新日期、系统配置等)。能实现病毒集中报警,准确定位病毒入侵节点,让管理员对病毒入侵节点做适当处理以防危险扩大。控制中心能与其他网络安全系统实现联动,协同管理工作。

(4) 是否缺少全网病毒代码统一自动更新功能

构建有效病毒防护的关键环节需要保证产品能做到定期升级,网络防病毒软件必须具备主动式、零干预、增量式的自动升级功能,同时具备自动分发功能,能够在单点更新,然后在不需要人为干预的情况下,实现全网所有产品的病毒码更新。

(5) 是否尚未建立完善的安全制度和制定安全培训机制

防病毒工作是一项复杂、长期的任务,需要全体人员配合,提高对病毒的警觉和防范意识。防病毒系统需要建立良好的安全规范,以制度严格控制不良行为,另外还得提高全体人员的防范病毒能力。网络安全应急小组至少配备 2～3 人才能很好地处理网络安全运营的所有事件,应急处理技术和人员管理也需要专业应急小组提供技术培训和长时间的跟踪培训。

(6) 是否缺乏完善的防病毒信息支持体系

防病毒厂商长期提供防病毒信息、新病毒预警信息、安全培训等专业的支持,以提高整个网络使用人员的防病毒素质。

2. 病毒对局域网网络威胁

(1) 外部

局域网与互联网有直接通道,虽然中间有防火墙验证数据的合法性,但仍会受到来自互联网以 HTTP、SMTP、FTP 等数据流为载体的潜在病毒的威胁。

（2）内部

局域网中的工作站及文件服务器都会受到病毒的感染，病毒的攻击方式多种多样，有通过局域网传播、有通过传统介质（光盘、软盘等）传播等，一旦受到感染，便会迅速传播，给日常的工作和生产带来极大的威胁。

（3）邮件服务器

电子邮件已成为病毒传播的最大载体，任一与外界有邮件往来的邮件服务器如果没有采取有效的病毒防护措施，便极易受到攻击，并会导致病毒在企业内部网中快速传播。其实邮件服务器本身不会受到邮件病毒的破坏，只是转发染毒邮件至客户信箱中，但是当客户机染毒并产生几何数量级的信件时，邮件服务器会由于在短时间内需转发大量邮件而导致性能迅速下降，直至系统瘫痪。

（4）网络带宽

高速传播和具有网络攻击能力的病毒，能占用有限的网络带宽，导致网络瘫痪。CodeRed 就是典型导致网络瘫痪的病毒，能导致网络交换机、路由器、服务器严重过载瘫痪。

（5）间接损失

病毒造成的间接损失可能更大，病毒造成的事故对企业的影响是直接导致企业信息资产损失，可能影响生产运营。而病毒事故对企业造成信誉损伤可能更严重，一次病毒引起网络故障可能造成客户的信任度严重下降，而丢失大量客户。

 任务小结

小王通过任务学习，全面了解了病毒尤其是网络病毒的特征，了解了病毒发展趋势，针对局域网的特点熟悉防病毒体系的部署方式和主流产品，这样，面对病毒的侵袭就会采取相应的防范措施。根据赵主任的推荐，小王赶紧安装了 360 安全卫士，立刻进行电脑体检，同时安装了最新的金山毒霸杀毒软件，进行一次全面杀毒。赵主任说，机器不光有病毒来袭，还会有恶意软件出现，接下来讲解这个问题。

 **任务练习**

练习 1　使用 Norton Antivirus

1. 下载 Norton Antivirus 的试用版。

2. 特别留意预安装扫描。

3. 扫描你的计算机。

4. 注意病毒检测器发现的病毒。

5. 体验设置和选项，特别是调度。

练习 2　使用搜索引擎搜索病毒信息

使用搜索引擎搜索病毒信息，了解计算机病毒的起源及相关故事，整理后做成 ppt，向全班同学展示，每个小组介绍一个病毒的起源、发展和造成危害的情况。

任务二　恶意软件攻击防范

【技能要点】

1. 了解恶意软件概念；
2. 熟悉恶意软件的特征；
3. 了解恶意软件的分类；
4. 掌握恶意软件的防范措施。

【任务背景】

　　小王经常上网浏览网页，突然一天再上网就出现了恶意广告不断弹出，还有一个色情网站自动出现，弄得小王苦不堪言。这是病毒吗？怎么和病毒出现的症状不一样。赶紧请教赵主任，赵主任看了看机器的上网情况断定，小王浏览过恶意网站或是从不安全的站点下载游戏或其他程序时，往往会将恶意程序一并带入自己的计算机，而用户本人对此丝毫不知情。赵主任说这些让受害者的计算机不断弹出色情网站或者是恶意广告的程序就叫恶意软件，它们也叫流氓软件。在恶意软件未被发现的这段时间，用户网上的所有敏感资料都有可能被盗走，比如银行账户信息，信用卡密码等。小王一听吓出了一身冷汗，他让赵主任赶紧讲讲这些流氓软件的来龙去脉，如何防范。

【任务分析】

　　现如今，恶意软件已成为一个严重的网络问题。正所谓，哪里有网络，哪里就有恶意软件。恶意软件严重阻碍了网络社会的正常发展。以下我们将详细介绍恶意软件的种类以及相关的防范技术。

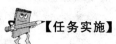

【任务实施】

步骤一　恶意软件概述

1. 恶意软件概念

　　恶意软件是一种秘密植入用户系统借以盗取用户机密信息、破坏用户软件和操作系统或是造成其他危害的一种网络程序。对于绝大多数系统来说，恶意软件已经成了最大的外部威胁，给网络和个人都带来了巨大的损失。仅以恶意软件中的间谍软件为例，间谍软件侵犯了用户的隐私，这已经成为企业用户关注的焦点。尽管间谍软件的出现已有时日，但是近几年使用间谍软件侵入系统监视用户行为变得更加猖獗。网络还面临一些与恶意软件相关的非恶意软件威胁。其中司空见惯的就是网络钓鱼，就是使用基于计算机的欺骗方法套出用户的敏感信息。还有就是病毒欺骗，就是对新的恶意软件威胁发出错误的警报。

2. 恶意软件八大特征

（1）强制安装：指未明确提示用户或未经用户许可，在用恶意软件清理助手户计算机或其他终端上安装软件的行为。

（2）难以卸载：指未提供通用的卸载方式，或在不受其他软件影响、人为破坏的情况下，卸载后仍然有活动程序的行为。

（3）浏览器劫持：指未经用户许可，修改用户浏览器或其他相关设置，迫使用户访问特定网站或导致用户无法正常上网的行为。

（4）广告弹出：指未明确提示用户或未经用户许可，利用安装在用户计算机或其他终端上的软件弹出广告的行为。

（5）恶意收集用户信息：指未明确提示用户或未经用户许可，恶意收集用户信息的行为。

（6）恶意卸载：指未明确提示用户或未经用户许可，或误导、欺骗用户卸载其他软件的行为。

（7）恶意捆绑：指在软件中捆绑已被认定为恶意软件的行为。

（8）其他侵害用户软件安装、使用和卸载知情权、选择权的恶意行为。

3. 恶意软件概念分类

一般认为，恶意软件包括病毒、蠕虫、木马、恶意的移动代码以及这些的结合体，也叫混合攻击。恶意软件还包括攻击者工具，比如后门程序、rookits、键盘记录器、跟踪的 cookie 记录。

（1）病毒

病毒能够实现自我复制，并且感染其他文件、程序和计算机。每一种病毒都有感染机制，比如有的病毒可以直接插入主机或是数据文件。病毒的威力可大可小，有些可能只是小恶作剧，还有可能是相当恶意的攻击。绝大多数的病毒都有诱发机制，也就是诱发其威力的原因，一般需要用户的互动方能实现。目前有两种重要的病毒，一是可编译病毒（compiled virus），主要通过操作系统实现；二是演绎性病毒（interpreted virus），主要通过应用程序实现。

可编译病毒的源代码可以经由编译器程序转换为操作系统可以直接运行的程序格式。除了感染文件之外，可编译病毒还可以躲藏在感染系统的内存中，这样每次执行新的程序的时候就可以感染新的程序。在上述三种病毒中，启动区域病毒最有可能存在于内存中。相比那些非存在于内存中的病毒而言，这种病毒危害性更大，更加频繁。

与可编译病毒由操作系统执行不同的是，演绎性病毒的源代码只能由特定程序来实现。这种病毒以其简单易操作深受欢迎。即使是一个不太熟练的黑客也可以借此编写和修正代码，感染计算机。这种病毒的变体很多，最主要的两种是宏病毒（macro virus）和脚本病毒（scripting virus）

（2）蠕虫

蠕虫能够实现自我复制的程序，蠕虫病毒是一种常见的计算机病毒。它的传染机理是利用网络进行复制和传播，传染途径是通过网络、电子邮件以及 U 盘、移动硬盘等移动存储设备。蠕虫程序主要利用系统漏洞进行传播。它通过网络、电子邮件等传播方式，像生物蠕虫一样从一台计算机传染到另一台计算 机。因为蠕虫使用多种方式进行传播，所以蠕虫程序的传播速度是非常大的。

蠕虫侵入一台计算机后,首先获取其他计算机的 IP 地址,然后将自身副本发送给这些计算机。蠕虫病毒也使用存储在染毒计算机上的邮件客户端地址簿里的地址来传播程序。虽然有的蠕虫程序也在被感染的计算机中生成文件,但一般情况下,蠕虫程序只占用内存资源而不占用其他资源。

（3）木马

其名称来源于希腊神话,木马是一种非自我复制程序,但是实际上带有隐蔽的恶意动机。一些木马使用恶意版本替代现有文件,譬如系统和程序中的可执行代码;还有一些在现有文件中添加另外的程序重写文件。木马一般有以下三种模型:

• 执行正常系统功能的同时,执行单独的、不相关的恶意活动（譬如在执行游戏程序的时候收集程序密码）;

• 执行正常系统功能的同时,修正其功能执行恶意活动,或是掩盖恶意活动;

• 完全期待正常系统功能执行恶意程序功能。

木马很难被检测到,因为木马病毒在设计之初就掩盖了其在系统中的现形,并且执行了原程序的功能,用户或是系统管理员很难察觉。现在还有一些新的木马使用了模糊化技术躲避检测。

木马会导致系统严重的技术问题。譬如说,替代正常系统可执行文件的木马可能会导致系统功能的不正常运行。与间谍软件相关的木马对系统的破坏性特别大,有可能会导致系统不能正常运行。木马及其安装的相关工具会消耗大量的系统资源,导致系统性能的严重下降。著名的木马病毒有 SubSeven、Back Orifice 和 Optix Pro 等。

（4）恶意的移动代码

移动代码可以在不需要用户指示的情况下实现远程系统在本地系统上的执行。这种编程方法现在很流行,编写的程序被广泛使用于操作系统和应用程序上,譬如网络浏览器和电子邮件应用程序。尽管移动代码本身不坏,但是黑客们却发现恶意的移动代码是攻击系统的有效工具,也是传播病毒、蠕虫的良好机制。恶意移动代码与病毒和蠕虫很不同的地方在于它不感染文件或是自我复制。与利用系统漏洞不同的是,它利用的是系统给予移动代码的默认优先权。编写恶意移动代码的受欢迎的语言包括 Java、ActiveX、JavaScript 和 VB-Script。其中最出名的恶意移动代码是使用 Java 脚本的 Nimda。

（5）混合攻击

混合攻击使用多种感染或是攻击方式。著名的 Nimda 蠕虫实际上就是很典型的混合攻击。它使用了四种分布方法:

电子邮件:一旦用户打开了恶意的邮件附件,Nimda 就会利用浏览器上的漏洞展现基于 HTML 语言的电子邮件。一旦感染了主机,Nimda 就会寻找主机上的电邮地址然后发送恶意邮件。

Windows 共享:Nimda 扫描网络服务器,寻找微软的网络信息服务（IIS）上的已知漏洞。一旦发现有漏洞的服务器,马上就会发送复件到这台服务器上感染服务器和文件。

网络客户端:如果有漏洞的网络客户端访问了被 Nimda 感染的网络服务器,那么客户服务器也被感染了。

除了使用上述描述的方法之外,混合攻击可以通过即时通信和点对点文件共享软件传播。人们很多时候把混合攻击误认为蠕虫,因为它具有蠕虫的一些特征。实际上,Nimda 具有病毒、蠕虫和恶意移动代码的特征。另外一个混合攻击的例子是 Bugbear,它既是海量邮件蠕虫也是网络服务蠕虫。由于混合攻击比单一恶意软件更加复杂,所以更难制造。

混合攻击并非同时使用多种方式发动攻击,它们可以依次感染。它越来越作为传播和安全木马的流行方式。

(6) 跟踪 cookies

cookies 就是上网时留下的数据文件。Session cookies 是对单一网站 session 有效的临时 cookies。长期 cookies 是未定义地存储在计算机上的 cookies 以便在以后的访问中确认用户。长期 cookies 记录下了用户对于网站的喜好以便用户下次的访问。这样长期 cookies 就可以更加有效地帮助网站服务客户了。

(7) 攻击者工具

作为恶意软件和其他系统威胁的一部分,各种各样的攻击者工具都可以发送到系统中。这些工具包括各式恶意软件,会让攻击者未经授权访问或使用被感染系统及其数据,或是发动攻击。一旦被其他恶意软件传播,攻击者工具就会变成恶意软件的同伙。譬如,一台感染蠕虫的系统会直接受蠕虫的指示访问特定的恶意网站,下载工具,然后安装到系统中。

(8) 非恶意软件威胁

下面主要讨论两种形式的与恶意软件相关的非恶意软件风险:第一种是网络钓鱼;第二种是病毒欺骗。

① 网络钓鱼

网络钓鱼指的是利用欺骗性的基于计算机的方式引诱个人透露敏感的个人信息。为了执行网络钓鱼攻击,攻击者首先需要建立一个与知名企业类似的网站 或是假冒知名企业的邮件,譬如网上购物网站、信用卡发行机关或是金融机构。这些假冒的网站和邮件就是为了欺骗用户透露个人数据,特别是金融信息,比如网上银行的用户名、密码和银行账号。

网络钓鱼助长了很多犯罪行为,包括身份盗取和欺骗以及在用户系统上安装恶意软件。常见的安装恶意软件的网络钓鱼包括假冒的广告促销和网络上的弹出窗口。用户一不小心点击了这些东西的话,估计键盘记录器就已经安装到系统了。

② 病毒欺骗

正如其字面意思所指,病毒欺骗就是错误的病毒警告。这些错误的病毒一般被描述成破坏性极大,并且需要马上采取保护措施。大多数使用电子邮件发送的病毒警报都是骗人的。病毒欺骗影响时间长,因为收到邮件的用户都会转发给别人提高警惕。尽管病毒欺骗很少造成破坏,但是有一些病毒欺骗指导用户修改操作系统设置或是删除正常文件导致安全和操作问题。病毒欺骗还会消耗企业的精力,因为很多员工收到这类邮件之后会向技术部门报告,寻求技术支持或是提醒他们。很出名的病毒欺骗是 Good Times(好日子)。

恶意软件已然成为绝大多数系统最大的外部威胁,给企业和个人带来了巨大的损失。要小心防范。

【知识链接】流行的恶意软件攻击者工具

1. 后门程序

后门程序是对监听 TCP 或是 UDP 端口命令恶意软件的统称。绝大多数的后门程序包括客户端和服务器两部分。客户端在攻击者的远程计算机上,服务器端位于感染的系统上。一旦客户端和服务器之间连接上,远程攻击者就会实现对感染计算机一定程度上的控制。即使最不济的后门程序也会允许攻击者执行一定的系统命令,譬如文件传输、获取密码或是执行模糊命令。后门程序也有一些功能,如下:

僵尸:最主流的僵尸就是 DDoS 攻击代理。攻击者可以使用远程命令控制大量计算机对同一目标发动攻击。著名的 DDoS 攻击代理有 Trinoo 和 Tribe Flood Network。

远程管理员工具(RAT):从字面意义上说,RAT 会使攻击者得到其想要的访问权限。绝大多数的 RAT 都可以让攻击者访问系统功能和数据。包括监视系统屏幕上出现的任何东西,或是远程控制系统设备,譬如摄像头、麦克风等。著名的 RAT 包括 Back Orifice 和 Netbus 等。

2. 键盘记录器

键盘记录器用来监视和记录键盘的使用记录。键盘记录器记下输入到系统中的信息,诸如电子邮件内容、用户名和密码,或是金融信息。有一些键盘记录器需要攻击者从系统中找寻数据,还有一些会自动将数据通过电子邮件等发送到系统中。KeySnatch、Spyster 和 KeyLogger Pro 都是常用的键盘记录器。

3. Rookits

Rookit 是指一些安装到系统中的文件,采取恶意的和偷偷摸摸的方式替代系统的正常功能。在一些操作系统中,譬如 UNIX 和 Linux 中,rookits 修正或是代替数以百计的文件。在其他操作系统中,譬如 Windows 中,rookit 修正或替代文件或是仅仅存在于内存中,或是修正操作系统内置系统请求的使用。许多经 rookit 修改过的文件都会隐藏 rookit 的存在,这样就使得 rookit 的探测变得异常困难。譬如说,rookit 经常用来安装其他形式的攻击工具,后门程序或是键盘记录器等。一些 rookit 包括 LRK5、Knark、Adore 和 Hacker Defender(黑客防御者)。

4. 网络浏览器插件

网络浏览器帮助用户浏览网络上的内容。攻击者常常借用插件传播间谍软件。一旦安装到浏览器中,这些插件就会监视浏览器的所有记录,譬如网页浏览记录,然后将其报告给第三方。因为插件是在浏览器打开的时候自动加载的,这就提供了监视系统网络活动的简单方法。有一些恶意的网络插件是间谍软件拨号器,它们使用调制调解线在未经用户允许的情况下拨打电话号码。一般来说,拨的号码都是高收费电话或是紧急电话。

5. 电子邮件生成器

恶意软件可以通过电子邮件生成程序传播到系统中,这样在用户不知情的情况下就会发送大量的邮件到其他的系统中。攻击者一般使用电子邮件生成器发送恶意软件、间谍软件、垃圾邮件或是其他内容到收件人清单。

6. 攻击者工具包

攻击者使用包含多种工具和脚本的工具包探测和攻击系统。一旦系统受到恶意软件或是其他方式的攻击,攻击者就会在系统中下载和安装工具包。然后工具包就会借此对这一系统或是其他系统发动攻击。在攻击者工具包中常见的程序如下:

• 信息包探测器。信息包探测器用来监视网络流量和获取信息包。信息包探测器一般可以嗅探到所有的信息包或是包含某一特征的信息包(TCP 端口,或是特定 IP 地址)。

绝大多数的信息包嗅探器也是协议分析器,也就是说它们可以重新配置来自各个信息包的流量,然后解密使用各种各样协议的通信。

- 端口扫描器。端口扫描器远程扫描系统中开放的端口,以此帮助黑客找到潜在的攻击目标。
- 漏洞扫描器。漏洞扫描器用来寻找本地或是远程系统上的漏洞,以此帮助黑客成功对系统发动攻击。
- 密码破解器。使用密码破解器破解操作系统和应用程序密码。绝大多数的破解工具都尝试猜测密码或是试遍可能的密码。找出加密密码的时间长短不一,取决于加密手段或是密码本身的复杂程度。
- 远程登录程序。攻击者常常使用 SSH(Secure Shell 安全外壳)和 telnet(用于远程连接服务的标准协议或者实现此协议的软件)远程登录其他系统。攻击者可以利用这些程序实现很多目的,譬如控制受到威胁的系统,在系统之间传输数据。
- 攻击。攻击者常常使用各种各样的工具或是脚本对本地或是远程系统进行攻击。攻击者想要达到各种各样的目的,包括危害系统或是发动 DoS 攻击。

实际上,攻击者工具包中的攻击工具的作用是两面的,关键是使用它们的人。譬如,信息包嗅探器和协议分析器经常被网络管理员用作寻找网络通信问题,也可以被攻击者用作窃听私人通信。上网管理人员可以利用密码破解器测试系统密码的强度。还有些工具内置到操作系统中作为诊断或是管理工具。因此,上述工具的出现并不一定意味着风险的发生。

步骤二　恶意软件事件防范

恶意软件防范的四个组成部分是政策、警惕性、漏洞处置和威胁处理。确保处置风险的政策是执行防范控制的基础。建立和管理用户对于恶意软件的警惕计划,对于那些直接与恶意软件打交道的 IT 人员加强警惕性培训,这些都是减少人为失误的重要因素。在漏洞处置上花费时间是减少攻击的重要因素。部署威胁处置技术和工具,譬如杀毒软件和防火墙,能够成功地阻止对系统和网络的攻击。

一旦规划了恶意软件防范方法,企业就应该做到对当前和将来一段时间的攻击因素做到心中有数。他们应该知道系统的控制性能,因为这与防范方法的有效性有很大关系。除此之外,企业还应该组合当前的防范措施,譬如杀毒软件部署和补丁管理,融入恶意软件的防范措施中。尽管如此,企业应该意识到,不管在恶意软件的防范上付出多少努力,最终还是会发生状况。正所谓白密终有一疏。

1. 安全政策

网络管理者需要有相应的政策防范恶意软件事件。这些政策应该作为额外的恶意软件防范措施的基础(警惕性,漏洞处置和风险处置)。如果网络不能在安全政策中清晰地表述恶意软件防范需要考虑的事项,那么要想实现恶意软件防范的连贯性和有效性就是空谈。

一般的恶意软件防范政策考虑的因素包括如下几个方面:邮件附件包括压缩文件在打开之前进行杀毒扫描;禁止使用电子邮件收发某些文件;禁止使用不必要的软件,譬如那些经常传播恶意软件的应用程序(即时通信软件,桌面搜索引擎,点对点的文件共享软件),禁止使用公司已经提供的服务之外的相似软件,譬如电子邮件功能;限制用户的管理员权限,这样防止用户通过使用管理员权限传播恶意软件；操作系统和应用程序的实时更新和下载补丁；限制移动媒介（如软盘、CD、USB 接口闪存）的使用；对症下药。

2. 漏洞处置

一般说来，恶意软件攻击操作系统，服务和应用程序的套路就是利用其漏洞。由于当前漏洞处置面临的一些挑战，包括处理不断发现的新漏洞，企业应该有记录在案的处理风险的政策、流程，以及建立新的漏洞管理程序。还需要不断评估漏洞以便确定风险处理的优先顺序。企业要通过各种渠道搜集关于新的漏洞和主要恶意软件的信息，譬如事故响应小组、安全厂商的公告以及杀毒软件厂商的恶意软件咨询。网络管理者还需要建立评估新的漏洞和威胁的机制，借此确定恰当的处置方法，把信息分布到不同的部门。企业还需要跟踪风险处置的进程。

网络管理者在风险处置中应该使用多层防御策略，因为单一的防范措施很难应对绝大多数的漏洞。譬如对于新的漏洞还没有补丁出现。以下我们将详解。

（1）补丁管理

对于处理操作系统和应用程序中已知漏洞的最常见方法就是系统补丁。一般来说，补丁包括以下几步，评估补丁的紧急性，测试补丁，在小范围之内实验补丁，记录补丁评估和决策过程。由于补丁的测试通常需要花费数周的时间，这就意味着不可能马上就大范围部署补丁。在有些情况下，使用其他的漏洞处置或是威胁处理技术比使用补丁更加安全。

（2）最少权限

最少权限的准则就是按需分配，各取所需。管理权限的分配应该视需要而定。为什么说最少权限在防止恶意软件事件中很有效呢？因为恶意软件常常需要管理员权限成功地利用漏洞。一旦恶意软件事件真的发生，先前的拥有最少权限的程序造成的损失也是最少的。最少权限管理可以在服务器，网络设备，以及用户的台式机和笔记本上使用。

（3）其他主机加强措施

除了使用补丁和最少权限原则之外，网络管理者还需要使用其他一些主机加强措施减少恶意软件事件发生的可能性：禁止或是移除可能导致漏洞的不需要的网络服务；减少不安全的文件共享，文件共享很容易导致蠕虫的传播；删除或是更新操作系统等默认的用户名和密码，恶意软件可以借此获得未经授权的访问；访问网络需要获得授权；禁止脚本自动运行。

3. 威胁处置

我们主要讨论几种常见的处置恶意软件风险的安全工具：杀毒软件，间谍软件探测和删除工具，入侵防御系统（IPS），防火墙和路由器。对于每一种软件，我们会介绍其典型功能、针对的恶意软件、检测和处理恶意软件的方法以及关于这些软件的推荐、指导、软件的缺点。

（1）杀毒软件

杀毒软件是最常见的对付恶意软件的方法。对于经常被恶意软件光顾的系统来说，杀毒软件显然是必备的。杀毒软件有很多种，大多数的杀毒软件都提供以下功能。

• 扫描关键系统区域，诸如启动文件和启动记录。

• 实时监视系统活动检查可疑行为，典型的就是扫描电子邮件附件中的已知病毒，杀毒软件实时扫描文件的下载，打开和执行，这被称为"访问时扫描"。

• 监控常见程序行为，譬如电子邮件客户端、浏览器、文件传输程序、即时通讯软件。杀毒软件还会监视那些可能被利用的高风险软件。

● 扫描文件中的已知病毒。杀毒软件周期性地扫描硬盘寻找被感染的文件。必要的情况下还可以人工扫描,这被称为"定制扫描"。

● 确认常见的恶意软件——病毒、蠕虫、木马、恶意的移动代码和混合攻击,以及键盘记录器和后门程序等黑客工具包。绝大多数的杀毒软件都新增了检测间谍软件的功能。

● 防止文件的感染,指的是在一个文件夹中删除恶意软件,或是隔离恶意软件。隔离感染文件是常用的方法,但是有一些感染的文件不能被隔离。这时候,就只能直接删除感染文件了。

(2) 间谍软件检测和删除功能

间谍软件检测和删除功能主要是用来检测系统上的各种间谍软件,然后隔离或是删除间谍软件文件。与杀毒软件确认恶意软件不同的是,间谍软件按检测和删除功能专门针对各种间谍软件。现在,这种软件在应对间谍软件方面比杀毒软件做得好多了。防止间谍软件很重要,不仅仅是因为间谍软件侵犯了用户的隐私,还因为它经常导致系统功能上的问题,譬如降低系统性能,导致程序的不稳定。尽管有一些间谍软件探测和删除软件只专门针对一种恶意软件,譬如说恶意的浏览器插件,但是绝大多数的还是能够应对很多间谍软件的。譬如:监视很有可能被间谍软件替代的应用程序的活动,如浏览器和电子邮件服务器;定时扫描文件、内存和配置文件寻找间谍软件;确认几种形式的间谍软件,包括恶意的移动代码,木马和跟踪 cookies;隔离和删除间谍软件文件;监视网络驱动器和 Windows 设置;监视开机自动运行的程序;阻止间谍软件常用的安装伎俩,譬如弹出窗口、跟踪 cookies、浏览器插件安装和浏览器劫持。

(3) 入侵防御系统(IPS)

IPS 使用信息包嗅探工具和网络流量分析确认和制止可疑行为。基于网络的 IPS 产品是部署在内线的(inline),也就是类似网络防火墙的功能。IPS 接受信息包进行分析,确定哪些是允许的,然后放行这些信息包。基于网络的 IPS 可以防祸乱于未萌。绝大多数的基于网络的 IPS 使用多种方式分析网络,应用程序协议,也就是说它们通过寻找预期的攻击行为确认潜在的恶意活动。

基于网络的 IPS 产品被用来检测除了恶意软件之外的恶意行为,一般只能探测几种默认的恶意软件,譬如最近主要的蠕虫病毒。尽管如此,一些 IPS 产品个性化程度很高,这样就允许管理员在短时间之内自己添加和部署病毒库。尽管这样做存在一定的风险,譬如说粗制滥造的病毒库特征编写可能会导致假阳性,但是自己编写的病毒库特征会在厂商发布病毒特征的数小时之前阻止新的攻击。基于网络的 IPS 产品在阻止已知威胁上很有效,譬如网络蠕虫、电子邮件携带蠕虫和特征明显的病毒。虽然其功能强大,但是却无法阻止恶意的移动代码或木马。基于网络的 IPS 可以通过应用程序协议分析检测和阻止未知的网络威胁。

有一种特制的基于网络的 IPS 叫 DDoS 攻击处理软件,它是利用异常网络流量的确认阻止攻击。尽管这种产品最早是为了阻止针对企业的 DDoS 攻击,但是也可以用来确认蠕虫活动和其他形式的恶意软件。DDoS 攻击处理软件一般通过监视正常的网络流量工作,包括通信协议、峰流量等建立基线。如果恶意软件导致了异常的网络流量,或是使用网络或非正常的应用程序协议,DDoS 攻击处理软件要能够处理这些活动。另外一个限制恶意软件事件的方法就是配置网络设备限制带宽的最大数量。另外,一些网络流量监控软件可以探测到异常的网络行为。

基于主机的 IPS 产品与基于网络的 IPS 在原则和目的上是相似的,除了基于主机的 IPS 产品监视的是单一主机的特征和发生在主机之内的事件。基于主机的 IPS 监视的活动包括网络流量、系统日志、运行的程序、文件访问和改变、协调和应用程序配置的更改。基于主机的 IPS 产品一般使用多种方式确认系统上的已知和未知攻击。譬如,基于主机的 IPS 产品可以监视试图修改文件的行为,以此探测感染文件的病毒和尝试替代文件的木马。一旦基于主机的 IPS 产品监视了主机的网络流量,就会提供与基于网络的 IPS 类似的探测能力。

(4) 防火墙和路由器

基于网络的设备,譬如防火墙和路由器,还有基于主机的防火墙,可以检查网络流量,并且根据一套规则禁止或是允许这些流量。典型的路由器使用一套名为访问控制清单(ACL)的简单规则,主要是针对最基本的网络流量,而防火墙提供更多的选项。现在有两种防火墙:网络防火墙和基于主机的防火墙。网络防火墙是指部署在网络中限制网络之间流量流通的设备。基于主机的防火墙是部署在单一主机中限制访问主机的入流和出流的软件。这两种防火墙在限制恶意软件上都是很有效的。

① 网络防火墙

一般来说,企业会在网络中部署多种网络防火墙保护网络免于外部攻击。网络防火墙会把网络流量和现行的规则比较,每一个规则对应一种网络协议,以及通信的来源和终点。譬如,有一条规则会允许外部邮件到达企业的电子邮件服务器。相应地,网络服务器在阻止针对特定端口的网络服务蠕虫上表现不错,特别是端口使用范围不广的时候。由于网络防火墙可以限制出流和入流,所以可以阻止蠕虫向外的传播。

② 基于主机的防火墙

基于主机的防火墙可以有效限制单一主机上的出流和入流,这样既可以防止主机的感染,也可以防止其传播恶意软件。服务器专用的基于主机的防火墙使用与网络防火墙类似的安全规则。台式机和笔记本上使用的防火墙也使用相似的规则,但是绝大多数都是根据应用程序清单允许或是限制网络活动。为了防范恶意软件,企业可以在防火墙上设置默认阻止入流量。如果可行的话,企业也可以默认阻止出流量。但是,这些规则对于系统可用性和用户满意度有严重的负面影响。

③ 路由器

一般的防火墙使用多种方式限制入流量和出流量,路由器使用的是更加宽泛的规则。一个企业常常使用多台路由器联网,这些叫网络边界路由器。这些路由器一般位于企业的主要防火墙前端,检查一些基本的网络活动,譬如入流和出流过滤。

在一个重大的蠕虫病毒事件中,企业需要重新配置路由器限制入流病毒活动,以减轻防火墙的负担。内网上的路由器也需要重新配置限制网络中的某些服务;这可以一个网络中感染的主机传播病毒。一旦需要的时候,去企业要及时更改路由器 ACL。

 任务小结

通过本任务的学习,小王恍然大悟,恶意软件就是流氓软件,也了解了恶意软件的特征及分类。恶意软件种类还真不少,杀毒软件可以清除,但也有缺陷。还可以通过间谍软件探测和删除工具来防范。另外,入侵防御系统(IPS)、防火墙和路由器也是不错的防御方式。学习了这些内容,小王对网络的警惕性提高了不少,赵主任说网络安全防范不止这些,还有一种网络入侵也是防不胜防的,后面慢慢讲来。

 任务练习

练习1 比较反病毒软件

比较四个反病毒软件的特性,尤其要注意以下两点。

1. 每一种解决方案中独有的特性。

2. 每个扫描器都能识别什么(比如,如果它们都用来扫描同一个文件夹,它们都能检测相同的项目吗)?

练习2 研究一个病毒

1. 使用不同的 Web 资源,找出一个在最近 90 天内活跃的新病毒。

2. 描述这个病毒是怎么传播的,它做了什么,它传播得有多广(McAfee 的病毒地图应该可以帮助你处理这个问题)。

3. 描述此病毒造成的任何已知的破坏。

4. 描述用来对付此病毒的方法。

项目实践 1　网络蠕虫的清除与预防

 【实训描述】

计算机蠕虫指的是某些恶意程序代码会像蠕虫般在计算机网络中爬行,从一台计算机爬到另一台计算机。蠕虫病毒是利用网络进行复制和传播的一种常见的计算机病毒。蠕虫病毒在 DOS 环境下发作时会在屏幕上出现一条类似虫子的东西,胡乱吞吃屏幕上的字母并将其改形,从而被命名为蠕虫病毒。影响最大的蠕虫病毒有熊猫烧香、蠕虫王、冲击波、爱虫、求职信、Worm-ackantta.c、dconficker、w32.rixobot 等。下面以几种比较常见的蠕虫病毒为例介绍其清除与预防。

 【实训目的】

1. 了解震荡波病毒的症状

2. 清除震荡波病毒的方法

 【实训步骤】

第 1 步:了解震荡波病毒的症状

症状 1:出现系统错误对话框,计算机感染病毒后会出现如图 2-1 所示的 LSA Shell 对话框,然后出现如图 2-2 所示的"系统关机"对话框。

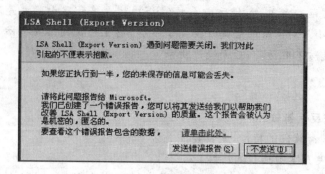

图 2-1　LSA Shell 对话框

图 2-2　"系统关机"对话框

症状 2：能过系统日志查看是否中毒。

打开"管理工具">"事件查看器">"系统">"winlogon">"属性"，打开"事件 属性"对话框，如果出现如图 2-3 所示的日志记录，则证明已经中毒。

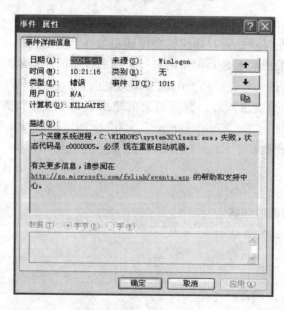

图 2-3　"事件 属性"对话框

症状 3：通过"任务管理器"查看进程中是否有"avserver.exe"的进程，如果有则中毒，如

图 2-4 所示。

图 2-4 "Windows 任务管理器"窗口

症状 4:通过系统安装目录查看。在"c:\winnt"目录下是否存在"avserver. exe"的文件,如果有,则中毒。

症状 5:查看注册表。如果病毒攻击成功,会在注册表的"HKEY_LOCAL_MACHINE\SOFTWAER\Microsoft\windows\currentVersion\run"项中建立病毒键值"avserver. exe"="%windows%\avserver. exe"。

第 2 步:清除震荡波病毒

手工清除,此方法比较笨,但很有效,具体步骤如下。

(1) **断网打补丁**

如果不给系统打上相应的漏洞补丁,则联网后依然会遭受到该病毒的攻击,用户应该先到以下地址 http://www. microsoft. com/china/technet/security/bulletin/ms04-011. mspx 下载相应的漏洞补丁程序,然后断开网络,运行补丁程序,当补丁安装完成后再上网。

(2) **清除内存中的病毒进程**

要想彻底清除该病毒,应该先清除内存中的病毒进程,用户可以按 Ctrl+Shift+ESC 三个键或者右击任务栏,在弹出的菜单中选择"任务管理器"打开任务管理器界面,然后在内存中查找名为"avserve. exe"或"avserver2. exe"、"skynettave. exe"等的进程,找到后直接将它结束。

(3) **删除病毒文件**

病毒感染系统时会在系统安装目录(默认为 C:\WINNT)下产生一个名为 avserve. exe 的病毒文件,并在系统目录下(默认为 C:\WINNT\System32)生成一些名为<随机字符串>_UP. exe 的病毒文件,用户可以查找这些文件,找到后删除,如果系统提示删除文件失败,则用户需要到安全模式下或 DOS 系统下删除这些文件。

（4）清除病毒在注册表里添加的项

单击"开始">"运行"，输入 REGEDIT，按 Enter；打开注册表编辑器，找到 HKEY_LO-CAL_ MACHINE \ SOFTWAER \ Microsoft \ windows \ currentVersion \ run 项中名为 avserve.exe 的键值"％windows％\avserver.exe"，然后直接删除。

也可以使用专杀工具清除。搜索震荡波专杀工具，如瑞星震荡波病毒专杀工具，然后下载，执行杀毒操作就可以了。

项目实践 2 "熊猫烧香"病毒的清除与防范

【实训描述】

"熊猫烧香"病毒是一个能在 Windows 9x/NT/2000/XP/2003 系统上运行的蠕虫病毒。这一病毒采用"熊猫烧香"头像作为图标，诱使计算机用户运行。它的变种会感染计算机上的 exe 可执行文件，被病毒感染的文件图标均变为"熊猫烧香"。同时，受感染的计算机还会出现蓝屏、频繁重启以及系统硬盘中数据文件被破坏等现象。该病毒会在中毒电脑中所有的网页文件尾部添加病毒代码。一些网站编辑人员的电脑如果被该病毒感染，上传网页到网站后，就会导致用户浏览这些网站时也被病毒感染。

【实训目的】

1. 专杀工具清除熊猫烧香病毒的方法
2. 手工清除熊猫烧香病毒的详细过程

【实训步骤】

方法 1：首选使用专杀工具清除。

专杀工具是效能最好的方案，能处理已知变种，缺点是有新变种后，专杀也需要更新。推荐去 www.xiongmaoshaoxiang.com 下载专杀。

方法 2：在线杀毒。

因为熊猫烧香病毒的特殊性，杀毒软件本身可能会被感染，病毒还会尝试结束杀毒软件进程和服务，但病毒不感染 IE 浏览器，用浏览器加载在线杀毒控件来清除病毒可以收到奇效。已经中招的，可以去 shadu.duba.net 试试。

方法 3：重启系统到带网络连接的安全模式，升级杀毒软件后杀毒。可单击"开始">"运行"，输入 msconfig，打开系统配置实用程序，单击 BOOT.INI 标签，作如图 2-5 所示的修改，重启即可进入带网络连接的安全模式。

方法 4：手工清除。

因为熊猫烧香病毒是感染型的病毒，手工清除相当麻烦，网友公布的手工清除方案只能手工结束病毒进程，一段运行了感染过熊猫烧香病毒的程序，还会再中招。以下简单介绍手工结束病毒进程，修复注册表项的步骤。

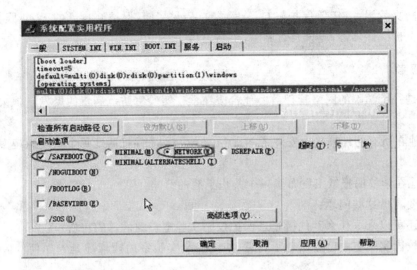

图 2-5　修改配置

第 1 步,断开网络,禁用网卡或拔掉网线。

第 2 步,结束病毒进程,因为任务管理器、IcdSword 已无法运行,在已感染病毒的机器上很难实现。建议去网上下载一个 Process Explorer 备用,参考地址为 http://www.microsoft.com/technet/sysinternals/ProcessesAndThreads/ProcessExplorer.mspx。如果在进程中发现 FuckJacks.exe、setup.exe、spoclsv.exe(注意和正常的打印服务就差一个字母,打印服务文件名为 spoolsv.exe),就用这个工具结束掉。

第 3 步,在本地计算机上搜索并删除以下病毒执行文件。

分区根目录下:setup.exe、autorun.inf(这个本身不是病毒,但它的存在是为了双击磁盘自动调用病毒程序,建议删掉)、%System%\Fuckjacks.exe、%System%\Drivers\spoclsv.exe。局域网环境下:GameSetup.exe。

第 4 步,开始＞运行＞输入 regedit,确定后,打开注册表编辑器,删除病毒创建的启动项:

[HKEY_CURRENT_USER\Software\Microsoft\Windows\CurrentVersion\Run]

"FuckJacks"="%System%\FuckJacks.exe

[HKEY_LOCAL_MACHINE\SOFTWARE\Microsoft\Windows\CurrentVersion\Run]

"svohost"="%System%\FuckJacks.exe"

[HKEY_LOCAL_MACHINE\Software\Microsoft\windows\CurrentVersion\explorer\Advanced\Folder\Hidden\SHOWALL]

单击右键,点新建＞Dword 值＞命名为 CheckedValue(如果已经有,可以删除后重建),修改它的键值为 1,为十六进制,按"确定"按钮后,退出注册表编辑器,恢复文件夹选项中的"显示所有隐藏文件"和"显示系统文件"。

第 5 步,修复或重新安装反病毒软件,以恢复被病毒删除的注册键值,恢复杀毒软件的功能。

第 6 步,最后,更新反病毒软件并全盘扫描,把感染的 exe 程序、网页格式的文件修复。

特别提醒网页编辑，一定要保护好自己编辑的 Web 文档，保护好自己的 Web 服务器，如果发现网站上传文件带毒，应该及时删除，重新上传。

 项目思考

小张是一个学院的网络管理员。他希望在学生实验室防范病毒的爆发。他采取了以下行动：

（1）他在所有的计算机上安装了 Norton Antivirus，并且调度每个星期六凌晨 2 点进行扫描；

（2）他在学校的报纸上发布了一个禁止下载的策略。

现在要考虑这些问题：

小张还可以采取什么其他措施来保护校园实验室避免病毒的攻击？

如果校园实验室中已经出现了病毒，如何控制实验室的病毒蔓延？如何清除已经感染的病毒？

课 后 练 习

一、填空题

1. 防范计算机病毒主要从管理和_____两方面着手。

2. 按照寄生方式的不同，可以将计算机病毒分为_____病毒、文件型病毒和复合型病毒。

3. 恶意代码的关键技术主要有：生存技术、攻击技术和_____技术。

4. 按照病毒的传播媒介分类，计算机病毒可分为单机病毒和_____。

5. 防火墙的体系结构一般可分为：双重宿主主机体系机构、屏蔽主机体系结构和屏蔽_____。

6. 在入侵检测分析模型中，状态转换方法属于_____检测。

二、选择题

1. 对文件和对象的审核，错误的一项是（　　）。

A. 文件和对象访问成功和失败　　　　　B. 用户及组管理的成功和失败

C. 安全规则更改的成功和失败　　　　　D. 文件名更改的成功和失败

2. 检查指定文件的存取能力是否符合指定的存取类型，参数 3 是指（　　）。

A. 检查文件是否存在　　　　　　　　　B. 检查是否可写和执行

C. 检查是否可读　　　　　　　　　　　D. 检查是否可读和执行

3. 不属于计算机病毒防治的策略的是（　　）。

A. 确认您手头常备一张真正"干净"的引导盘　　B. 及时、可靠升级反病毒产品

C. 新购置的计算机软件也要进行病毒检测　　　　D. 整理磁盘

4. 在计算机病毒检测手段中，校验和法的优点是（　　）。

A. 不会误报　　　　　　　　　　　　　B. 能识别病毒名称

C. 能检测出隐蔽性病毒 D. 能发现未知病毒

5. 下列计算机病毒检测手段中,主要用于检测已知病毒的是( )。

A. 特征代码法 B. 校验和法

C. 行为监测法 D. 软件模拟法

6. 关于计算机病毒,下列说法错误的是( )。

A. 计算机病毒是一个程序 B. 计算机病毒具有传染性

C. 计算机病毒的运行不消耗 CPU 资源 D. 病毒并不一定都具有破坏力

7. 病毒的运行特征和过程是( )。

A. 入侵、运行、驻留、传播、激活、破坏

B. 传播、运行、驻留、激活、破坏、自毁

C. 入侵、运行、传播、扫描、窃取、破坏

D. 复制、运行、撤退、检查、记录、破坏

8. 以下方法中,不适用于检测计算机病毒的是( )。

A. 特征代码法 B. 校验和法

C. 加密 D. 软件模拟法

9. 下列不属于行为监测法检测病毒的行为特征的是( )。

A. 占有 INT 13H B. 本身是程序

C. 病毒程序与宿主程序的切换 D. 不通过执行也能发生作用

10. 恶意代码的特征不体现( )。

A. 恶意的目的 B. 修改 DOS 系统内存总量

C. 通过执行发生作用 D. 不使用 INT 13H

三、简答题

1. 什么是计算机病毒?

2. 按照工作原理和传输方式,可以将恶意代码分为哪几类?

3. 简述恶意代码的主要防范措施。

4. 防火墙的五个主要功能是什么?

5. 从工作原理角度看,防火墙主要可以分为哪两类?防火墙的主要实现技术有哪些?

项目三　网络入侵防范

自从 20 世纪 90 年代以来,几乎每一个计算机信息系统都是在网络环境下运行的。在网络环境下工作的计算机,除了经常要受到病毒等恶意程序的侵害外,还要遭受到一些有特殊目的用户的有意识的攻击,企图从攻击中获取用户的隐私或破坏正常网络工作,这就是黑客的攻击。

据国家计算机网络应急技术处理协调中心(CNCERT)抽样监测统计,2008 年我国境内因感染木马而被控制的 IP 地址达到 565 605 个,信息被窃取的情况发生了 373 次。"木马与僵尸网络监测"已被 CNCERT 列于"被篡改网站监测、恶意代码捕获"之首的核心监测项目。

任务一　网络入侵

【技能要点】

1. 掌握网络入侵的概念;
2. 了解网络入侵的方式以及原理;
3. 初步掌握网络入侵基本防范;
4. 常用的 DOS 命令的用法;
5. 如何判断网络连接情况。

【任务背景】

小王在平时上网时会遇到很多问题,例如一些关键数据被更改,或是丢失一些重要的文件;有时小王在上网时经常会遇到病毒或木马,甚至机器被对方控制;小王平时喜欢给同学和家人发送 E-mail,但是会发现很多垃圾邮件。小王想了解一些入侵方面的知识,该从哪里入手呢? 所以他去请教网络中心的赵主任。赵主任说这些网络问题是我们经常遇到的,于是就从黑客的发展史、黑客入侵的原理、入侵的具体方法和防范措施等给小赵进行了详细的讲解。

【任务分析】

在网络环境下,由于种种原因,网络入侵和攻击是难免的,但是,通过加强管理和采用必要的技术手段可以减少入侵和攻击行为,避免因入侵和攻击造成的各种损失。

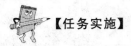

【任务实施】

步骤一　网络入侵者(黑客)

网络入侵者就是大家所说的"黑客",黑客最早源自英文 hacker,早期在美国的电脑界是带有褒义的。但在媒体报道中,黑客一词往往指那些"软件骇客"(software cracker)。黑客一词,原指热心于计算机技术,水平高超的电脑专家,尤其是程序设计人员。但到了今天,黑客一词已被用于泛指那些专门利用电脑网络搞破坏或恶作剧的家伙。对这些人的正确英文叫法是 Cracker,有人翻译成"骇客"。

1. 网络入侵者(黑客)的由来

黑客最早开始于 20 世纪 50 年代,最早的计算机于 1946 年在宾夕法尼亚大学诞生,而最早的黑客出现于麻省理工学院,贝尔实验室也有。最初的黑客一般都是一些高级的技术人员,他们热衷于挑战、崇尚自由并主张信息的共享。

1994 年以来,因特网在全球的迅猛发展为人们提供了方便、自由和无限的财富,政治、军事、经济、科技、教育、文化等各个方面都越来越网络化,并且逐渐成为人们生活、娱乐的一部分。可以说,信息时代已经到来,信息已成为物质和能量以外维持人类社会的第三资源,它是未来生活中的重要介质。随着计算机的普及和因特网技术的迅速发展,黑客也随之出现了。

2. 网络入侵者(黑客)简史

(1) 早期的计算机窃贼与病毒

20 世纪六七十年代的电话窃用。目前非法侵袭网络的现象可追溯到 20 世纪六七十年代的电话窃用,当时美国电话公司(AT&T)和电话窃用者之间存在很大的矛盾:窃用者异想天开地利用 AT&T 电话系统上的薄弱点,无限制地打免费长途电话。

地下邮箱(BBS)。20 世纪 70 年代后期,侵袭者组织的许多通信都从硬拷贝转向公告牌系统(BBS)。BBS 系统使向世界各地方便地散发信息和数据成为可能。侵袭组织不仅指导如同闯入如何使用计算机系统和电话结路,而且还展现了电话公司的内部手册。

从最初的病毒到"Trojan Ilorse"随着计算机系统逐步地网络化,病毒成为越来越尖锐的安全问题。以"Piggyhack"方式侵袭计算机系统的简单、破坏性的小型程序已成为标准的应用软件。它具有智能化,并可在计算机网络上不断变化和扩散。

(2) 20 世纪 90 年代职业计算机窃贼

从 20 世纪 90 年代初以来,越来越多的职业窃贼参与到非法的计算机地下组织中,大多数电话公司都曾遭受其害。现在,银行和商业部门正受到职业窃贼的袭击。例如,1995 年 7 月,一个俄罗斯人弗拉季米尔·列宁,竟然从纽约城市银行和其他银行支取了 90 亿美元。

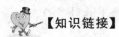

【知识链接】

1. 历史上著名黑客事件

(1) 1983 年,凯文·米特尼克因被发现使用一台大学里的电脑擅自进入今日互联网的前身 ARPA 网,并通过该网进入了美国五角大楼的的电脑,而被判在加州的青年管教所管教了 6 个月。

（2）1988 年,凯文·米特尼克被执法当局逮捕,原因是:DEC 指控他从公司网络上盗取了价值 100 万美元的软件,并造成了 400 万美元损失。

（3）1993 年,自称为"骗局大师"的组织将目标锁定为美国电话系统,这个组织成功入侵美国国家安全局和美利坚银行,他们建立了一个能绕过长途电话呼叫系统而侵入专线的系统。

（4）1995 年,来自俄罗斯的黑客弗拉季米尔·列宁在互联网上上演了精彩的偷天换日,他是历史上第一个通过入侵银行电脑系统来获利的黑客,1995 年,他侵入美国花旗银行并盗走一千万美元,他于 1995 年在英国被国际刑警逮捕,之后,他把账户里的钱转移至美国、芬兰、荷兰、德国、爱尔兰等地。

（5）1999 年,梅利莎病毒（Melissa）使世界上 300 多家公司的电脑系统崩溃,该病毒造成的损失接近 4 亿美金,它是首个具有全球破坏力的病毒,该病毒的编写者戴维·斯密斯在编写此病毒的时候年仅 30 岁。戴维·斯密斯被判处 5 年徒刑。

（6）2000 年,年仅 15 岁,绰号黑手党男孩的黑客在 2000 年 2 月 6 日到 2 月 14 日情人节期间成功侵入包括雅虎、eBay 和 Amazon 在内的大型网站服务器,他成功阻止服务器向用户提供服务,他于 2000 年被捕。

（7）2007 年 4 月 27 日爱沙尼亚拆除苏军纪念碑以来,该国总统和议会的官方网站、政府各大部门网站、政党网站的访问量就突然激增,服务器由于过于拥挤而陷于瘫痪。全国六大新闻机构中有 3 家遭到攻击,此外还有两家全国最大的银行和多家从事通信业务的公司网站纷纷中招。爱沙尼亚的网络安全专家表示,根据网址来判断,虽然火力点分布在世界各地,但大部分来自俄罗斯,甚至有些来自俄政府机构,这在初期表现得尤为显著。其中一名组织进攻的黑客高手甚至可能与俄罗斯安全机构有关联。《卫报》指出,如果俄罗斯当局被证实在幕后策划了这次黑客攻击,那将是第一起国家对国家的"网络战"。俄罗斯驻布鲁塞尔大使奇若夫表示:"假如有人暗示攻击来自俄罗斯或俄政府,这是一项非常严重的指控,必须拿出证据。"

（8）2007 年,俄罗斯黑客成功劫持 Windows Update 下载器。根据 Symantec 研究人员的消息,他们发现已经有黑客劫持了 BITS,可以自由控制用户下载更新的内容,而 BITS 是完全被操作系统安全机制信任的服务,连防火墙都没有任何警觉。这意味着利用 BITS,黑客可以很轻松地把恶意内容以合法的手段下载到用户的电脑并执行。Symantec 的研究人员同时也表示,目前他们发现的黑客正在尝试劫持,但并没有将恶意代码写入,也没有准备好提供给用户的"货",但提醒用户要提高警觉。

（9）2008 年,一个全球性的黑客组织,利用 ATM 欺诈程序在一夜之间从世界 49 个城市的银行中盗走了 900 万美元。黑客们攻破的是一种名为 RBS WorldPay 的银行系统,用各种奇技淫巧取得了数据库内的银行卡信息,并在 11 月 8 日午夜,利用团伙作案从世界 49 个城市总计超过 130 台 ATM 机上提取了 900 万美元。最关键的是,目前 FBI 还没破案,甚至据说连一个嫌疑人都没找到。

（10）2009 年 7 月 7 日,韩国遭受有史以来最猛烈的一次攻击。韩国总统府、国会、国情院和国防部等国家机关,以及金融界、媒体和防火墙企业网站都遭到了攻击。9 日韩国国家情报院和国民银行网站无法被访问。韩国国会、国防部、外交通商部等机构的网站一度无法打开！这是韩国遭遇的有史以来最强的一次黑客攻击。

（11）2010 年 1 月 12 日上午 7 点钟开始，全球最大中文搜索引擎"百度"遭到黑客攻击，长时间无法正常访问。主要表现为跳转到雅虎出错页面、出现伊朗网军图片，出现"天外符号"等，范围涉及四川、福建、江苏、吉林、浙江、北京、广东等国内大部分省市。这次攻击百度的黑客疑似来自境外，利用了 DNS 记录篡改的方式。这是自百度建立以来，所遭遇的持续时间最长、影响最严重的黑客攻击，网民访问百度时，会被定向到一个位于荷兰的 IP 地址，百度旗下所有子域名均无法正常访问。

2. 历史上著名的黑客

（1）Kevin Mitnick

凯文·米特尼克（Kevin David Mitnick，1964 年在美国洛杉矶出生），有评论称他为世界上"头号电脑骇客"。这位"著名人物"现年不过 49 岁，但其传奇的黑客经历足以令全世界为之震惊。

（2）Adrian Lamo

艾德里安·拉莫（Adrian Lamo）：历史上五大最著名的黑客之一。Lamo 专门找大的组织下手，例如破解进入微软和《纽约时报》。Lamo 喜欢使用咖啡店、Kinko 店或者图书馆的网络来进行他的黑客行为，因此得了一个诨号：不回家的黑客。Lamo 经常发现安全漏洞，并加以利用。通常他会告知企业相关的漏洞。

（3）Jonathan James

乔纳森·詹姆斯（Jonathan James），历史上五大最著名的黑客之一。16 岁的时候 James 就已经恶名远播，因为他成为第一个因为黑客行径被捕入狱的未成年人。他稍后承认自己喜欢开玩笑、四处闲逛和迎接挑战。

（4）Robert Tappan Morrisgeek

Robert Tappan Morrisgeek，美国历史上五大最著名的黑客之一。Morris 的父亲是前美国国家安全局的一名科学家，叫 Robert Morris。Robert 是 Morris 蠕虫病毒的创造者，这一病毒被认为是首个通过互联网传播的蠕虫病毒。也正是如此，他成为了首个被以 1986 年电脑欺骗和滥用法案起诉的人。

（5）Kevin Poulsen

凯文·普尔森，全名凯文·李·普尔森（Kevin Lee Poulsen），1965 年出生于美国的 Pasadena。他常使用马甲"Dark Dante（黑暗但丁）"作案，因攻击进入洛杉矶电台的 KIIS-FM 电话线而出名。

步骤二　网络入侵常用攻击手段

黑客攻击手段可分为非破坏性攻击和破坏性攻击两类。非破坏性攻击一般是为了扰乱系统的运行，并不盗窃系统资料，通常采用拒绝服务攻击或信息炸弹；破坏性攻击是以侵入他人电脑系统、盗窃系统保密信息、破坏目标系统的数据为目的。下面为大家介绍 4 种黑客常用的攻击手段。

1. 后门程序

由于程序员设计一些功能复杂的程序时，一般采用模块化的程序设计思想，将整个项目分割为多个功能模块,分别进行设计、调试,这时的后门就是一个模块的秘密入口。在程序开发阶段,后门便于测试、更改和增强模块功能。正常情况下,完成设计之后需要去掉各个模块的后门,不过有时由于疏忽或者其他原因(如将其留在程序中,便于日后访问、测试或维护)后门没有去掉,一些别有用心的人会利用穷举搜索法发现并利用这些后门,然后进入系统并发动攻击。

2. 信息炸弹

信息炸弹是指使用一些特殊工具软件,短时间内向目标服务器发送大量超出系统负荷的信息,造成目标服务器超负荷、网络堵塞、系统崩溃的攻击手段。比如向未打补丁的 Windows 95 系统发送特定组合的 UDP 数据包,会导致目标系统死机或重启;向某型号的路由器发送特定数据包致使路由器死机;向某人的电子邮件发送大量的垃圾邮件将此邮箱"撑爆"等。目前常见的信息炸弹有邮件炸弹、逻辑炸弹等。

3. 拒绝服务

拒绝服务又叫分布式 DOS 攻击,它是使用超出被攻击目标处理能力的大量数据包消耗系统可用系统、带宽资源,最后致使网络服务瘫痪的一种攻击手段。作为攻击者,首先需要通过常规的黑客手段侵入并控制某个网站,然后在服务器上安装并启动一个可由攻击者发出的特殊指令来控制进程,攻击者把攻击对象的 IP 地址作为指令下达给进程的时候,这些进程就开始对目标主机发起攻击。这种方式可以集中大量的网络服务器带宽,对某个特定目标实施攻击,因而威力巨大,顷刻之间就可以使被攻击目标带宽资源耗尽,导致服务器瘫痪。比如 1999 年美国明尼苏达大学遭到的黑客攻击就属于这种方式。

4. 网络监听

网络监听是一种监视网络状态、数据流以及网络上传输信息的管理工具,它可以将网络接口设置在监听模式,并且可以截获网上传输的信息,也就是说,当黑客登录网络主机并取得超级用户权限后,若要登录其他主机,使用网络监听可以有效地截获网上的数据,这是黑客使用最多的方法,但是,网络监听只能应用于物理上连接于同一网段的主机,通常被用作获取用户口令。

【知识链接】黑客攻击的目的

1. 进程的执行

攻击者在登上了目标主机后,或许只是运行了一些简单的程序,也可能这些程序是无伤大雅的,仅仅只是消耗了一些系统的 CPU 时间。

在另外一些情况下,假使有一个站点能够访问另一个严格受控的站点或网络,为了攻击这个站点或网络,入侵者可能就会先攻击这个中间的站点。这种情况对被攻击的站点或网络本身可能不会造成破坏,但是潜在的危险已经存在。首先,它占有了大量的处理器的时间,尤其在运行一个网络监听软件时,使得一个主机的响应时间变得非常长。其次,从另一个角度来说,将严重影响目标主机的信任度。

2. 获取文件和传输中的数据

攻击者的目标就是系统中的重要数据,因此攻击者通过登上目标主机,或是使用网络监听进行攻击事实上,即使连入侵者都没有确定要干什么时,在一般情况下,他会将当前用户目录下的文件系统中的/etc/hosts 或/etc/passwd 复制回去。

3. 获取超级用户的权限

具有超级用户的权限,意味着可以做任何事情,这对入侵者无疑是一个莫大的诱惑。在 UNIX 系统中支持网络监听程序必须有这种权限,因此在一个局域网中,掌握了一台主机的超级用户权限,才可以说掌握了整个子网。

4. 对系统的非法访问

有许多的系统是不允许其他的用户访问的,比如一个公司、组织的网络。因此,必须以一种非常的行为来得到访问的权力。这种攻击的目的并不一定要做什么,或许只是为访问而攻击。在一个有许多 Windows 95 的用户网络中,常常有许多的用户把自己的目录共享出来,于是别人就可以从容地在这些计算机上浏览、寻找自己感兴趣的东西,或者删除更换文件。或许通过攻击来证明自己技术的行为才是我们想象中的黑客行径,毕竟,谁都不喜欢那些专门搞破坏,或者给别人带来麻烦的入侵者。但是,这种非法访问的黑客行为,人们也是不喜欢的。

5. 进行不许可的操作

有时候,用户被允许访问某些资源,但通常受到许多的限制。在一个 UNIX 系统中没有超级用户的权限,许多事情将无法做,于是有了一个普通的户头,总想得到一个更大权限。在 Windows NT 系统中一样,系统中隐藏的秘密太多了,人们总经不起诱惑。例如网关对一些站点的访问进行严格控制等。许多的用户都有意无意地去尝试尽量获取超出允许的一些权限,于是便寻找管理员在设置中的漏洞,或者去找一些工具来突破系统的安全防线,例如,特洛伊木马就是一种使用多的手段。

6. 拒绝服务

同上面的目的进行比较,拒绝服务便是一种有目的的破坏行为了。拒绝服务的方式很多,如将连接局域网的电缆接地;向域名服务器发送大量的无意义的请求,使得它无法完成从其他的主机来的名字解析请求;制造网络风暴,让网络中充斥大量的封包,占据网络的带宽,延缓网络的传输。

7. 涂改信息

涂改信息包括对重要文件的修改、更换、删除,是一种很恶劣的攻击行为。不真实的或者错误的信息都将对用户造成很大的损失。

8. 暴露信息

入侵的站点有许多重要的信息和数据可以用。攻击者若使用一些系统工具往往会被系统记录下来,如果直接发给自己的站点也会暴露自己的身份和地址。于是窃取信息时,攻击者往往将这些信息和数据送到一个公开的 FTP 站点,或者利用电子邮件寄往一个可以拿到的地方,等以后再从这些地方取走。这样做可以很好地隐藏自己。将这些重要的信息发往公开的站点造成了信息的扩散,由于那些公开的站点常常会有许多人访问,其他的用户完全有可能得到这些情息,并再次扩散出去。

步骤三 网络入侵的一般过程

虽然攻击者攻击网络的目标不同、技能有高有低、手法多种多样,但他们采用的攻击方式和手段是非常相似的,入侵过程几乎是一样的。一般攻击者的攻击分五步完成:首先收集信息,然后制定攻击策略和确定攻击目标,接着使用扫描工具探测和分析系统的安全弱点,并实施攻击,最后清理现场,销毁痕迹。

1. 收集信息

收集信息的目的是为了进入所要攻击的目标网络的数据库。攻击者常常会利用公开协议或工具,来收集驻留在网络系统中的各个主机系统的相关信息。这一步可以通过扫描器和嗅探器来实现,由于 TCP/IP 协议自身的原因,目前还没有很好的办法可以完全禁止其他主机扫描本地计算机的端口开放情况。

2. 确定攻击目标

当收集到所攻击的目标系统的一般网络信息后,攻击者就要确定攻击的对象。一般情况下,攻击者希望获得的是一个主机系统上或者是一个可用的最大网段的根访问权限,因此攻击的目标往往是小型网络。一是因为一般小型网络的使用单位由于财力、物力有限,可能没有使用防火墙;二是小型网络的安全管理和配置往往不太严格,通常成功入侵一台主机后,攻击者就可以控制整个网络。但也有些攻击者更愿意攻击那些安全防御措施比较完备的大组织或大企业的网络,一是看看该网络有没有已经存在但网络管理员还未弥补的安全漏洞;二是试试他们自己的能力。由于网络中主机运行的操作系统平台比较多,攻击者往往只会攻击他们熟悉的操作系统平台的主机。

3. 探测系统安全弱点

攻击者确定了要攻击的目标系统之后,开始探测该目标系统中的所有主机,以寻找该系统的安全漏洞或安全弱点,并试图找到安全性最弱的主要主机作为攻击的对象。一般攻击者使用下列手段来扫描驻留在网络上的主机。

(1) 使用自编程序

对于某些产品或者系统,已经发现了一些安全漏洞时,生产厂商一般会提供一些"补丁"程序给予弥补。但是,如果用户没有及时使用这些"补丁"程序,那么当攻击者发现这些"补丁"程序的接口后就会自己编写程序,通过该接口进入目标主机,这时该目标主机对于攻击者来讲就变得一览无遗了。

(2) 利用公开的工具

攻击者可利用 Internet 的电子安全扫描程序 IIS(Internet Security Scanner)、审计网络用的安全分析工具 SATAN(Security Analysis Tool for Auditing Network)等这些公开的工具,对整个网络或子网进行扫描,寻找安全漏洞,一旦发现安全漏洞,就可以对目标主机实施攻击。实际上,这些工具都具有两面性,它们既可以帮助系统管理员发现所管理的网络系统内部隐藏的安全漏洞,也可以被攻击者利用来收集目标系统的信息,从而获取攻击目标主机的非法访问权。

4. 攻击目标主机

攻击者使用上述方法,收集或探测到一些"有用"信息后,对这些信息进行分析,并找出目标主机存在的安全漏洞,以获得对攻击的目标主机的访问权。一旦获得访问权,攻击者就会通过这台最薄弱的主机对网络进行攻击。一般情况下,攻击者可能会进行如下攻击行为。

(1) 建立新的安全漏洞或后门

在受到损害的系统上建立新的安全漏洞或后门,以便在先前的攻击点被发现之后,继续访问这个系统。

（2）安装某些特殊功能的软件

在目标系统中安装像特洛伊木马程序等一类的探测器软件，这样攻击者一是可以借此窥探所在系统的活动，收集自己感兴趣的一切信息，如 Telnet 和 FTP 的账号和口令等；二是在用户系统上对正常用户形成拒绝服务的局面；三是在某种条件满足时，使用户系统死机，甚至格式化用户主机的硬盘。

（3）获得目标主机的特许访问权

如果攻击者在这台受损系统上获得了特许访问权，那么他就可以读取邮件，搜索和盗窃私人文件，毁坏重要数据，破坏整个系统的信息，这将造成不堪设想的严重后果。这是最高级别的入侵行为，是任何受保护的系统都应极力避免的。

5．清理现场，销毁痕迹

具有一定安全级别的操作系统一般都会有审计和日志文件功能。因此，当攻击者实施网络攻击后，会采取清除被攻击主机中的系统日志或者是伪造系统日志等方法来销毁入侵痕迹，以免被追踪，有的攻击者为了下次继续攻击还会留下后门程序。一般黑客想要隐藏自己的踪迹的话，就会对日志进行修改。

综上所述，一般的网络攻击行为可以概括为以下几个阶段：网络扫描→确定目标→发现漏洞→实施攻击→销毁证据。

步骤四　网络入侵常见的攻击方式

1．口令认证入侵

（1）口令攻击

首先应当明确在目前的普通机器上没有绝对安全的口令，因为目前 UNIX 工作站或服务器口令密码都是用 8 位（有的新系统是用 13 位）DES 算法进行加密的，即有效密码只有前 8 位，超过 8 位的密码就没用了（这是由 DES 算法决定的），所以一味靠密码的长度来加密是不可以的。而且 DES 加密算法已经可以被人很快破译。

安全的口令有以下特点：位数大于 6 位；大小写字母混合：如果用一个大写字母，既不要放在开头，也不要放在结尾；如果你记得住的话，可以把数字无序地加在字母中；系统用户一定用 8 位口令，而且有！@ # 01a"&<>?:"{}等符号。

不安全的口令则有如下几种情况。

• 使用用户名（账号）作为口令。尽管这种方法在便于记忆上有着相当的优势，可是在安全上几乎是不堪一击。几乎所有以破解口令为手段的黑客软件，都首先会将用户名作为口令的突破门，而破解这种口令几乎不需要时间。

• 使用用户名（账号）的变换形式作为口令。将用户名颠倒或者加前后缀作为口令，既容易记忆又可以防止许多黑客软件。对于这种方法，的确是有相当一部分黑客软件无用武之地，不过那只是一些初级的软件。比如著名的黑客软件 John，如果用户名是 fool，那么它在尝试使用 fool 作为口令之后，还会试着使用诸如 fool123、fooll、loof、loof 123、lofo 等作为口令，只要是你想得到的变换方法，John 也会想得到。

• 使用自己或者亲友的生日作为口令。这种口令有着很大的欺骗性，因为这样往往可以得到一个 6 位或者 8 位的口令，但实际上可能的表达方式只有 $100 \times 12 \times 31 = 37\,200$ 种，即使再考虑到年月日三者共六种排列顺序，一共也只有 37 200×6 ＝ 223 200 种。

- 使用常用的英文单词作为口令。这种方法比前几种方法要安全些。如果选用的单词是十分生僻的，那么黑客软件就可能无能为力了。不过黑客都有一个很大的字典库，一般包含 10～20 万的英文单词以及相应的组合，如果你不是研究英语的专家，那么你选择的英文单词恐怕十之八九可以在黑客的字典库中找到。如果是那样的话，以 20 万单词的字典库计算，再考虑到一些 DES(数据加密算法)的加密运算，每秒 1 800 个单词的搜索速度也不过只需要 110 s。

- 使用 5 位或 5 位以下的字符作为口令。从理论上来说，一个系统包括大小写、控制符等可以作为口令的一共有 95 个，5 位就是 7 737 849 375 种可能性，使用 P200 破解虽说要多花些时间，最多也只需 53 个小时，可见 5 位的口令是很不可靠的，而 6 位口令也不过将破解的时间延长到一周左右。

(2) 获得主机口令的方法

口令被盗也就是用户在这台机器上的一切信息将全部丧失，并且危及他人信息安全，计算机只认口令不认人。最常见的是电子邮件被非法截获，上网时被盗用。而且黑客可以利用一般用户用不到的功能给主机带来更大的破坏。例如利用主机和 Internet 连接高带宽的特点出国下载大型软件，然后再从国内主机下载；利用系统管理员给用户开的 shell 和 UNIX 系统的本身技术漏洞获得超级用户的权利；进入其他用户目录复制用户信息。

获得主机口令的途径有两个。

- 利用技术漏洞：如缓冲区溢出，Sendmail 漏洞，Sun 的 ftpd 漏洞，Ultrix 的 fingerd，AIX 的 rlogin 等。

- 利用管理漏洞：如 root 身份运行 httpd，建立 shadow 的备份但是忘记更改其属性，用户电子邮件寄送密码等。

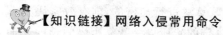**【知识链接】**网络入侵常用命令

1. ping 命令应用

ping 命令是入侵者经常使用的网络命令，该命令用来测试特定主机能否通过 IP 到达。ping 的运作原理是向目标主机传出一个 ICMP echo 请求封包，等待接收 echo 回应封包。程序会按时间和反应成功的次数，估计失去封包率(丢包率)和封包来回时间(网络时延)。该命令只有在安装了 TCP/IP 协议后才可以使用。

(1) ping 命令的使用格式

$$\text{ping} \quad [-t] \quad [-a] \, [-l] \, [-n \, count] \, [-i \, TTL]$$

(2) ping 命令参数应用

在"开始"菜单中单击"运行"，然后在弹出的对话框中输入"CMD"命令，系统就会运行 DOS 程序窗口，然后输入"ping 192.168.100.46"命令，执行的结果如图 3-1 所示。从 time＜1 ms 可以看出，网络是通的，而且连接速度很快。

知识提示：

有时候根据返回的 TTL 值可以判断出受侵者的操作系统类型，Windows 主机的 TTL 值一般在 128 左右，UNIX 的一般在 250 左右。不过一般的主机都进行了屏蔽，ping 无法返回 TTL 值；其次这个 TTL 值可以人为修改，根据这个判断操作系统类型不可靠。

-t:让本机不断向目的主机发送数据包,这里我们以局域网中的一台主机为例,如图 3-2 所示。

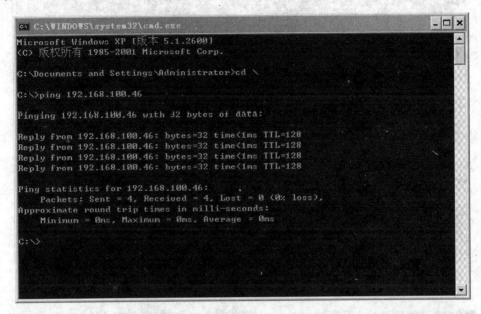

图 3-1　ping IP 地址

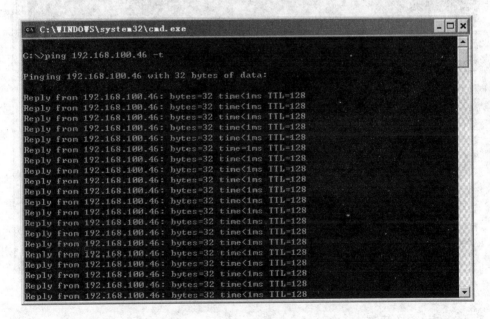

图 3-2　ping 命令-t 参数实例

知识提示:可按 **ctrl十c** 键终止

-n count:指定要 PING 多少次,具体次数由后面的 count 指定。这里我们指定了 10 个数据包,发送 10 个数据包以后,传送命令自动终止,如图 3-3 所示。

-1 size:指定发送到目的地主机的数据包的大小。默认数据包的大小是 32 字节,下面我们指定数据包的大小为 50 字节,如图 3-4 所示。

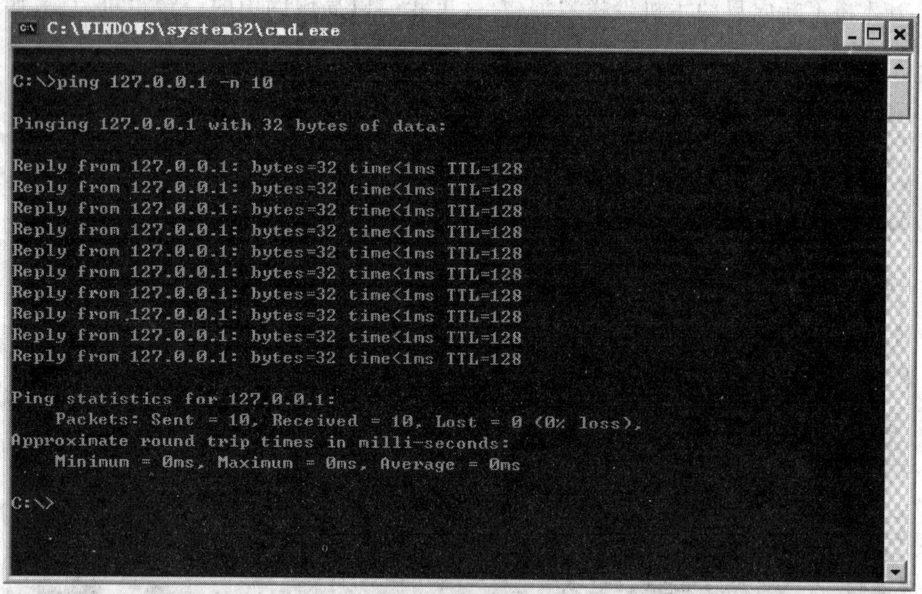

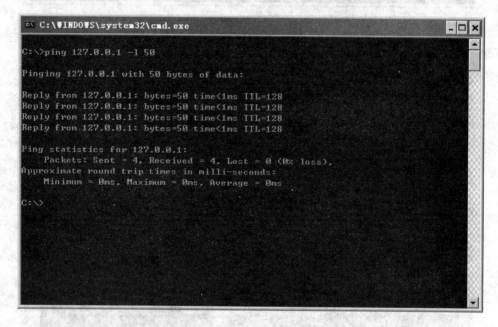

图 3-3　ping 命令-n 参数实例

图 3-4　ping 命令-l 参数实例

2. ipconfig 命令应用

　　ipconfig 是调试计算机网络的常用命令,通常大家使用它显示计算机中网络适配器的 IP 地址、子网掩码及默认网关。其实这只是 ipconfig 的不带参数用法,而它的带参数用法,在网络应用中也是相当不错的。

　　(1) ipconfig 命令的使用格式

　　ipconfig [/all] [/batch file] [/renew all] [/release all] [/renew n] [/release n]

（2）ipconfig 命令参数使用

ipconfig/？：主要用于显示 ipconfig 命令的所有参数、参数的定义以及简单的用法，如图 3-5 所示。

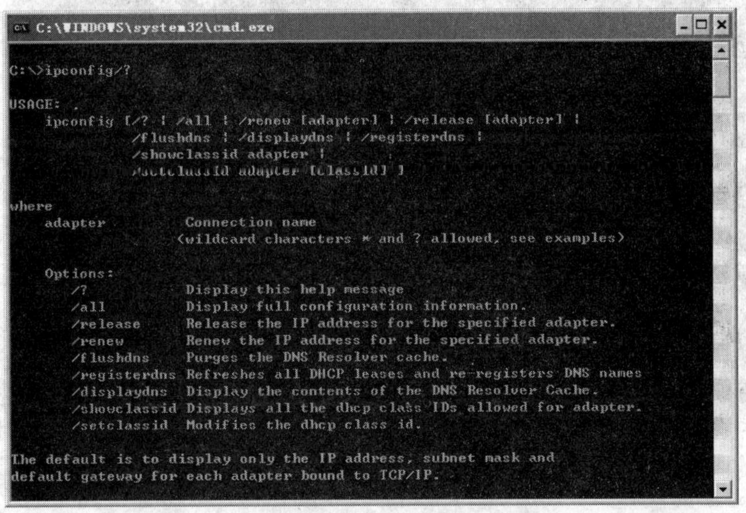

图 3-5　ipconfig 命令/？参数实例

在命令提示符后面直接输入 ipconfig 命令，可以看到主机内部 IP、子网掩码、网关 IP 等，如图 3-6 所示。

图 3-6　ipconfig 命令实例

在命令提示符后面输入 ipconfig/all 命令，除了显示主机的基本信息外，还会显示主机的所有详细信息，如图 3-7 所示。

3. netstat 命令应用

netstat 命令用于显示当前正在活动的网络连接的详细信息，如采用的协议类型、当前主机与远端相连主机（一个或多个）的 IP 地址以及它们之间的连接状态等。

（1）netstat 命令的使用格式

netstat　[-a][-e][-n][-s][-p proto][-r][interval]

图 3-7 ipconfig 命令/all 参数实例

(2)netstat 命令参数使用

-a：显示任何 socket，包括正在监听的，如图 3-8 所示。这里可以看出本地机器开放有 FTP 服务、Telnet 服务、邮件服务、Web 服务等。

图 3-8   netstat 命令-a 参数实例

-n：以网络 IP 地址代替名称，显示出网络连接情况，如图 3-9 所示。

知识提示：

netstat 用于显示和 IP、TCP、UDP 和 ICMP 协议相关的统计数据，一般用于检验本机各端口的网络连接情况。假如我们的电脑有时候接收到的数据报会导致出错，数据删除或故障，我们不必感到奇怪，TCP/IP 能够容许这些类型的错误，并能够自动重发数据报。但假如累计的出错情况数目占到所接收的 IP 数据报相当大的百分比，或它的数目正迅速增加，那么我们就应该使用 netstat 查一查为什么会出现这些情况了。

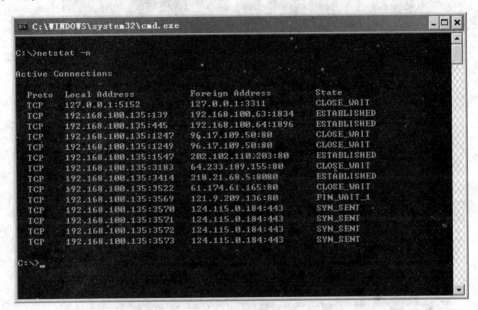

图 3-9　netstat 命令-n 参数实例

4. nbtstat 命令应用

nbtstat 命令使用 TCP/IP 上的 NetBIOS 显示协议统计和当前 TCP/IP 连接，使用这个命令可以得到远程主机的 NETBIOS 信息，比如用户名、所属的工作组、网卡的 MAC 地址等。nbtstat 可以刷新 NetBIOS 名称缓存和注册的 Windows Internet 名称服务（WINS）名称。使用不带参数的 nbtstat 显示帮助。

（1）nbtstat 命令的使用格式

nbtstat[-a remotename] [-A IPaddress] [-c] [-n] [-r] [-R] [-RR] [-s] [-S] [Interval]

（2）netstat 命令参数使用

-n：显示本地计算机的 NetBIOS 名称表。Registered 中的状态表明该名称是通过广播或 WINS 服务器注册的，如图 3-10 所示。

-A IPaddress：显示远程计算机的 NetBIOS 名称表，其名称由远程计算机的 IP 地址指定（以小数点分隔），可以显示远程计算机的用户名、所属的工作组、网卡的 MAC 地址。如图 3-11 所示。

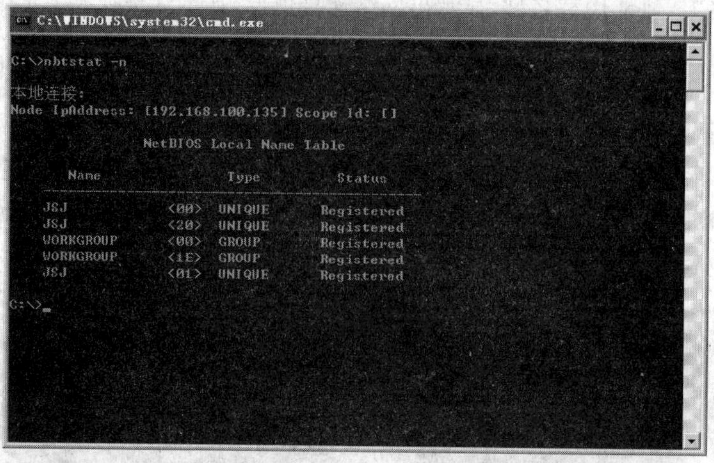

图 3-10　nbtstat 命令-n 参数的应用

图 3-11　nbtstat 命令-A 参数的应用

5. arp 命令应用

arp 是一个重要的 TCP/IP 协议,用于确定对应 IP 地址的网卡物理地址。使用 arp 命令,我们能够查看本地计算机或另一台计算机的 ARP 高速缓存中的当前内容。此外,使用 arp 命令,也可以用人工方式输入静态的网卡物理/IP 地址对,我们可能会使用这种方式为缺省网关和本地服务器等常用主机进行这项操作,有助于减少网络上的信息量。

（1）arp 命令的使用格式

arp 命令有以下三种用法:

arp -a [inet_addr] [-N if_addr]

arp -s inet_addr eth_addr [if_addr]

arp -d inet_addr [if_addr]

（2）arp 命令参数使用

-a:用于查看高速缓存中的所有项目,如图 3-12 所示。

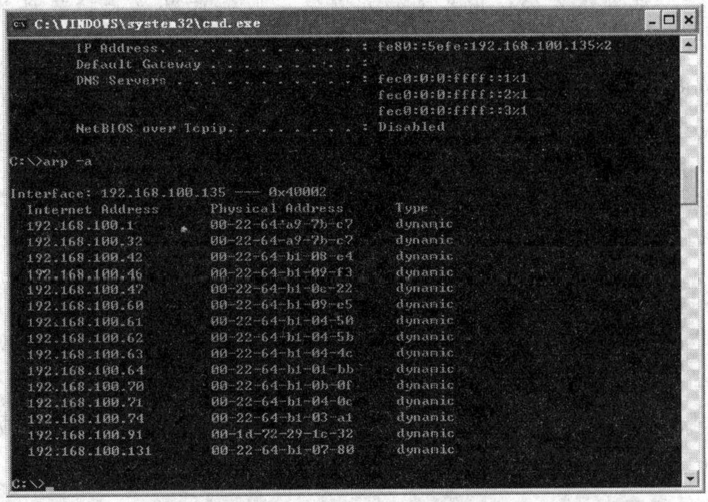

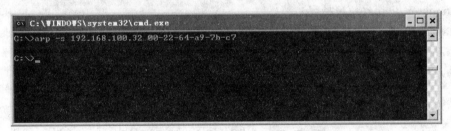

图 3-12 arp 命令-a 参数实例

-s IP MAC 地址：我们可以向 ARP 高速缓存中人工输入一个静态项目。该项目在计算机引导过程中将保持有效状态，或者在出现错误时，人工配置的物理地址将自动更新该项目，起到 IP 和 MAC 地址绑定作用。如图 3-13 所示。

图 3-13 arp 命令-s 参数实例

（3）-d IP ：使用本命令能够人工删除一个静态项目，如图 3-14 所示。

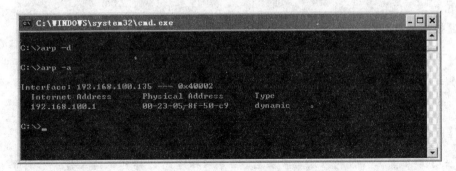

图 3-14 arp 命令-d 参数实例

 任务小结

通过赵主任的操作讲解，小王对于网络入侵有了一个比较全面的认知，并对黑客有了一定的了解,能够对一些网络入侵做出基本的判断并采取一些必要的防范措施。通过赵主任的操作讲解,小王立即在自己的计算机上进行了练习,发现这些 DOS 命令确实简单易用:自己以前老受到 ARP 攻击,现在明白只要在路由器上把自己的 IP 地址和 MAC 地址进行绑定就行了……最后又利用 netstat-an 检查下自己的机器,发现莫名其妙地打开了好多端口,这可怎么处理?赵主任笑着说,下一项目再讲。

 任务练习

练习1　木马攻击

1. 使用互联网、杂志、书籍或其他资源,找到一个在过去九个月中木马攻击的事件。

2. 这个木马是如何传递的?它造成了什么样的损害?

3. 描述木马攻击,包括:任何特定目标,攻击罪犯是否已经被抓获和/或起诉?有关这个攻击发出了什么类型的安全警报,有什么预防措施?

练习2　黑客攻击术语

使用 New Hackers Dictionary(新黑客词典),定义下述术语。之后检查 Internet(Web 页面、聊天室、公告板),找出每一个术语使用的一个示例。

Daemon(守护程序)

Dead code(多余代码)

Dumpster diving(垃圾搜寻)

Leapfrog attack(跳步攻击)

Kludge(杂凑攻击)

Nuke(核弹)

任务二　网络入侵防范

 【技能要点】

1. 了解桌面操作系统平台的安全性防范;

2. 掌握常见的网络入侵防范技术;

3. 掌握网络入侵防范基本操作。

 【任务背景】

小王了解了黑客入侵的方法与步骤后,但并不知道怎么样具体地入侵一台计算机。他向赵主任请教,赵主任说,知己知彼,只有知道了对方是如何入侵自己的,才能更好地防范自己的计算机免受入侵,但我们必须遵守黑客守则和互联网规范,今天我就给你讲一下 NET 命令是如何建立远程 IPC 连接的、AT 命令是如何计划任务的、PSEXEC 是如何远程执行的。

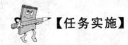

【任务分析】

防范黑客入侵最好的方式,就是亲自按照黑客的思路入侵一台计算机,这样才会深入理解网络入侵基本防范。

【任务实施】

步骤一　网络入侵基本防范

1. 桌面操作系统平台的安全性

（1）安全性设计的原则

针对桌面操作系统平台的安全性设计,Saltze 和 Schroeder 提出了一些基本原则。

- 系统设计必须公开:认为入侵者由于不知道系统的工作原理而会减少入侵可能性的想法是错误的,这样只能迷惑管理者。
- 默认情况应是拒绝访问:合法访问被拒绝的情况比未授权访问被允许的情况更容易获知。
- 检查操作的当前授权信息:系统不应只检查访问是否允许,然后只根据第一次的检查结果而不理会后续的操作。
- 为每个进程赋予可能的最小权限:每个进程只应当具备完成其特定功能的最小权限。
- 保护机制必须简单、一致,并建立到系统底层:系统的安全性和系统的正确性,不应当是一种附加特性,必须建立到系统底层而成为系统固有的特性。
- 方案必须是心理上可接受的,如果用户感觉到为保护自己的文件而必须做这做那的话,用户就会有厌烦心理,并且可能因侥幸心理而不会利用所提供的方案保护数据。

（2）桌面操作系统的安全服务

与提供网络服务的系统不同,桌面操作系统的安全服务主要包括如下两个方面:用户管理的安全性和访问控制。

第一方面:用户管理的安全性

首先,是用户账号的管理。通常对用户账号进行分组管理,并且这种分组管理应该是针对安全性问题而考虑的分组。也就是说,应该根据不同的安全级别将用户分为若干等级,每一等级的用户只能访问与其等级相对应的系统资源和数据,执行指定范围的程序。

其次,是用户口令的加密机制。用户口令的加密算法必须有足够的安全强度,用户的口令存放必须安全,不能被轻易窃取。

最后,是认证机制。身份认证必须强有力,在用户登录时,与系统的交互过程必须有安全保护,不会被第三方干扰或截取。认证机制是用户安全管理的重点。

第二方面:访问控制

访问控制实质上是对资源使用的限制,它决定主体是否被授权对客体执行某种操作。它依赖于鉴别使主体合法化,并将组成成员关系和特权与主体联系起来。只有经授权的用户,才允许访问特定的网络资源。

　　用户访问系统资源或执行程序时,系统应该先进行合法性检查,没有得到授权的用户的访问或执行请求将被拒绝。系统还要对访问或执行的过程进行监控,防止用户越权。

　　程序的执行也应该受到监控。程序执行应遵循"最小"特权原则,程序不能越权调用执行另外一些与本程序执行无关的程序,特别是某些重要的系统调用;也不能越权访问无关的重要资源。

　　(3) 用户身份认证

　　用户身份认证通常采用账号/密码的方案。用户提供正确的账号和密码后,系统才能确认他的合法身份:不同的系统内部采用的认证机制和过程一般是不同的。Linux 的登录过程相对比较简单。Windnws NT 采用的是 Windows NT LAN Manager（NTLM,建立于1988 年)安全技术进行身份认证。

　　下面以 Linux 的认证过程为例,通过终端登录 Linux 的过程描述如下。

　　• init 确保为每个终端连接(或虚拟终端)运行一个 Betty 程序。

　　• getty 监听对应的终端并等待用户准备登录。

　　• getty 输出一条欢迎信息(保存在/etc/issue 中),并提示用户输入用户名,最后运行 login 程序。

　　• login 以用户作为参数,提示用户输入密码。

　　• 如果用户名和密码相匹配,则 login 程序为该用户启动 shell。否则,login 程序退出,进程终止。

　　• init 程序注意到 login 进程已终止,则会再次为该终端启动 getty。

　　在上述过程中,唯一的新进程是 init 利用 fork 系统调用建立的进程,而 getty 和 login 仅仅利用 exec 系统调用替换了正在运行的进程。由于其后建立的进程均是由 shell 建立的子进程,这些子进程将继承 shell 的安全性属性,包括 uid 和 gid。

　　Linux 在文本文件/ etc/passwd(密码文件)中保存基本的用户数据库,其中列出了系统中的所有用户及其相关信息。默认情况下,系统在该文件中保存加密后的密码。

　　(4) 访问控制

　　系统中的访问控制通常通过定义对象保护域来实现。保护域是指一组(对象、权限)对每个(对象,权限)对指定了一个对象以及能够在这个对象上执行的操作子集。保护域可以相互交叉,进程在执行过程中,可以根据情况在不同的保护域中切换,不同的系统对切换规则的定义不同。

　　针对保护域的保护机制,最常见的属访问控制列表（Access Control Lists,ACL)在 ACL 中,每个对象具有一个关联列表,该列表定义了所有可能访问该对象的保护域,以及赋予这些保护域的访问权限假定有四个用户:userl、use2、dev1、dev2,分别属 Jusers 组和 devs 组。

　　(5) 总结

　　桌面操作系统的安全机制主要体现在身份认证和访问控制两个方面。身份认证是要保证合法的用户使用系统,防止非法侵入。访问控制是要保证授权和受控地访问和使用系统资源。

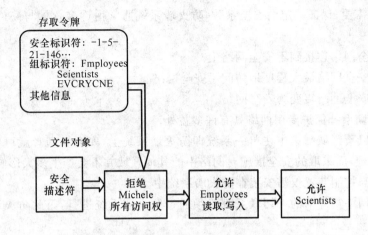

图 3-1　安全性描述与各部分关系框图

常用的桌面操作系统有 Linux 和 Windows。

Linux 作为 UNIX 克隆，采用的是 UNIX 在安全性方面成功的技术，是经受了近 20 年考验的技术。尽管有一些安全漏洞，但因为设计上的开放性，这些漏洞能够在很快的时间内发现并得到解决。

相比起来，虽然 Windows 采用的 ACL 技术更加复杂和严密，但因为其密码加密步骤过于简单，它的密码容易被破解。并且由于安全性设计上的不公开性，导致可能有许多安全漏洞尚未发现。Windows 和 Linux 在安全性机制上的比较，如表 3-1 所示。

表 3-1　Windows 和 Linux 在安全性机制上的比较

比较项	Windows	Linux
账号保存	注册表	文本文件
用户验证	账号名/密码	账号名/密码
密码处理	不公开	root 可见加密后的密码（采用影像时）
密码管理	可实施强制规则	可实施强制规则
用户标识	SID 和组 SID，不可修改	uid 和 gid，可修改
保护机制	安全 ACL	压缩为 9 位的 ACL
保护域切换	身份假扮	有效 uid 和 gid
安全设计是否公开	是	否
复杂性	比较复杂	简单有效

Windows 系统尽管采用了很多新的认证技术和协议，访问控制也设计得更加安全和灵活，但是，庞大的 Windows 系统的安全机制是否真的健壮可靠，还需要经受时间的考验。

2. 防火墙

本节只简单介绍一下防火墙，在本教材的后面章节中有防火墙技术的详细介绍。

"防火墙系统"为网络组成部件，用于连接内部与外部、专用网络与公用网络，比如 Internet 的连接部件。防火墙系统能保障网络用户最低风险地访问公用网络，同时，也保护专用网络免遭外部攻击。要想做到这一点，防火墙必须是外部进入专用网络的唯一通道。根据用户的服务需要,保证一定的安全系数,防火墙系统通常由许多软件与硬件构成,以实现如下功能。

(1) 将安全网络连接到不安全网络上

(2) 保护安全网络最大程度地访问不安全网络

(3) 将不安全网络转变为安全网络。

使用防火墙系统保护专用网络具有许多益处。

(1) 所有风险区域都集中在单一系统即防火墙系统上,安全管理者就可针对网络的某个方面进行管理,而采取的安全措施对网络中的其他区域并不会产生多大影响。

(2) 监测与控制装置仅需安装在防火墙系统中。

(3) 内部网络与外部的一切联系都必须通过防火墙系统进行,因此防火墙系统能够监视与控制所有联系过程。

3. 口令攻击防御

防御的方法如下。

(1) 使自己的口令不在英语字典中,且不可能被别人猜测出来就可以了。一个好的口令应当至少有 7 个字符长,不要用个人信息(如生日、名字等),口令中要有一些非字母(如数字、标点符号、控制字符等),不能写在纸上或计算机中的文件中。选择口令的一个好方法是将两个不相关的词用一个数字或控制字符相连,并截断为 8 个字符。例如:口令 met 甲 hk97。保持口令安全的要点如下:不要将口令写下来;不要将口令存于计算机文件中;不要选取显而易见的信息作口令;不要让别人知道;不要在不同系统中使用同一口令;为防止眼明手快的人窃取口令,在输入口令时应确认无人在身边;定期改变口令,至少 6 个月要改变一次。

(2) 不应该将口令以明码的形式放在任何地方,系统管理员口令不应该让很多人都知道。

(3) 最好不要让 root 用户远程登录,少用 Telnet 或安装 SSL 加密 Telnet 信息。另外保护用户名也是很重要的事情。登录一台计算机需要知道两个部分——用户名和口令。如果要攻击的计算机用户名和口令都需要猜测,可以说攻破这台计算机是不可能的。

4. E-mail 的入侵防范

E-mail 在 20 世纪末被如此广泛地应用,是人们始料未及的。它迅捷高效,大大缩减了整个世界的时空距离,也是人类对所谓的信息社会勾画的绝妙之笔。

(1) 安全邮件与数字签名

由于越来越多的人通过电子邮件进行重要的商务活动和发送机密信息,而且随着互联网的飞速发展,这类应用会更加频繁。因此保证邮件的真实性(即不被他人伪造)和不被其他人截取和偷阅也变得日趋重要。众所周知,用许多黑客软件如 E-mail Bomber 能够很容易地发送假地址邮件和匿名邮件,另外即使是正确地址发来的邮件在传递途中也很容易被别人截取并阅读。

(2) E-mail 炸弹与邮箱保护

关于 E-mail 炸弹的彻底预防现在还没有一个真正全面有效的方法,下面推荐一种比较可行的方法,就是利用转信服务。

目前比较流行的转信服务在一定程度上能够解决特大邮件攻击的问题。如果去申请一个转信信箱(如 www.163.net),利用转信站提供的过滤功能,可以将那些不愿看到的邮件统统过滤删除在邮件服务器中,或者将那些广告垃圾邮件转移到别处,最坏的情况无非是抛弃这个被人盯上的免费 E-mail。具体方法(以 163 信箱为例)是在进入 163 转信信箱后选择"过滤邮件",在"新建过滤器框"内设置好不愿看到的邮件的相关信息,如果想拒绝接收某人邮件或某个特定地址的邮件,则在"拒收邮件"中设置。

(3) 邮件附件

平时利用 E-mail 可以发送一些小型的程序软件。正因如此,一些人利用它发一些带有烈性病毒附件的 E-mail 让受害的计算机死机;或者发一些后门程序,时刻监视网上动静,这是可怕的,所以要严密地把好关,看好每个附件,看看发信人是否可靠。收到附件先不要急于去执行,要拿出杀毒软件从容地杀上几遍,只有方方面面都确定安全才可以用。

5. 先进的认证技术

先进的认证措施,如智能卡、认证令牌、生物统计学和基于软件的工具已被用来克服传统口令的弱点。尽管认证技术各不相同,但它们产生的认证信息不能让通过非法监视连接的攻击者重新使用。在目前黑客智能程度越来越高的情况之下,可访问 Internet 的防火墙,如果不使用先进认证装置或者不包含使用先进认证装置的挂接工具的话,这样的防火墙几乎是没有意义的。当今使用的一些比较流行的先进认证装置叫一次性口令系统。例如,智能卡或认证令牌产生一个主系统可以用来取代传统口令的响应信号,由于智能卡或认证令牌是与主系统上的软件或硬件协同工作的,因此,所产生的响应对每次注册都是独一无二的。其结果是产生一种一次性口令。这种口令即使被入侵者获得,也不可能被入侵者重新使用来获得某一账户,这样就非常有效地保护了 Internet 网络。由于防火墙可以集中并控制网络的访问,因而防火墙是安装先进认证系统的合理场所。

6. 拒绝服务防范

有如下措施预防拒绝服务攻击。

(1) 为防止 Syn-FLood 攻击,对默认安装的系统进行强化,主要是通过重新编译内核,以及设定相应的内核参数使得系统强制对超时的 Syn 请求连接数据包复位,同时通过缩短超时常数和加长等候队列使得系统能迅速处理无效的 Syn 请求数据包。如果不强制对这些无效的数据包进行清除复位,将大大加重系统的负载,最终将导致系统失去响应。

(2) 为防止 ICMP 炸弹的攻击,在系统内核中对 ICMP 数据包的流量进行限定允许。并在系统参数中对此限定值调整,以防止系统由此而造成的失去响应。

(3) 在系统中加装防火墙系统,利用防火墙系统对所有出入的数据包进行过滤。

(4) 仔细调整服务器的各项参数。根据站点访问量大的特点,对 Web 服务器和 Mail 服务器进行适度的预加重处理,即通过预先使服务器达到一定的负载,以使得整个系统的负载变化在访问量变化时不会出现很大的变化,如果出现了很大的变化,很有可能使得服务器崩溃。这和在建筑中广泛采用的预应力技术的原理是一致的。

在完成了对服务器的强化后,还必须使用一些有效的方法和规则来检测和发现拒绝服务攻击,并能在检测到拒绝服务攻击后采取相应的对策。检测的手段很多,可以通过查看路由器记录和系统记录以及站点目前状态来实现。

通常,在设计防火墙的时候预先对某些特殊类型的 IP 数据包进行过滤(不需要记录):这些特殊的 IP 是不能在 Internet 上出现的(无法路由)。而要进行拒绝服务攻击往往最需要这类有来无回的数据包,来隐蔽攻击者的真实地址和身份。一旦这类地址出现,往往就标志着某种拒绝服务攻击开始。

这一类地址是 127.0.0.0/8,10.0.0.0/8,172.16.0.0/12,192.168.0.0/16 这四个网段的地址。就防火墙的规则而言,对这四个地址段是完全拒绝任何数据包的:Deny all,然后通过检测对这些规则的计数,来判决是否存在某些攻击行为。

7. 虚拟专用网络(VPN)

虚拟专用网络(VPN)是一个综合运用入侵防范的很好的例子。网络入侵防范必须考虑如下五个方面:网络层的安全性、操作系统的安全性、用户的安全性、应用程序的安全性、数据的安全性。

(1)网络层的安全性问题,即对网络的控制或对进入网络的用户的地址进行检查和控制。每一个用户都会通过一个独立的 IP 地址对网络进行访问,这一 IP 地址能够大致表明用户的来源所在地和来源系统。目标网站通过对来源 IP 进行分析,便能够初步判断来自这一 IP 的数据是否安全。

防火墙产品和 VPN——虚拟专用网就是用于解决网络层安全性问题的。防火墙的主要目的在于判断来源 IP,阻止危险或未经授权的 IP 的访问和交换数据。VPN 主要解决的是数据传输的安全问题,其目的在于内部的敏感关键数据能够安全地借助公共网络进行频繁的交换。后面将对 VPN 作具体的介绍。

(2)在操作系统安全性问题中,主要防止病毒的威胁,黑客的破坏和侵入。

(3)对于用户的安全性问题,考虑的是用户的合法性。认证和密码就是用于这个问题的。

通常根据不同的安全等级对用户进行分组管理。不同等级的用户只能访问与其等级相对应的系统资源和数据。然后采用强有力的身份认证,并确保密码难以被他人猜测到。

(4)应用程序的安全性,即只有合法的用户才能够对特定的数据进行合法的操作,包括应用程序对数据的合法权限和应用程序对用户的合法权限。

(5)数据的安全性,即用加密的方法保护机密数据。在数据的保存过程中,机密的数据即使处于安全的空间,也要对其进行加密处理,以保证万一数据失窃,他人也读不懂其中的内容。这是一种比较被动的安全手段,但往往能够收到最好的效果。

虚拟专用网络的设计很好地考虑到上述五个方面。

VPN 技术的优点主要有以下几下方面。

- 信息的安全性:虚拟专用网络采用安全隧道(Secure Tunnel)技术实现安全的端到端的连接服务,确保信息资源的安全。
- 方便的扩充性:用户可以利用虚拟专用网络技术方便地重构企业专用网络(Pri-sate Network,实现异地业务人员的远程接入。
- 方便的管理:VPN 将大量的网络管理工作放到互联网络服务提供者(ISP)一端来统一实现,从而减轻了企业内部网络管理的负担。同时 VPN 也提供信息传输、路由等方面的智能特性及其与其他网络设备相独立的特性,也便于用户进行网络管理。
- 显著的成本效益:利用现有互联网络发达的网络构架组建企业内部专用网络,从而节省了大量的投资成本及后续的运营维护成本。

实现 VPN 的关键技术有以下几种。

• 安全隧道技术(Secure Tunneling Technology):通过将待传输的原始信息经过加密和协议封装处理后再嵌套装入另一种协议的数据包送入网络中,像普通数据包一样进行传输;经过这样的处理,只有源端和目标端的用户对隧道中的嵌套信息能进行解释和处理,而对于其他用户而言只是无意义的信息。

• 用户认证技术(User Authentication Technology):在正式的隧道连接开始之前需要确认用户的身份,以便系统进一步实施资源访问控制或用户授权。

• 访问控制技术(Access Control Technology):由 VPN 服务的提供者与最终网络信息资源的提供者共同协商确定特定用户对特定资源的访问权限,以此实现基于用户的访问控制,以实现对信息资源最大限度的保护。

VPN 系统的结构如图 3-2 所示。VPN 用户代理(User Agent,UA)向安全隧道代理(Secure Tunnel Agent,STA)请求建立安全隧道。安全隧道代理接受后,在 VPN 管理中心(Management Center,MC)的控制和管理下在公用互联网络上建立安全隧道,然后进行用户端信息的透明传输。用户认证管理中心和 VPN 密钥分配中心向 VPN 用户代理提供相对独立的用户身份认证与管理及密钥的分配管理,VPN 用户代理又包括安全隧道终端功能(STF)用户认证功能(User Authentication Function,UAF)和访问控制功能(Access Control function,ACF)三个部分,它们共同向用户高层应用提供完整的 VPN 服务。

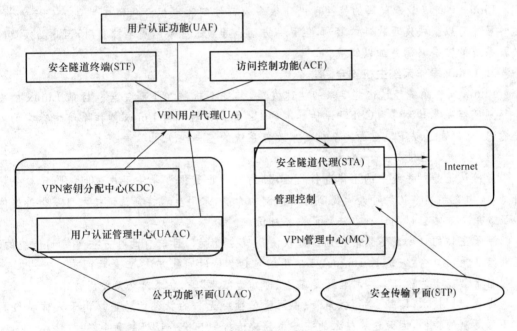

图 3-2 VPN 系统的结构

安全隧道代理和 VPN 管理中心组成了 VPN 安全传输平面(Secure Transmission Plane,STP),实现了在公用互联网络基础上进行信息的安全传输和系统的管理功能。

公共功能平面(Common Function Plane,CFP)是安全传输平面的辅助平面,由用户认证管理中心(Uuser Authentication & Administratinn Center,UAAC)和 VPN 密钥分配中心(Key Distribution Center,KDC)组成。其主要功能是向 VPN 用户代理提供相对独立的用户身份认证与管理及密钥的分配管理。

用户认证管理中心与 VPN 用户代理直接联系,向安全隧道代理提供 VPN 用户代理的身份认证,必要时也可以同时与安全隧道代理联系,向 VPN 用户代理和安全隧道代理提供双向的身份认证。

【知识链接】Linux 操作系统主机安全配置

1. Linux 安全性概述

Linux 是一个多用户、多任务的操作系统,它继承了 Unix 系统功能强大、性能稳定的特点,而且还在许多方面都超过了 Unix 系统。近些年来,由于 Linux 具有诸多优点,因此它在很多领域都得到了广泛的应用。

Linux 是一个开放源代码的操作系统,可以自由地发行和拷贝。每个用户都有权限修改它的源代码,易于定制用户自己的工作环境、向系统中添加新的部件、发现缺陷和提供补丁,以及检查源代码中的安全漏洞。

Linux 具有很多解决机密性、完整性、可用性以及系统安全本身的问题的集成部件,其中具有认证机制、系统日志和审计、加密协议和 API、内核级 VPN 支持、IP 防御等功能。此外,Linux 系统安全还可以由软件(开放源代码源)应用程序来提供安全服务、加固或控制 Linux 系统、防止并检测入侵、检查系统和数据的安全性,并提供防止不同攻击的屏障。

Linux 系统开放源代码的特性可以让很多人都控制和审视源代码中可能的安全漏洞,这样虽然可以很快发现软件的漏洞,但另一方面也导致这些缺陷更早被利用,因此必须及时关注系统的安全漏洞并加以解决。

2. Linux 操作系统主机安全

Linux 操作系统经过这些年的快速发展,其安全机制在不断完善。目前 Linux 的安全级别已经基本达到了 TCSEC 评估标准的 C2 级。针对目前 Linux 操作系统中存在的安全隐患,可以通过以下现有的安全机制来改善系统的安全性。

(1) 身份认证机制

身份认证是对系统中的主体进行验证,目的是防止数据被非法用户访问。除了口令认证外,采用数字签名技术可大大提高访问控制的力度,采用生理特征认证技术可获得最好的验证效果。通常有以下三种方法验证主体身份。

基于主体的口令或密钥的验证。可以使用口令机制。目前有两种方法可编制传统的、可存储非重用口令:一是 Kerberos v5 使用的包括加密时间戳方法,二是盘问响应方法。

基于智能卡的验证。这种验证是基于"你知道某事"等,登录时必须使用该卡。

生物识别技术,即基于指纹、声音、视网膜等独一无二的特征的验证。由于人体特征具有不可复制的特性,因而这一技术的安全系数较传统的身份验证机制高得多。

(2) 加密文件系统

安全的文件系统要求做到在硬盘丢失或失窃的情况下,也不会泄露系统的任何信息,这样就可以有效地保障系统数据的安全。加密文件系统就是将加密服务引入文件系统,从而提高计算机系统的安全性。

目前,Linux 已经有多种加密文件系统,如 CFS、TCFS 和 CRYPTFS 等。其中较有代表性的是 TCFS(Transparent Cryptographic File System)。该加密文件系统将加密服务与文件系统紧密结合,用户在使用时感觉不到文件的加密过程。TCFS 可以做到让经过加密后的文件对以下的用户不可读：合法拥有者以外的用户；用户和远程文件系统通信线路上的窃听者；文件系统服务器的超级用户。如果是合法的用户，则访问加密文件与访问普通文件没有区别。

（3）强制访问控制机制

强制访问控制（Mandatory Access Control，MAC）是一种由系统管理员从系统的角度定义和实施的访问控制技术，它通过标识系统中的主客体，强制性地限制信息的共享和流动，使不同的用户只能访问到与其相关的、指定范围的信息。

目前，很多类别的 Linux 系统都实现了强制访问控制机制，但是不同的系统采用的具体策略也有所不同。

（4）防火墙技术

防火墙技术是一种用来加强网络之间访问控制，防止外部网络用户以非法手段通过外部网络进入内部网络、访问内部网络资源，保护内部网络操作环境的特殊网络互联设备。它对两个或多个网络之间传输的数据包按照一定的安全策略来实施检查，以决定网络之间的通信是否被允许，并监视网络运行状态。

Linux 系统防火墙主要提供以下功能。

访问控制：可以执行基于源和目的地址、用户和时间的访问控制策略，从而可以拒绝非授权的访问，同时也可以保护内部用户的合法访问不受影响。

审计：可以对通过防火墙的网络访问进行记录，并建立完备的日志、审计和跟踪网络访问记录，并可以根据需要产生报表。

防御攻击：防火墙系统直接暴露在非信任网络中，对外界来说，是受到防火墙保护的内部网络的一个点，所有的攻击行为都是直接针对它的，因此可以称其为堡垒主机，它具有高度的安全性和抵御各种攻击的能力。

其他附属功能：如与审计相关的报警和入侵检测，与访问控制相关的身份验证、加密和认证，以及 VPN 等。

（5）入侵检测系统

入侵检测是防火墙技术的合理补充，它可以帮助系统对付网络攻击，扩展系统管理员的安全管理能力（包括安全审计、监视、进攻识别和响应等），提高信息安全的完整性。目前较为流行的入侵检测系统有 Snort、Portsentry、Lids 等。利用 Linux 配备的工具和从互联网上下载的工具就可以使 Linux 具备高级的入侵检测能力，这些能力包括：记录入侵企图，当攻击发生时及时通知管理员；在规定情况的攻击行为发生时，采取预先设定的措施；发送一些错误的信息，如将系统伪装成其他的操作系统，从而让攻击者误认为它们攻击的是 Windows 或 Solaris 等操作系统。

（6）安全审计机制

安全审计作为安全操作系统的一个重要安全机制，对于监督系统的正常运行、保障安全策略的正确实施、构造计算机入侵检测系统等都有重要的意义。它可以记录攻击者的行踪，帮助系统管理员掌握系统受到的攻击行为，并可以针对这些攻击行为采取相应的安全措施。

Linux 系统中，日志是其安全结构的一个重要组成部分，它主要提供攻击者的唯一真实证据。因为现在的攻击方法很多，所以 Linux 系统提供对网络、主机和用户级的日志信息，并记录以下主要内容：记录所有系统和内核信息；记录每一次网络连接和它们的源 IP 地址、长度等,有时还记录攻击者的用户名和使用的操作系统;记录远程用户申请访问哪些文件;记录用户可以控制哪些进程;记录具体用户使用的每条口令。

（7）内核封装技术

保护系统内核,使用户不能对内核进行模块插入,从而保护系统的安全。Linux 系统通过限制系统管理员的权限,使其权限的使用处于保护之下,即使误操作或者蓄意破坏,也不至于对系统造成致命的打击。

3. Linux 操作系统的安全配置

相对 Windows 而言,Linux 是一个安全而稳定的操作系统。Linux 系统安全与系统管理员有很大关系。服务安装得越多,越容易导致系统的安全漏洞。安装 Linux 时,最好先最小化安装,然后再加上必要的软件。这样可以减小某个程序出现安全隐患的可能。如果管理得好,Linux 将是最安全的系统。

应该尽量少让外人知道有关系统的信息。有时候简单地用 finger 程序就能知道不少系统信息,比如:有多少用户、管理员什么时候登录、什么时候工作、是谁现在正在使用这个系统以及其他有利于黑客猜出用户口令的信息。可以用一个强大的 finger daemon 和 tcpd 限制连接到服务器的用户以及他们可以知道的有关系统的信息。但是,最好还是把 finger 软件包卸载掉。

（1）磁盘分区

如果是新安装系统,对磁盘分区应考虑安全性。

根目录(/)、用户目录(/home)、临时目录(/tmp)和/var 目录应分开到不同的磁盘分区;以上各目录所在分区的磁盘空间大小应充分考虑,避免因某些原因造成分区空间用完而导致系统崩溃;

对于/tmp 和/var 目录所在分区,限制系统中 suid(Set User ID)的程序。suid 的程序是以 root 权限运行的程序。有时候这是必需的,像 passwd 程序。但是在多数情况下则没有必要。suid 程序可以做任何 root 做的事,有更多的机会出现安全隐患。黑客可以利用 suid 的程序来破坏系统的安全。所以应为这些分区添加 nosuid 属性。

方法一:修改/etc/fstab 文件,添加 nosuid 属性字。例如:

/dev/hda2 /tmp ext2 exec,dev,nosuid,rw 0 0

方法二:如果对/etc/fstab 文件操作不熟,建议通过 linuxconf 程序来修改。运行 linux-conf 程序;选择"File systems"下的"Access local drive";选择需要修改属性的磁盘分区;选择"No setuid programs allowed"选项;根据需要选择其他可选项;正常退出（一般会提示重新 mount 该分区）。

（2）安全配置与增强

① 系统安全记录文件。日志是了解 Linux 系统运行情况的唯一方法。把所有的连接都记录在日志中,可以发现攻击者和他们试图进行的攻击。

② BIOS 安全。设置启动方式只能从硬盘启动;设置 BIOS 口令,要求是字母、数字、标点符号、特殊符号等,长度不少于 8 位,时效要求定期更换。

③ 用户口令。在进入 Linux 系统之前,所有用户都需要登录,也就是说,用户需要输入用户账号和密码,只有通过系统验证之后,用户才能进入系统。Linux 一般将密码加密之后,存放在/etc/passwd 文件中。

④ /etc/exports 文件。如果使用 NFS 网络文件系统服务,那么需要确保/etc/exports 具有最严格的存取权限设置,不允许 root 写权限,mount 成只读文件系统。编辑文件/etc/exports 并且添加如下所示内容:

/dir/to/export host1. mydomain. com(ro,root_squash)

/dir/to/export host2. mydomain. com(ro,root_squash)

/dir/to/export 是你想输出的目录,host. mydomain. com 是登录这个目录的机器名,ro 意味着 mount 成只读系统,root_squash 禁止 root 写入该目录。为了让上面的改变生效,运行/usr/sbin/exportfs -a

⑤ /etc/inetd. conf 文件。确信/etc/inetd. conf 的所有者是 root,且文件权限设置为 600,详细显示与操作过程如图 3-3 所示。

```
[root@deep]# chmod 600 /etc/inetd.conf
ENSURE that the owner is root.
[root@deep]# stat /etc/inetd.conf
file: "/etc/inetd.conf"
Size: 2869 Filetype: Regular File
Mode: (0600/-rw-------) Uid: ( 0/ root) Gid: ( 0/ root)
Device: 8,6 Inode: 18219 Links: 1
Access: Wed Sep 22 16:24:16 1999(00000.00:10:44)
Modify: Mon Sep 20 10:22:44 1999(00002.06:12:16)
Change:Mon Sep 20 10:22:44 1999(00002.06:12:16)
```

图 3-3　查看 root 权限过程

⑥ TCP_WRAPPERS。默认地,Linux 允许所有的请求,用 TCP_WRAPPERS 增强站点的安全性是举手之劳,可以放入"ALL：ALL"到/etc/hosts. deny 中禁止所有的请求,然后放那些明确允许的请求到/etc/hosts. allow 中,如：sshd：192. 168. 1. 10/255. 255. 255. 0 gate. openarch. com。

⑦ 别名文件 aliases。编辑别名文件/etc/aliases(也可能是/etc/mail/aliases),移走/注释掉下面的行,编辑过程如图 3-4 所示。

```
# Basic system aliases -- these MUST be present.
MAILER-DAEMON: postmaster
postmaster: root
# General redirections for pseudo accounts.
bin: root
daemon: root
#games: root ?remove or comment out.
#ingres: root ?remove or comment out.
nobody: root
#system: root ?remove or comment out.
#toor: root ?remove or comment out.
#uucp: root ?remove or comment out.
# Well-known aliases.
#manager: root ?remove or comment out.
#dumper: root ?remove or comment out.
#operator: root ?remove or comment out.
# trap decode to catch security attacks
#decode: root
# Person who should get roots mail
#root: marc
```

图 3-4　编辑别名文件过程

最后运行/usr/bin/newaliases,使改变生效。

⑧ 使系统对 ping 没有反应。防止系统对 ping 请求做出反应,对于网络安全很有好处。使用下面的命令:echo 1 > /proc/sys/net/ipv4/icmp_echo_ignore_all。

可以把这一行加到"/etc/rc.d/rc.local"文件中去,这样当系统重新启动的时候,该命令就会自动运行。

⑨ 账号管控。禁止操作系统中不必要的预置账号(每次升级或安装完都要检查一下)。Linux 系统中提供了这样一些可能不需要的预置账号。如果确实不需要这些账号,就把它们删掉,如图 3-5 所示。系统中账号越多就越容易受到攻击。

```
[root@deep]# userdel username
为删除你系统上的组用户帐号,用下面的命令:
[root@deep]# groupdel username
在终端上打入下面的命令删掉下面的用户。
[root@deep]# userdel adm
[root@deep]# userdel lp
[root@deep]# userdel sync
[root@deep]# userdel shutdown
[root@deep]# userdel halt
[root@deep]# userdel mail
如果你不用sendmail服务器,procmail.mailx,就删除这个帐号。
[root@deep]# userdel news
[root@deep]# userdel uucp
[root@deep]# userdel operator
[root@deep]# userdel games
如果你不用X windows 服务器,就删掉这个帐号。
[root@deep]# userdel gopher
[root@deep]# userdel ftp
如果你不允许匿名FTP,就删掉这个用户帐号。
打入下面的命令删除组帐号
[root@deep]# groupdel adm
[root@deep]# groupdel lp
[root@deep]# groupdel mail
如不用Sendmail服务器,删除这个组帐号
[root@deep]# groupdel news
[root@deep]# groupdel uucp
[root@deep]# groupdel games
如你不用X Windows,删除这个组帐号
[root@deep]# groupdel dip
[root@deep]# groupdel pppusers
[root@deep]# groupdel popusers
如果你不用POP服务器,删除这个组帐号
[root@deep]# groupdel slipusers
用下面的命令加需要的用户帐号
[root@deep]# useradd username
用下面的命令改变用户口令
[root@deep]# passwd username

用chattr命令给下面的文件加上不可更改属性。
[root@deep]# chattr +i /etc/passwd
[root@deep]# chattr +i /etc/shadow
[root@deep]# chattr +i /etc/group
[root@deep]# chattr +i /etc/gshadow
```

图 3-5　账号管理过程

⑩ 禁止任意访问本机。

在默认情况下,Linux 允许所有的服务请求。用 TCP_WRAPE RS 来保护服务器的安全,使其免受外部的攻击。TCP_WRAPPERS 是由两个文件控制的:"/etc/hosts.allow"和"/etc/hosts.deny"。

判断是依次进行的,具体的规则如下:如果在"/etc/hosts.allow"文件中有匹配的项,那么允许访问;否则,查看"/etc/hosts.deny",如果找到匹配的项,那么访问被禁止;否则,访问被允许。

第一步　vi /etc/hosts.deny,加入下面这些行:

♯ Deny access to everyone.

ALL：ALL@ALL,PARANOID

第二步　vi /etc/hosts. allow。例如,可以加入下面这些行(被授权访问的计算机要明确地列出来):

sshd：208. 164. 186. 1 gate. openarch. com

被授权访问的计算机的 IP 地址是:208. 164. 186. 1,主机名是:gate. openarch. com,允许使用的服务是:sshd。

第三步　运行 tcpdchk 是检查 TCP_ WAPPERS 配置的程序。它检查 TCP_ WAP-PERS 的配置,并报告它可以发现的问题或潜在的问题。

被 root 拥有的程序的位。移走那些被 root 拥有的程序的 s 位标志,当然有些程序需要这个,用命令"chmod a-s"完成这个,如图 3-6 所示。注:前面带(*)号的那些程序一般不需要拥有 s 位标志。

```
[root@deep]# find / -type f \( -perm -04000 -o -perm -02000 \) \-exec ls - lg {} \:
-rwsr-xr-x 1 root root 33120 Mar 21 1999 /usr/bin/at
*-rwsr-xr-x 1 root root 30560 Apr 15 20:03 /usr/bin/chage
*-rwsr-xr-x 1 root root 29492 Apr 15 20:03 /usr/bin/gpasswd
-rwsr-xr-x 1 root root 3208 Mar 22 1999 /usr/bin/disable-paste
-rwxr-sr-x 1 root man 32320 Apr 9 1999 /usr/bin/man
-r-s--x--x 1 root root 10704 Apr 14 17:21 /usr/bin/passwd
-rws--x--x 2 root root 517916 Apr 6 1999 /usr/bin/suidperl
-rws--x--x 2 root root 517916 Apr 6 1999 /usr/bin/sperl5.00503
-rwxr-sr-x 1 root mail 11432 Apr 6 1999 /usr/bin/lockfile
-rwsr-sr-x 1 root mail 64468 Apr 6 1999 /usr/bin/procmail
-rwsr-xr-x 1 root root 21848 Aug 27 11:06 /usr/bin/crontab
-rwxr-sr-x 1 root slocate 15032 Apr 19 14:55 /usr/bin/slocate
*-r-xr-sr-x 1 root tty 6212 Apr 17 11:29 /usr/bin/wall
*-rws--x--x 1 root root 14088 Apr 17 12:57 /usr/bin/chfn
*-rws--x--x 1 root root 13800 Apr 17 12:57 /usr/bin/chsh
*-rws--x--x 1 root root 5576 Apr 17 12:57 /usr/bin/newgrp
*-rwxr-sr-x 1 root tty 8392 Apr 17 12:57 /usr/bin/write
-rwsx--- 1 root squid 14076 Oct 7 14:48 /usr/lib/squid/pinger
-rwxr-sr-x 1 root utmp 15587 Jun 9 09:30 /usr/sbin/utempter
*-rwsr-xr-x 1 root root 5736 Apr 19 15:39 /usr/sbin/usernetctl
*-rwsr-xr-x 1 root bin 16488 Jul 6 09:35 /usr/sbin/traceroute
-rwsr-sr-x 1 root root 299364 Apr 19 16:38 /usr/sbin/sendmail
-rwsr-xr-x 1 root root 34131 Apr 16 18:49 /usr/libexec/pt_chown
-rwsr-xr-x 1 root root 13208 Apr 13 14:58 /bin/su
*-rwsr-xr-x 1 root root 52788 Apr 17 15:16 /bin/mount
*-rwsr-xr-x 1 root root 26508 Apr 17 20:26 /bin/umount
*-rwsr-xr-x 1 root root 17652 Jul 6 09:33 /bin/ping
-rwsr-xr-x 1 root root 20164 Apr 17 12:57 /bin/login
*-rwxr-sr-x 1 root root 3860 Apr 19 15:39 /sbin/netreport
-r-sr-xr-x 1 root root 46472 Apr 17 16:26 /sbin/pwdb_chkpwd
[root@deep]# chmod a-s /usr/bin/chage
[root@deep]# chmod a-s /usr/bin/gpasswd
[root@deep]# chmod a-s /usr/bin/wall
[root@deep]# chmod a-s /usr/bin/chfn
[root@deep]# chmod a-s /usr/bin/chsh
[root@deep]# chmod a-s /usr/bin/newgrp
[root@deep]# chmod a-s /usr/bin/write
[root@deep]# chmod a-s /usr/sbin/usernetctl
[root@deep]# chmod a-s /usr/sbin/traceroute
[root@deep]# chmod a-s /bin/mount
[root@deep]# chmod a-s /bin/umount
[root@deep]# chmod a-s /bin/ping
[root@deep]# chmod a-s /sbin/netreport
```

图 3-6　查找拥有 s 位标志的程序过程

步骤二　网络入侵防范基本操作

1. net 命令应用

net user 是用来增加或更改用户账号权限或用户信息的命令。

（1）增加用户。进入 DOS 程序窗口，在进入系统盘根目录，输入"net user hgl 123 / add"，添加一个用户，操作结果如图 3-7 所示，命令完成，新增加用户成功，当前系统内已经存在当前添加用户：

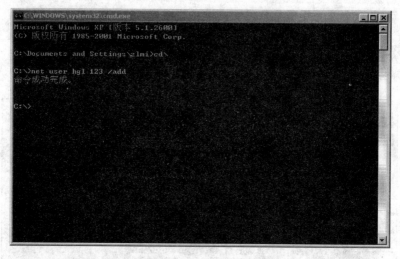

图 3-7　添加用户

知识提示：该命令中，"hgl"为当前命令多添加的用户名，"123"为该添加用户的密码。add 即为添加的意义。输入时注意空格的位置。

（2）将用户提升为管理员账户。在这里就直接将方才添加的用户直接提升为管理员账户，在 DOS 程序窗口中继续输入"net localgroup administrators hgl /add"，命令成功后，当前账户已经为管理员账户了，如图 3-8 所示。

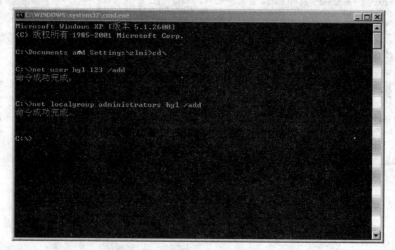

图 3-8　用户提升为管理员账号

知识提示：可以在用户组界面检查用户以及用户权限。

（3）显示用户信息。继续输入命令"net user"，回车运行后信息显示如图3-9所示。

（4）建立 ipc 空连接。建立一个空连接是黑客攻击最基本的入侵方法，建立空连接可以得到很多有用的信息（而这些信息往往是入侵中必不可少的），输入命令为："net use \\192.168.0.3\ipc ＄ ""/user:administrator"，其中，192.168.0.3 为需要连接的计算机网络地址，需自由选取，最好是同一局域网内的计算机。注意命令中的空格，如图3-10所示。

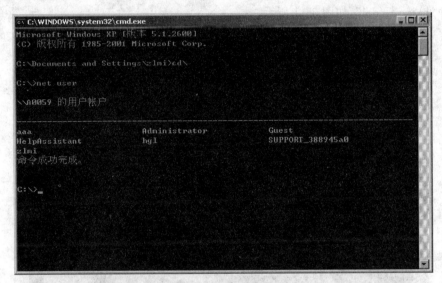

图 3-9　显示用户信息

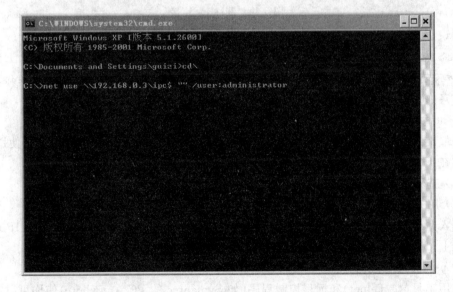

图 3-10　建立 ipc 空连接

知识提示：

ipc ＄（Internet Process Connection）是共享"命名管道"的资源，它是为了让进程间通信而开放的命名管道，可以通过验证用户名和密码获取相应的权限，在远程管理计算机和查看计算机共享资源时使用。

(5) 映射默认共享

net use z:\\IP\c$"密码"/user:"用户名"(即可将对方的c盘映射为自己的z盘,其他盘类推)。如果已经和目标建立了ipc$,也可以直接用IP+盘符+$访问,具体命令为net use z:\\IP\c$

(6) 删除ipc连接。删除ipc连接即中断当前已进行ipc连接的计算机。输入命令"net use \\地址\ipc$/del",如图3-11所示。

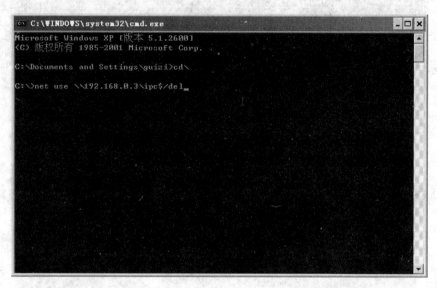

图3-11　删除ipc连接

知识提示:

ipc$连接失败的原因,以下5个原因是比较常见的:你的系统不是NT或以上操作系统;对方没有打开ipc$默认共享;对方未开启139或445端口(或被防火墙屏蔽);你的命令输入有误(比如缺少了空格等);用户名或密码错误(空连接当然无所谓了)。

2. at命令应用

一般在入侵的时候使用该命令指定远程主机在某时间运行的指定程序,可以使用at命令让它在指定时间后运行(注:指定时间最好为已知时间之后1到2分钟)

(1) 查看IP地址为192.168.0.3的时间,如图3-12所示。

(2) 用at命令执行指定的程序

输入命令"at\\192.168.0.3 11:34 abc.bat",其意义为:在192.168.0.3这个IP地址的计算机上,11:34的时候,运行abc.bat,如图3-13所示。

3. psexec命令应用

实用工具(如Telnet)和远程控制程序(如Symantec的PC Anywhere)使你可以在远程系统上执行程序,但安装它们非常困难,并且需要你在想要访问的远程系统上安装客户端软件。psexec是一个轻型的telnet替代工具,它使你无须手动安装客户端软件即可执行其他系统上的进程,并且可以获得与控制台应用程序相当的完全交互性。psexec最强大的功能之一是在远程系统和远程支持工具(如IpConfig)中启动交互式命令提示窗口,以便显示无

图 3-12　查看 IP 机器时间

图 3-13　执行计划任务

法通过其他方式显示的有关远程系统的信息。psexec 的使用方法跟 telnet 差不多，它的使用格式为：

psexec \\远程机器 ip [-u username [-p password]][-c [-f]] [-i][-d] program [arguments]，首先要将 PSEXEC.EXE 拷贝到 C 盘，这样执行起来不需输入路径。

（1）打开远程主机的 SHELL。在该命令行 SHELL 中输入命令会在远程主机直接执行。如图 3-14 所示。

知识提示：

a. 该方式可以使用带参数的命令，比如建立一个用户名为 abc，密码为 abc 的账户，可以在本地主机中的 MS-DOS 中输入如下命令：psexec \\192.168.0.3 -u administrator -p "" net user abc abc /add 来实现;

b. psexec 可在 Windows Vista、NT 4.0、Win2K、Windows XP 和 Server 2003（包括 64 位版本的 Windows）上运行。

（2）入侵者可以把本地程序复制到远程计算机执行，如图 3-15 所示，输入命令行，回车执行。

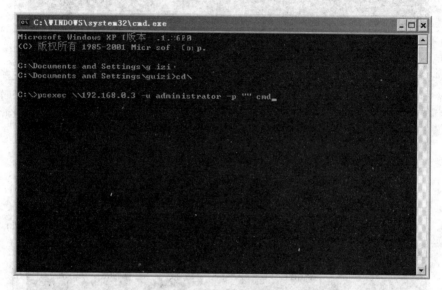

图 3-14　打开远程主机的 SHELL

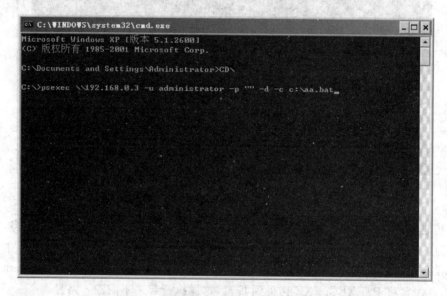

图 3-15　把本地程序拷贝到远程计算机执行

知识提示：

常见参数含义

-u:后面跟用户名

-p:后面跟密码,如果建立 ipc 连接,则这两个参数不需要。（如果没有-p 参数,则输入

命令后会要求你输入密码）

-c：<［路径］文件名＞：拷贝文件到远程机器并运行（注意：运行结束后文件会自动删除）

-d：不等待程序执行完就返回，（比如要让远程机器运行 tftp 服务端的时候使用，不然 psexec 命令会一直等待 tftp 程序结束才会返回）

-i：在远程机器上运行一个名为 psexesvc 进程

 任务小结

通过本任务的学习与练习，小王学会了用 net user 命令来增加或更改用户账号权限或用户信息的命令；学会了 at 命令应用，在入侵的时候使用该命令指定远程主机在某时间运行的指定程序，可以使用 at 命令让它在指定时间后运行；学会了 psexec 命令应用，psexec 最强大的功能是在远程系统和远程支持工具中启动交互式命令提示窗口，以便显示无法通过其他方式显示的有关远程系统的信息。

 任务练习

练习1 嗅探器的使用

下载安装 Wireshark 嗅探器，并利用该工具嗅探 FTP 过程，获取 FTP 登录的用户名和密码。

练习2 木马的查看

查看系统启动组，在启动程序中是否存在木马。

项目实践 1 端口扫描器 X-Scan 的使用

 【实训描述】

X-Scan 是国内一款非常优秀的扫描工具。采用多线程方式对指定 IP 地址段（或单机）进行安全漏洞检测，支持插件功能，提供了图形界面和命令行两种操作方式。扫描内容包括：远程操作系统类型及版本，标准端口状态及端口 BANNER 信息，CGI 漏洞，IIS 漏洞，RPC 漏洞，SQL-SERVER、FTP-SERVER、SMTP-SERVER、POP3-SERVER、NT-SERVER 弱口令用户，NT 服务器 NETBIOS 信息等。扫描结果保存在/log/目录中，index_＊.htm 为扫描结果索引文件。对于一些已知漏洞，给出了相应的漏洞描述、利用程序及解决方案。该软件完全免费，无须注册，无须额外的驱动程序，无须安装，它运行在 Windows 操作系统下。下面简单介绍一下 X-Scan 的使用方法。

 【实训目标】

1. X-Scan 端口扫描软件的使用。
2. 端口扫描过程。

【实训步骤】

首先运行 xscan_gui.exe 程序,它的主界面如图 3-16 所示。

第 1 步:检测范围设置

在"设置"中单击"扫描参数",指定扫描机器的 IP 地址范围,如图 3-17 所示。

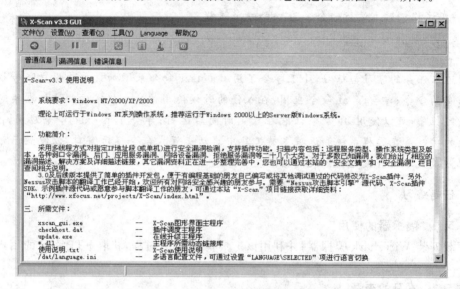

图 3-16   X-Scan 主界面

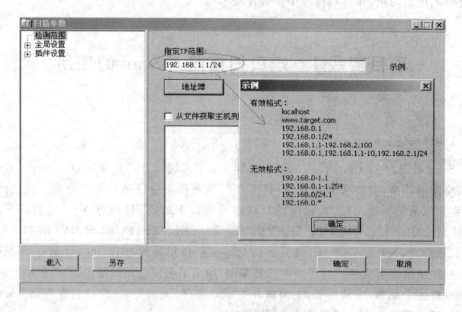

图 3-17   设置扫描参数

第 2 步:扫描模块设置

展开上图中的"全局设置",选中"扫描模块",如图 3-18 所示,选择要扫描的模块。

第 3 步:并发扫描设置

　　选中上图中的"并发扫描"选项,在该选项中可以设置并发扫描的主机和并发线程数,也可以单独对主机进行设置,一般选择默认值即可。如图 3-19 所示。

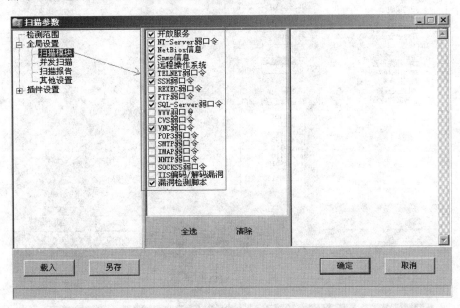

图 3-18　选中扫描模块

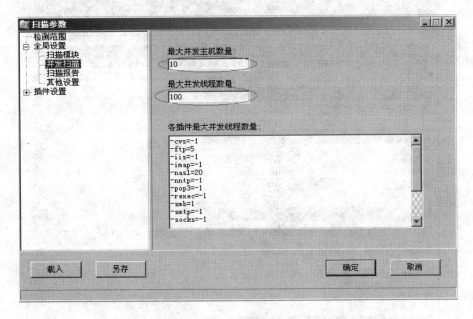

图 3-19　并发扫描设置

第 4 步:端口设置

　　展开"插件设置"目录,选中"端口相关设置"选项,对扫描端口进行详细设置,其中检测方式有 tcp 方式和 syn 方式两种,其中 tcp 方式扫出的信息详细全面可靠,但是不安全,难以被发现,syn 方式扫出的信息不全面,可能有漏报现象,但是比较安全,如图 3-20 所示。单击"确定"按钮,然后开始扫描,扫描后会给出 html 格式的报告页面窗口,如图 3-21 所示。

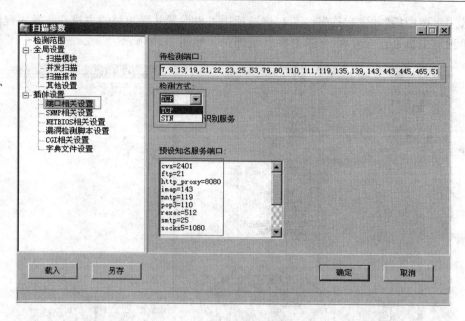

图 3-20　端口设置

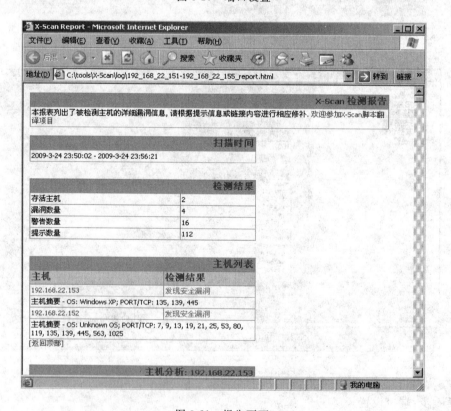

图 3-21　报告页面

项目实践 2　嗅探器 Ethereal 的使用

【实训描述】

嗅探器的英文写法是 Sniffer，可以理解为一个安装在计算机上的窃听设备，它可以用来窃听计算机在网络上所产生的众多的信息。嗅探器（Sniffer）是利用计算机的网络接口截获目的地为其他计算机的数据报文的一种技术。它工作在网络的底层，把网络传输的全部数据记录下来。

一般情况下，大多数的嗅探器至少能够分析下面的协议：标准以太网，TCP/IP，IPX，DECNET，FDDI Token，微波和无线网。实际应用中的嗅探器分软、硬两种。软件嗅探器易于使用，缺点是往往无法抓取网络上所有的传输数据（比如碎片），也就可能无法全面了解网络的故障和运行情况；硬件嗅探器通常称为协议分析仪，它的优点恰恰是软件嗅探器所欠缺的，但是价格昂贵。

Ethereal 是一款非常简捷实用的网络数据嗅探工具，我们只要将该工具安装在网络出口的堡垒主机上或者将网络出口的端口映射到安装有 Ethereal 的机器网卡接口上，所有经过这个端口的数据都会被 Ethereal 完整地记录下来。

【实训目标】

1. 认识嗅探器 Ethereal。
2. Ethereal 嗅探过程端口扫描过程。

【实训步骤】

第 1 步：打开 Ethereal 软件，界面简捷明快，如图 3-22 所示。

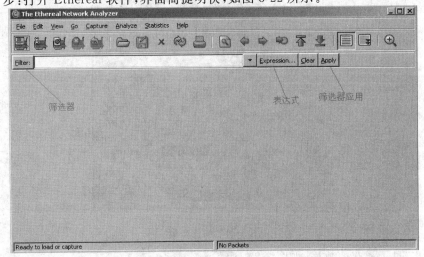

图 3-22　Ethereal 界面

第 2 步：单击 capture|options，进入网卡选择窗口，我们选择检测的网卡，这里我们选择本机网卡，如图 3-23 所示。

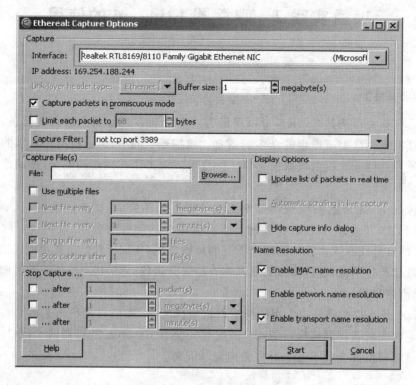

图 3-23　网卡选择窗口

第 3 步：网卡选择完后，单击开始，这时 Ethereal 开始嗅探网络中流经该网卡的数据，如图 3-24 所示。

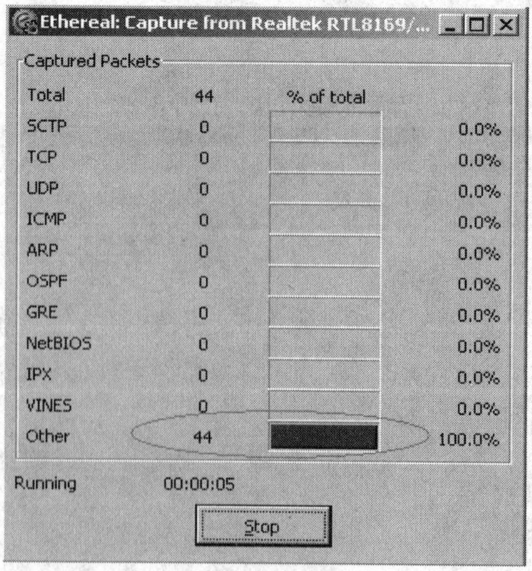

图 3-24　嗅探数据

第 4 步：显示捕获的数据，如图 3-25 所示。

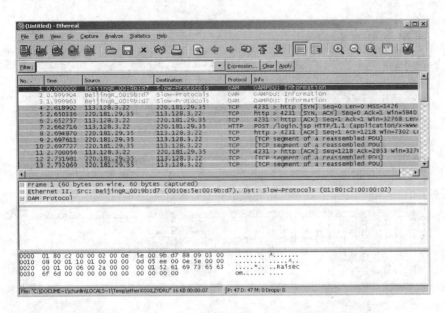

图 3-25 捕获数据

第 5 步：对捕获的数据进行筛选，由于我们刚才登录的是邮箱，所以应将 HTTP 协议内容的东西筛选出来，如图 3-26 所示。

第 6 步：分析里面的数据，从中间能够查找出我们刚才登录的邮箱的用户名和密码，如图 3-27 所示。

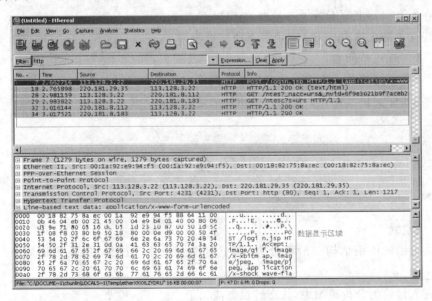

图 3-26 筛选数据

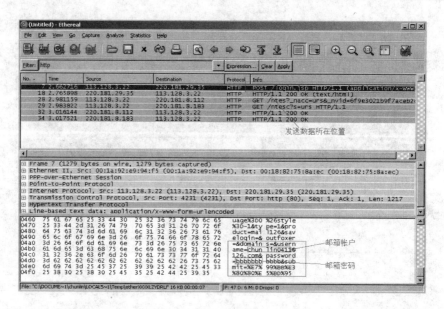

图 3-27   分析数据

 项目思考

小张是一家中等规模公司的网络管理员,她负责管理网络安全。由于该公司去年曾经发生过数次木马攻击,因此特别关注木马攻击。小张采取了下面的活动:

1. 在所有机器上都安装了木马查杀软件;

2. 建立了防止从 Internet 上下载东西的策略。

现在要考虑这些问题:

这些动作要完成什么事情? 你全面了解网络攻击吗?

你会给小张提供其他什么建议? 给出你的建议理由。

课 后 练 习

一、填空题

1. 防火墙的体系结构一般可分为:双重宿主主机体系机构、屏蔽主机体系结构和屏蔽_____。

2. 在入侵检测分析模型中,状态转换方法属于_____检测。

3. 入侵检测系统需要解决两个问题,一是如何充分并可靠地提取描述行为特征的数据,二是如何根据特征数据,高效并准确地判定_____。

4. 在入侵检测中,比较事件记录与知识库属于_____。

5. 网络攻击的步骤是:_____、_____、_____控制或破坏目标系统_____和_____。

6. 按照计算机网络安全漏洞的可利用方式来划分,漏洞探测技术可以划分为信息型漏洞探测和_____。

7. 分布式入侵检测对信息的处理方法可以分为四种:分布式信息收集、集中式处理、分布式信息收集和_____。

8. 误用检测技术是按照已知模式的可靠检测。_____模式搜寻时间数据、最适合于对内网。

9. 根据所使用通信协议的不同,端口扫描技术分为 TCP 端口扫描技术和_____端口扫描技术。

10. IDMEF 的中文全称为_____。

二、选择题

1. 一个数据包过滤系统被设计成允许你要求服务的数据包进入,而过滤掉不必要的服务。这属于(　　)基本原则。

A. 最小特权　　　　　　　　　　B. 阻塞点

C. 失效保护状态　　　　　　　　D. 防御多样化

2. NIS 的实现是基于(　　)的。

A. FTP　　　　　　B. TELNET　　　　　C. RPC　　　　　　D. HTTP

3. NIS/RPC 通信主要是使用的是(　　)协议。

A. TCP　　　　　　B. UDP　　　　　　C. IP　　　　　　D. DNS

4. 属于 IE 共享炸弹的是(　　)。

A. net use \\192.168.0.1\tanker $ "" /user:""

B. \\192.168.0.1\tanker $ \nul\nul

C. \\192.168.0.1\tanker $

D. net send 192.168.0.1 tanker

5. 下列对计算机网络的攻击方式中,属于被动攻击的是(　　)。

A. 口令嗅探　　　　B. 重放　　　　　　C. 拒绝服务　　　　D. 物理破坏

6. 包过滤技术防火墙在过滤数据包时,一般不关心(　　)。

A. 数据包的源地址　　　　　　　B. 数据包的目的地址

C. 数据包的协议类型　　　　　　D. 数据包的内容

7. 下面关于防火墙的说法中,正确的是(　　)。

A. 防火墙可以解决来自内部网络的攻击

B. 防火墙可以防止受病毒感染的文件的传输

C. 防火墙会削弱计算机网络系统的性能

D. 防火墙可以防止错误配置引起的安全威胁

8. 端口扫描技术(　　)。

A. 只能作为攻击工具

B. 只能作为防御工具

C. 只能作为检查系统漏洞的工具

D. 既可以作为攻击工具,也可以作为防御工具

9. 关于消息认证(如 MAC 等),下列说法中错误的是(　　)。

A. 消息认证有助于验证发送者的身份

B. 消息认证有助于验证消息是否被篡改

C. 当收发者之间存在利害冲突时,采用消息认证技术可以解决纠纷

D. 当收发者之间存在利害冲突时,单纯采用消息认证技术无法彻底解决纠纷

10. 下面关于个人防火墙特点的说法中,错误的是(　　　)。

A. 个人防火墙可以抵挡外部攻击

B. 个人防火墙能够隐蔽个人计算机的 IP 地址等信息

C. 个人防火墙既可以对单机提供保护,也可以对网络提供保护

D. 个人防火墙占用一定的系统资源

三、简答题

1. 防火墙的五个主要功能是什么?

2. 从工作原理角度看,防火墙主要可以分为哪两类? 防火墙的主要实现技术有哪些?

3. 什么是计算机病毒?

4. 按照工作原理和传输方式,可以将恶意代码分为哪几类?

5. 简述恶意代码的主要防范措施。

项目四　网络远程入侵防范

任务一　远程入侵展现

【技能要点】

1. 学习远程入侵的一般过程；
2. 了解几种入侵网络的攻击方法；
3. 掌握黑客攻击基本防备技术。

【任务背景】

一次小王在网络中心上网，不由自主地想深入了解远程入侵机器的知识，他学习了一些简单的黑客命令，然而他在机器上反复地练习，常常会遇到以下几种情况：入侵到底有哪些常用的方法？这些方法入侵的原理是什么？怎么样才能成功地入侵？正在这时他发现有一些不明进程正在运行，因此，小王向赵主任寻求解决的办法。赵主任说，如何进行网络入侵，除了要掌握一些入侵的理论知识，还要掌握常见的入侵方法。

【任务分析】

网络入侵最常见的是远程入侵，所以防御入侵一定要掌握远程入侵的理论知识，并且要掌握常见的入侵方法。

【任务实施】

步骤一　远程入侵的一般过程

如今，网络信息化已在各界普及开来，使各单位、团体的工作效率有了质的飞跃。由于员工出差、客户要求访问等原因，近几年远程访问的热度不断升高，很多企业已经不再满足于信息化系统局限于企业内部使用，于是远程访问出炉了。

但是一旦开启远程访问，就给了恶意用户的可趁之机。企业内部网络资源的远程访问增加了企业网络的脆弱性，产生了许多安全隐患。因为大多数提供远程访问的应用程序本身并不具备内在的安全策略，也没有提供独立的安全鉴别机制。或者说，需要依靠其他的安全策略,如 IPSec 技术或者访问控制列表来保障其安全性。所以,远程访问增加了内部网络被攻击的风险。

1. 针对特定服务的攻击

目前,在内部网络中一般会部署一些 HTTP、FTP 服务器。同时,通过一定的技术,让用户也可以从外部访问这些服务器。而很多远程访问攻击,就是针对这些服务所展开的。诸如这些支持 SMTP、POP 等服务的应用程序,都有其内在的安全隐患,给入侵者开了一道后门。

(1) 采用一些更加安全的服务

以 Web 服务器为例,现在支持 Web 服务器的协议主要有两种,分别为 HTTP 与 HTTPS。其中 HTTP 协议的漏洞很多,很容易被入侵者利用,成为远程入侵企业内部网络的跳板。

而 HTTPS 相对来说则安全得多。因为在这个协议中,加入了一些安全措施,如数据加密技术等,在一定程度上可以提高 Web 服务器的安全性。所以,网络安全人员在必要的时候,可以采用一些比较安全的协议。当然,天下没有免费的午餐,服务器要为此付出比较多的系统资源开销。

(2) 对应用服务器进行升级

其实,很多远程服务攻击,往往都是因为应用服务器的漏洞造成的。如常见的 Web 服务攻击,就是 HTTP 协议与操作系统漏洞一起所产生的后果。

如果能够及时对应用服务器操作系统进行升级,把操作系统的漏洞及时补上去,那么就可以提高这些服务器的安全性,防止它们被不法之人入侵。

(3) 选择一些有身份鉴别功能的服务

如 TFTP、FTP 都是用来进行文件传输的协议。可以在企业内部用户与外部访问者之间建立一个文件共享的桥梁。这两个服务虽然功能类似,但是在安全性上却差很远。

TFTP 是一个不安全的协议,它不提供身份鉴别功能。也就是说,任何人只要能够连接到 TFTP 服务器上,就可以进行访问。而 FTP 则提供了一定的身份验证功能,虽然其也允许用户匿名访问,但是只要网络安全人员限制用户匿名访问,那么就可以提高文件共享的安全性。

2. 针对远程节点的攻击

远程节点的访问模式是指一台远程计算机连接到一个远程访问服务器上,并访问其上面的应用程序。如我们可以通过 Telent 或者 SSH 技术远程登录到路由器中,并执行相关的维护命令,还可以远程启动某些程序。在远程节点的访问模式下,远程服务器可以为远程用户提供应用软件和本地存储空间。现在远程节点访问越来越流行。不过,其安全隐患也不小。

(1) 增强了网络设备等管理风险

因为路由器、邮箱服务器等都允许远程管理。若这些网络设备的密码泄露,即使在千里之外的入侵者,仍然可以通过远程节点访问这些设备。

更可怕的是,可以对这些设备进行远程维护。如入侵者可以登录到路由器等关键网络设备,并让路由器上的安全策略失效。如此的话,就可以为他们进一步攻击企业内部网络扫清道路。而有一些人即使不攻击企业网络,也会搞一些恶作剧。

（2）采取一些比较安全的远程节点访问方法

如对路由器或者其他应用服务器进行远程访问的话，往往既可以通过 HTTP 协议，也可以通过 SSH 协议进行远程节点访问。它们的功能大同小异，都可以远程执行服务器或者路由器上的命令、应用程序等。

3. 针对远程控制的攻击

远程控制是指一个远程用户控制一台位于其他地方的计算机。这台计算机可能是有专门用途的服务器系统，也可能是用户自己的计算机。它跟远程节点访问类似，但又有所不同。当用户通过远程节点访问服务器时，用户自己并不知道有人在访问自己。而通过远程控制访问的话，则在窗口中可以直接显现出来。

因为远程用户使用的计算机只是作为键盘操作和现实之用，远程控制限制远程用户只能够使用驻留在已控制的计算机上的软件程序。如 QQ 远程协助，就是远程控制的一种。

相对来说，远程控制要比节点访问安全性高一点。如一些远程控制软件往往会提供加强的审计和日志功能。有些远程控制软件，如 QQ 远程协助等，还需要用户提出请求，对方才能够进行远程控制。但是，其仍然存在一些脆弱性。

（1）只需要知道用户名与口令，就可以开始一个远程控制会话

也就是说，远程控制软件只会根据用户名与密码来进行身份验证。所以，如果在一些关键服务器上装有远程控制软件，最好能够采取一些额外的安全措施。

如 Windows 服务器平台上有一个安全策略，可以设置只允许一些特定的 MAC 地址的主机可以远程连接到服务器上。通过这种策略，使得只有网络管理人员的主机才能够进行远程控制。这个策略无疑可以大大提高远程控制的安全性。

（2）采用一些安全性比较高的远程控制软件

一些比较成熟的远程控制软件，如 PCAnyWhere，其除了远程控制的基本功能之外，还提供了一些身份验证方式以供管理员选择。管理员可以根据安全性需求的不同，选择合适的身份验证方式。另外，它还具有加强的审计与日志功能，可以翔实地记录远程控制所做的一些更改与访问的数据。当我们的安全管理人员怀疑远程控制被入侵者利用时，则可以通过这些日志来查询是否有入侵者侵入。

（3）除非有特殊的必要，否则不要安装或者开启远程控制软件。

即使采取了一些安全措施，其安全隐患仍然存在。为此，除非特别需要，才开启远程控制软件。

用户在平时的时候，可以把一些应用服务器的远程控制软件关掉。而出差或者休假的时候，再将其打开，以备不时之需。这么处理虽然有点麻烦，但是可以提高关键应用服务器的安全性。

步骤二　网络监听

在网络中，当信息进行传播的时候，可以利用工具，将网络接口设置在监听的模式，便可将网络中正在传播的信息截获或者捕获到，从而进行攻击。网络监听是远程用户获得非授权账号信息一种常用方式。

1. 什么是网络监听

网络监听技术又叫网络嗅探技术(Network Sniffing),顾名思义,这是一种在他方未察觉的情况下捕获其通信报文或通信内容的技术。

在网络安全领域,网络监听技术对于网络攻击与防范双方都有着重要的意义,是一把双刃剑。对网络管理员来说,它是了解网络运行状况的有力助手,对黑客而言,它是有效收集信息的手段。网络监听技术的能力范围目前只限于局域网。

网络监听是黑客们常用的一种方法。当黑客成功地登录进一台网络上的主机,并取得了这台主机的超级用户的权限之后,往往要扩大战果,尝试登录或者夺取网络中其他主机的控制。而网络监听则是一种最简单而且最有效的方法,它常常能轻易地获得用其他方法很难获得的信息。

在网络上,监听效果最好的地方是在网关、路由器、防火墙一类的设备处,通常由网络管理员来操作。

2. 共享式局域网的监听

(1) 什么是共享式局域网

共享式局域网就是使用集线器或共用一条总线的局域网,它采用了载波检测多路侦听(Carries Sense Multiple Access with Collision Detection,CSMA/CD)机制来进行传输控制。

共享式局域网是基于广播的方式来发送数据的,因为集线器不能识别帧,所以它就不知道一个端口收到的帧应该转发到哪个端口,它只好把帧发送到除源端口以外的所有端口,这样网络上所有的主机都可以收到这些帧。

(2) 共享式局域网的监听原理

在正常的情况下,网卡应该工作在广播模式、直接模式,一个网络接口(网卡)应该只响应这样的两种数据帧:与自己的 MAC 地址相匹配的数据帧(目的地址为单个主机的 MAC 地址);发向所有机器的广播数据帧(目的地址为 0xFFFFFFFFFF)。

但如果共享式局域网中的一台主机的网卡被设置成混杂模式状态的话,那么,对于这台主机的网络接口而言,任何在这个局域网内传输的信息都是可以被听到的。主机的这种状态也就是监听模式。处于监听模式下的主机可以监听到同一个网段下的其他主机发送信息的数据包。

(3) 共享式局域网的监听实现方法

在共享式局域网中,集线器会广播所有数据,这时,如果局域网中一台主机将网卡设置成混杂模式,那么它就可以接收到该局域网中的所有数据了。

网卡在混杂模式工作的情况下,所有流经网卡的数据帧都会被网卡驱动程序上传给网络层。共享式局域网监听示意图如图 4-1 所示。

正常工作时,应用程序只能接收到以本主机为目标主机的数据包,其他数据包过滤后被丢弃不做处理。该过滤机制可以作用在链路层、网络层和传输层这几个层次,工作流程如图 4-2 所示。

过滤机制需要一个直接与网卡驱动程序接口的驱动模块,有了驱动模块,链路层的网卡驱动程序上传的数据帧就有了两个去处:一个是正常的协议栈,另一个就是分组捕获即过滤模块。对于非本地的数据包,前者会丢弃(通过比较目的 IP 地址),而后者则会根据上层应用的要求来决定上传还是丢弃,如图 4-3 所示。

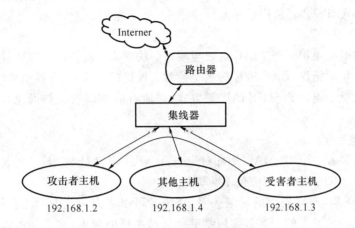

图 4-1　共享式局域网监听示意图

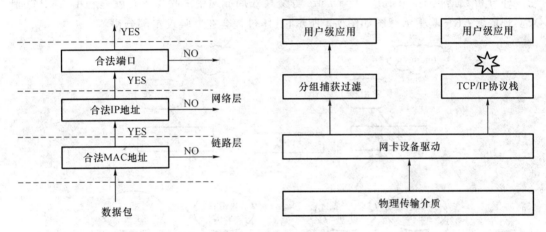

图 4-2　共享式局域网数据过滤机制　　　　图 4-3　驱动模块数据过滤示意图

信息的过滤包括以下几种:站过滤,协议过滤,服务过滤,通用过滤。同时根据过滤的时间,可以分为两种过滤方式:捕获前过滤,捕获后过滤。

3. 交换式局域网的监听技术

(1) 什么是交换式局域网

交换式局域网就是用交换机或其他非广播式交换设备组建成的局域网。这些设备根据收到的数据帧中的 MAC 地址决定数据帧应发向交换机的哪个端口。因为端口间的帧传输彼此屏蔽,因此节点就不担心自己发送的帧会被发送到非目的节点中去。

(2) 产生交换式局域网的原因

系统管理人员常常通过在本地网络中加入交换设备,来预防 Sniffer(嗅探器)的侵入。

交换机工作在数据链路层,工作时维护着一张 MAC 地址与端口的映射表。在这个表中记录着交换机每个端口绑定的 MAC 地址。不同于 HUB 的报文广播方式,交换机转发的报文是一一对应的。

(3) 交换式局域网的监听技术

交换式局域网在很大程度上解决了网络监听的困扰。但是交换机的安全性也面临着严峻的考验,随着嗅探技术的发展,攻击者发现了有如下方法来实现在交换式局域网中的网络监听:溢出攻击,ARP欺骗(常用技术)。

① 溢出攻击

交换机工作时要维护一张MAC地址与端口的映射表。但是用于维护这张表的内存是有限的。如用大量的错误MAC地址的数据帧对交换机进行攻击,交换机就可能出现溢出。

这时交换机就会退回到HUB的广播方式,向所有的端口发送数据包,一旦如此,监听就很容易了。

② ARP欺骗

计算机中维护着一个IP-MAC地址对应表,记录了IP地址和MAC地址之间的对应关系。该表将随着ARP请求及响应包不断更新。

通过ARP欺骗,改变表里的对应关系,攻击者可以成为被攻击者与交换机之间的"中间人",使交换式局域网中的所有数据包都流经自己主机的网卡,这样就可以像共享式局域网一样分析数据包了。dsniff和parasite等交换式局域网中的嗅探工具就是利用ARP欺骗来实现的。ARP欺骗示意图如图4-4所示,具体过程会在欺骗攻击部分讲解。

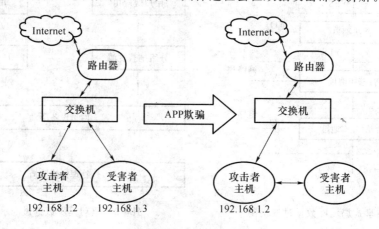

图4-4 ARP欺骗示意图

【知识链接】网络监听技术的发展情况

1. 网络监听的发展历史

网络监听(Sniffer)这个名称最早是一种网络监听工具的名称,后来也就成为网络监听的代名词。在最初的时候,它是作为网络管理员检测网络通信的一种工具。

网络监听器分软、硬两种。

软件嗅探器便宜且易于使用,缺点是功能往往有限,可能无法抓取网络上所有的传输数据(比如碎片),或效率容易受限;硬件嗅探器通常称为协议分析仪,它的优点恰恰是软件嗅探器所欠缺的,处理速度很高,但是价格昂贵。目前主要使用的嗅探器是软件的。

2. Sniffer软件的主要工作机制

驱动程序支持:需要一个直接与网卡驱动程序接口的驱动模块,作为网卡驱动与上层应用的"中间人",它将网卡设置成混杂模式,捕获数据包,并从上层接收各种抓包请求。

分组捕获过滤机制:对来自网卡驱动程序的数据帧进行过滤,最终将符合要求的数据交给上层。

链路层的网卡驱动程序上传的数据帧就有了两个去处：一个是正常的协议栈，另一个就是分组捕获过滤模块。对于非本地的数据包，前者会丢弃（通过比较目的 IP 地址），而后者则会根据上层应用的要求来决定是上传还是丢弃。

许多操作系统都提供这样的"中间人"机制，即分组捕获机制。在 UNIX 类型的操作系统中，主要有 3 种：BSD 系统中的 BPF（Berkeley Packet Filter）、SVR4 中的 DLPI（Date Link Interface）和 Linux 中的 SOCK_PACKET 类型套接字。在 Windows 平台上主要有 NPF 过滤机制。目前大部分 Sniffer 软件都是基于上述机制建立起来的，如 Tcpdump、Wireshark 等。

3. 网络监听的双刃性

现在的监听技术发展比较成熟，可以协助网络管理员测试网络数据通信流量、实时监控网络状况。然而事情往往都有两面性，Sniffer 的隐蔽性非常好，但它只是"被动"地接收数据，所以在传输数据的过程中，根本无法察觉到有人在监听。网络监听给网络维护提供便利的同时，也给网络安全带来了很大隐患。

步骤三　拒绝服务器攻击

拒绝服务器攻击，也叫分布式 D. O. S 攻击（Distributed Denial Of Service）。拒绝服务就是用超出被攻击目标处理能力的数据包消耗可用系统、宽带资源，致使网络服务瘫痪的一种攻击手段。

1. 什么是拒绝服务器攻击

拒绝服务（DoS）攻击从诞生起就成为黑客以及网络安全专家关注的焦点。DoS 的英文全称是 Denial of Service，也就是"拒绝服务"的意思。它的目的就是拒绝服务访问，破坏组织的正常运行，最终它会使用户的部分 Internet 连接和网络系统失效。DoS 的攻击方式有很多种。最基本的 DoS 攻击就是利用合理的服务请求来占用过多的服务资源，从而使合法用户无法得到服务，拒绝服务攻击一般都是恶意的。世界上第一个著名的拒绝服务攻击是在 1988 年 11 月发生的 Morris 蠕虫事件，蠕虫导致了 5 000 多台主机在好几小时内无法使用，随着技术的发展，拒绝服务攻击还引入了分布式的概念，由多台主机同时向一台主机进行拒绝服务攻击，这种攻击称为分布式拒绝服务攻击（DDoS）。分布式拒绝服务器攻击这个概念是在 2000 年产生的。在 2000 年 2 月 7 日，AT&T 研究员 Steve Bellovin 发表了一个关于分布式拒绝服务器攻击的演讲。

2. 拒绝服务攻击的原理

拒绝服务的攻击原理是：攻击者首先通过比较常规的黑客手段侵入并控制某个网站之后，在该网站的服务器上安装并启动一个可由攻击者发出的特殊指令来进行控制的进程。当攻击者把攻击对象的 IP 地址作为指令下达给这些进程时，这些进程就开始对目标主机发起攻击。这种方式可集中成百上千台服务器的带宽能力对某个特定目标实施攻击，所以在悬殊的带宽对比下，被攻击目标的剩余带宽会被迅速耗尽，从而导致该服务器的瘫痪。

3. 拒绝服务攻击的形式

典型的拒绝服务攻击有如下两种形式：资源耗尽和资源过载。当一个对资源的合理请求大大超过资源的支付能力时就会造成拒绝服务攻击。拒绝服务攻击还有可能是由于软件的弱点或者对程序的错误配置而造成的。

错误配置也会成为系统的安全隐患。这些错误配置通常发生在硬件装置、系统或者应用程序中。如果对网络中的路由器、防火墙、交换机以及其他网络连接设备都进行正确的配置,会减小这些错误发生的可能性。如果发现了这种漏洞应当请教专业的技术人员来解决这些问题。

4. 分布式拒绝服务攻击

分布式拒绝服务攻击(DDoS)是目前黑客经常采用而难以防范的攻击手段。DoS 攻击的基本过程如图 4-5 所示。

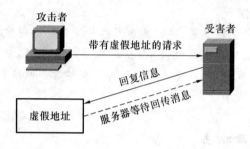

图 4-5　DoS 攻击的基本过程图

DoS 的攻击方式有很多种,最基本的 DoS 攻击就是利用合理的服务请求来占用过多的服务资源,从而使合法用户无法得到服务的响应。

DDoS 攻击手段是在传统的 DoS 攻击基础之上产生的一类攻击方式。单一的 DoS 攻击一般是采用一对一方式的,当攻击目标 CPU 速度低、内存小或者网络带宽小等各项性能指标不高时,它的效果是明显的。随着计算机与网络技术的发展,计算机的处理能力迅速增长,内存大大增加,同时也出现了千兆级别的网络,这使得 DoS 攻击的困难程度加大了,目标对恶意攻击包的"消化能力"加强了不少。例如,黑客的攻击软件每秒钟可以发送 3 000 个攻击包,但用户的主机与网络带宽每秒钟可以处理 10 000 个攻击包,这样一来攻击就不会产生什么效果。

那么黑客是如何组织一次 DDoS 攻击的? 这里用"组织"这个词,是因为 DDoS 并不像入侵一台主机那样简单。一般来说,黑客进行 DDoS 攻击时会经过这样的步骤。

(1) 搜集了解目标的情况

下列情况是黑客非常关心的情报:被攻击目标主机数目、地址情况;目标主机的配置、性能;目标的带宽。

对于 DDoS 攻击者来说,攻击互联网上的某个站点(如 http://www.mytarget.com),有一个重点就是确定到底有多少台主机在支持这个站点,因为一个大的网站可能有很多台主机利用负载均衡技术同时为它提供 www 服务。

(2) 占领傀儡机

黑客最感兴趣的是有下列情况的主机:链路状态好的主机,性能好的主机,安全管理水平差的主机。

黑客首先要做的工作一般是扫描,随机地或者是有针对性地利用扫描器去发现互联网上那些有漏洞的机器,像程序的溢出漏洞、cgi、Unicode、ftp、数据库漏洞等,这些都是黑客希望看到的扫描结果。随后就是尝试入侵了。黑客在占领了一台傀儡机后,除了前面说过的留后门、擦脚印这些基本工作之外,还会把 DDoS 攻击用的程序上载过去,一般是利用 ftp。在攻击机上,会有一个 DDoS 的发包程序,黑客就是利用它来向受害目标发送恶意攻击包的。

（3）实际攻击

经过前两个阶段的精心准备之后,埋伏在攻击机中的 DDoS 攻击程序就会响应控制台的命令,一起向受害主机以高速度发送大量的数据包,导致它死机或是无法响应正常的请求。有经验的攻击者一边攻击,还会用各种手段来监视攻击的效果,在需要的时候进行一些调整。简单来说就是开个窗口不断地 ping 目标主机,在能接到回应的时候就再加大一些流量或是再命令更多的傀儡机来加入攻击。

5. 目前流行的三种主要的 DDoS 攻击

（1）SYN/ACK Flood 攻击

这种攻击方法是经典最有效的 DDoS 方法,可通过各种系统的网络服务,主要是通过向受害主机发送大量伪造源 IP 和源端口的 SYN 或 ACK 包,导致主机的缓存资源被耗尽或忙于发送回应包而造成拒绝服务,由于源都是伪造的故追踪起来比较困难,缺点是实施起来有一定难度,需要高带宽的僵尸主机支持。少量的这种攻击会导致主机服务器无法访问,但却可以 Ping 得通,在服务器上用 Netstat-na 命令会观察到存在大量的 SYN_RECEIVED 状态,大量的这种攻击会导致 Ping 失败、TCP/IP 栈失效,并会出现系统凝固。

（2）TCP 全连接攻击

这种攻击是为了绕过常规防火墙的检查而设计的,一般情况下,常规防火墙大多具备过滤 TearDrop、Land 等 DOS 攻击的能力,但对于正常的 TCP 连接是放过的,殊不知很多网络服务程序（如 IIS、Apache 等 Web 服务器）能接受的 TCP 连接数是有限的,一旦有大量的 TCP 连接,即便是正常的,也会导致网站访问非常缓慢甚至无法访问,TCP 全连接攻击就是通过许多僵尸主机不断地与受害服务器建立大量的 TCP 连接,直到服务器的内存等资源被耗尽而被拖垮,从而造成拒绝服务,这种攻击的特点是可绕过一般防火墙的防护而达到攻击目的,缺点是需要找很多僵尸主机,并且由于僵尸主机的 IP 是暴露的,因此容易被追踪。

（3）刷 Script 脚本攻击

这种攻击主要是针对存在 ASP、JSP、PHP、CGI 等脚本程序,并调用 MSSQLServer、MySQLServer、Oracle 等数据库的网站系统而设计的,特征是和服务器建立正常的 TCP 连接,并不断地向脚本程序提交查询、列表等大量耗费数据库资源的调用,是典型的以小搏大的攻击方法。一般来说,提交一个 GET 或 POST 指令对客户端的耗费和带宽的占用是几乎可以忽略的,而服务器为处理此请求却可能要从上万条记录中去查出某个记录,这种处理过程对资源的耗费是很大的。

6. 如何抵御 DDoS

完全杜绝 DDoS 目前是不可能的,但通过适当的措施抵御 90% 的 DDoS 攻击是可以做到的。由于攻击和防御都有成本开销,因此绝大多数攻击者将由于无法继续下去而放弃,也就相当于成功地抵御了 DDoS 攻击。

（1）采用高性能的网络设备

首先要保证网络设备不能成为"瓶颈",因此选择路由器、交换机、硬件防火墙等设备的时候要尽量选用知名度高、口碑好的产品。再就是假如和网络提供商有特殊关系或协议的话就更好了,当大量攻击发生的时候请他们在网络节点处作一下流量限制来对抗某些种类的 DDoS 攻击是非常有效的。

(2) 尽量避免 NAT 的使用

无论是路由器还是硬件防护墙设备都要尽量避免采用网络地址转换 NAT 的使用,因为采用此技术会较大降低网络通信能力。其实原因很简单,因为 NAT 需要对地址来回转换,转换过程中需要对网络包的校验和进行计算。

(3) 充足的网络带宽保证

网络带宽直接决定了抗攻击的能力,若仅仅有 10 MB 带宽的话,无论采取什么措施都很难对抗现在的 SYNFlood 攻击,当前至少要选择 100 MB 的共享带宽,最好的当然是挂在 1 000 MB 的主干上了。但需要注意的是,主机上的网卡是 1 000 MB 的并不意味着它的网络带宽就是千兆的,若把它接在 100 MB 的交换机上,它的实际带宽不会超过 100 MB。

(4) 升级主机服务器硬件

在有网络带宽保证的前提下,请尽量提升硬件配置,要有效对抗每秒 10 万个 SYN 攻击包,服务器的配置至少应该为 P4 2.4G/DDR512M/SCSI-HD,起关键作用的主要是 CPU 和内存,内存一定要选择 DDR 的高速内存,硬盘要尽量选择 SCSI 的,不要贪便宜,否则会付出高昂的性能代价,再就是网卡一定要尽量选用名牌的。

(5) 把网站做成静态页面

大量事实证明,把网站尽可能做成静态页面,不仅能大大提高抗攻击能力,而且还给黑客入侵带来不少麻烦,至少到现在为止关于 HTML 的溢出还没出现,新浪、搜狐、网易等门户网站主要都是静态页面。当然,适当放一些不作数据库调用的脚本还是可以的。此外,最好在需要调用数据库的脚本中拒绝使用代理的访问,因为经验表明,使用代理访问网站的80%属于恶意行为。

(6) 增强操作系统的 TCP/IP 栈

Windows 2000 和 Windows 2003 作为服务器操作系统,本身就具备一定的抵抗 DDoS 攻击的能力,只是默认状态下没有开启而已,若开启的话可抵挡约 1 0000 个 SYN 攻击包,若没有开启则仅能抵御数百个。

(7) 其他防御措施

以上的七条对抗 DDoS 的建议,适合绝大多数拥有自己主机的用户,但假如采取以上措施后仍然不能解决 DDoS 问题,就有些麻烦了,可能需要更多投资,如增加服务器数量并采用 DNS 轮询或负载均衡技术,甚至需要购买七层交换机设备,从而使得抗 DDoS 攻击能力成倍提高;也可以购买软件防火墙来抵御攻击,这样投资成本会相对低廉一些。

步骤四　协议欺骗攻击

协议欺骗攻击是通过伪造源于可信任地址的数据包以使一台机器认证另一台机器的复杂技术。在互联网上,计算机之间相互进行交流是建立在认证和信任的前提下。当两台计算机之间存在了信任关系,第三台计算机就可能冒充建立了相互信任关系的两台计算机中的一台对另一台计算机进行欺骗。常见的欺骗方式有:IP 欺骗、ARP 欺骗、DNS 欺骗、Web

欺骗、电子邮件欺骗、源路由欺骗(通过指定路由,以假冒身份与其他主机进行合法通信或发送假报文,使受攻击主机出现错误动作)、地址欺骗(包括伪造源地址和伪造中间站点)等。

1. IP 欺骗攻击

IP 欺骗技术就是通过伪造某台主机的 IP 地址骗取特权从而进行攻击的技术。许多应用程序认为如果数据包能够使其自身沿着路由到达目的地,而且应答包也可以回到源地,那么源 IP 地址一定是有效的,而这正是使源 IP 地址欺骗攻击成为可能的前提。

假设同一网段内有两台主机 A、B,另一网段内有主机 X。B 授予 A 某些特权。X 为获得与 A 相同的特权,所做欺骗攻击如下:首先,X 冒充 A,向主机 B 发送一个带有随机序列号的 SYN 包。主机 B 响应,回送一个应答包给 A,该应答号等于原序列号加 1。然而,此时主机 A 已被主机 X 利用拒绝服务攻击"淹没"了,导致主机 A 服务失效。结果,主机 A 将 B 发来的包丢弃。为了完成三次握手,X 还需要向 B 回送一个应答包,其应答号等于 B 向 A 发送数据包的序列号加 1。此时主机 X 并不能检测到主机 B 的数据包(因为不在同一网段),只有利用 TCP 顺序号估算法来预测应答包的顺序号并将其发送给目标机 B。如果猜测正确,B 则认为收到的 ACK 是来自内部主机 A。此时,X 即获得了主机 A 在主机 B 上所享有的特权,并开始对这些服务实施攻击。

要防止源 IP 地址欺骗行为,可以采取以下措施来尽可能地保护系统免受这类攻击。

(1)抛弃基于地址的信任策略

阻止这类攻击的一种非常容易的办法就是放弃以地址为基础的验证。如不允许 r 类远程调用命令的使用;删除.rhosts 文件;清空/etc/hosts.equiv 文件。这将迫使所有用户使用其他远程通信手段,如 telnet、ssh、skey 等。

(2)使用加密方法

在包发送到网络上之前,我们可以对它进行加密。虽然加密过程要求适当改变目前的网络环境,但它将保证数据的完整性和真实性。

(3)进行包过滤

可以配置路由器使其能够拒绝网络外部与本网内具有相同 IP 地址的连接请求。而且,当包的 IP 地址不在本网内时,路由器不应该把本网主机的包发送出去。

有一点要注意,路由器虽然可以封锁试图到达内部网络的特定类型的包,但它们也是通过分析测试源地址来实现操作的。因此,它们仅能对声称是来自于内部网络的外来包进行过滤,若用户的网络存在外部可信任主机,那么路由器将无法防止别人冒充这些主机进行 IP 欺骗。

2. ARP 欺骗攻击

在局域网中,通信前必须通过 ARP 协议来完成 IP 地址转换为第二层物理地址(即 MAC 地址)。ARP 协议对网络安全具有重要的意义,但是当初 ARP 方式的设计没有考虑到过多的安全问题,给 ARP 留下很多的隐患,ARP 欺骗就是其中一个例子。而 ARP 欺骗攻击就是利用该协议漏洞,通过伪造 IP 地址和 MAC 地址实现 ARP 欺骗的攻击技术。

假设有三台主机 A、B、C 位于同一个交换式局域网中,监听者处于主机 A,而主机 B、C 正在通信。现在 A 希望能嗅探到 B→C 的数据,于是 A 就可以伪装成 C 对 B 作 ARP 欺骗——向 B 发送伪造的 ARP 应答包,应答包中 IP 地址为 C 的 IP 地址而 MAC 地址为 A 的 MAC 地址。这个应答包会刷新 B 的 ARP 缓存,让 B 认为 A 就是 C,说详细点,就是让 B

认为 C 的 IP 地址映射到的 MAC 地址为主机 A 的 MAC 地址。这样,B 想要发送给 C 的数据实际上却发送给了 A,就达到了嗅探的目的。我们在嗅探到数据后,还必须将此数据转发给 C,这样就可以保证 B、C 的通信不被中断。

以上就是基于 ARP 欺骗的嗅探基本原理,在这种嗅探方法中,嗅探者 A 实际上是插入到了 B→C 中,B 的数据先发送给了 A,然后再由 A 转发给 C,其数据传输关系如图 4-6 所示。于是 A 就成功截获到了 B 发给 C 的数据。

```
B---->A---->C··B<---A<----C
```

图 4-6　数据传输关系

ARP 欺骗攻击有两种可能:一种是对路由器 ARP 表的欺骗;另一种是对内网电脑 ARP 表的欺骗,当然也可能两种攻击同时进行。但不管怎么样,欺骗发送后,电脑和路由器之间发送的数据可能就被送到错误的 MAC 地址上。

防范 ARP 欺骗攻击可以采取如下措施:
- 在客户端使用 arp 命令绑定网关的真实 MAC 地址命令;
- 在交换机上作端口与 MAC 地址的静态绑定;
- 在路由器上作 IP 地址与 MAC 地址的静态绑定;
- 使用"ARP SERVER"按一定的时间间隔广播网段内所有主机的正确 IP-MAC 映射表。

3. DNS 欺骗攻击

DNS 欺骗即域名信息欺骗是最常见的 DNS 安全问题。当一个 DNS 服务器掉入陷阱,使用了一个来自恶意 DNS 服务器的错误信息,那么该 DNS 服务器就被欺骗了。DNS 欺骗会使那些易受攻击的 DNS 服务器产生许多安全问题,例如:将用户引导到错误的互联网站点,或者发送一个电子邮件到一个未经授权的邮件服务器。网络攻击者通常通过以下几种方法进行 DNS 欺骗。

(1)缓存感染

黑客会熟练地使用 DNS 请求,将数据放入一个没有设防的 DNS 服务器的缓存当中。这些缓存信息会在客户进行 DNS 访问时返回给客户,从而将客户引导到入侵者所设置的运行木马的 Web 服务器或邮件服务器上,然后黑客从这些服务器上获取用户信息。

(2)DNS 信息劫持

入侵者通过监听客户端和 DNS 服务器的对话以及猜测服务器响应给客户端的 DNS 查询 ID。每个 DNS 报文包括一个相关联的 16 位 ID 号,DNS 服务器根据这个 ID 号获取请求源位置。黑客在 DNS 服务器之前将虚假的响应交给用户,从而欺骗客户端去访问恶意的网站。

(3)DNS 重定向

攻击者能够将 DNS 名称查询重定向到恶意 DNS 服务器。这样攻击者可以获得 DNS 服务器的写权限。

防范 DNS 欺骗攻击可采取如下措施。
- 直接用 IP 访问重要的服务,这样至少可以避开 DNS 欺骗攻击。但这需要用户记住要访问的 IP 地址。

- 加密所有对外的数据流,对服务器来说就是尽量使用 SSH 之类的有加密支持的协议,对一般用户应该用 PGP 之类的软件加密所有发到网络上的数据。

4. 源路由欺骗攻击

通过指定路由,以假冒身份与其他主机进行合法通信或发送假报文,使受攻击主机出现错误动作,这就是源路由攻击。在通常情况下,信息包从起点到终点走过的路径是由位于此两点间的路由器决定的,数据包本身只知道去往何处,但不知道该如何去。源路由可使信息包的发送者将此数据包要经过的路径写在数据包里,使数据包循着一个对方不可预料的路径到达目的主机。下面仍以上述源 IP 欺骗中的例子给出这种攻击的形式。

主机 A 享有主机 B 的某些特权,主机 X 想冒充主机 A 从主机 B(假设 IP 为 aaa. bbb. ccc. ddd)获得某些服务。首先,攻击者修改距离 X 最近的路由器,使得到达此路由器且包含目的地址 aaa. bbb. ccc. ddd 的数据包以主机 X 所在的网络为目的地;然后,攻击者 X 利用 IP 欺骗向主机 B 发送源路由(指定最近的路由器)数据包。当 B 回送数据包时,就传送到被更改过的路由器。这就使一个入侵者以假冒一个主机的名义通过一个特殊的路径来获得某些被保护数据。

为了防范源路由欺骗攻击,一般采用下面两种措施。

- 对付这种攻击最好的办法是配置好路由器,使它抛弃那些由外部网进来的却声称是内部主机的报文。
- 在路由器上关闭源路由。用命令 no ip source-route。

步骤五　木马攻击

在计算机领域中,木马是一类恶意程序,它是具有隐藏性的、自发性的可被用来进行恶意行为的程序,大多不会直接对电脑产生危害,而是以控制为主。

1. 特洛伊木马概述

这里的木马是一种远程控制软件。木马,即特洛伊木马,名称源于古希腊的特洛伊木马神话。传说希腊人围攻特洛伊城,久久不能得手。后来想出了一个木马计:让士兵藏匿于巨大的木马中,大部队假装撤退而将木马丢弃于特洛伊城下,让敌人将其作为战利品拖入城内,木马内的士兵则趁夜晚敌人庆祝胜利、放松警惕的时候从木马中爬出来,与城外的部队里应外合,攻下了特洛伊城。尽管黑客高手不屑于使用木马,但在对以往网络安全事件的分析统计里发现,有相当部分的网络入侵是通过木马来进行的,包括微软被黑客侵入一案,据称该黑客是通过一种普通的蠕虫病毒木马侵入微软的系统的,并且窃取了微软部分产品的源码。

木马的危害性在于它对电脑系统强大的控制和破坏能力,包括:窃取密码、控制系统操作、进行文件操作等,一个功能强大的木马一旦被植入用户的机器,攻击者就可以像操作自己的机器一样控制用户的机器,甚至可以远程监控用户的所有操作。打个比方,假如有人从用户家多配了一把钥匙,此后他能进出自如,为所欲为。木马程序就是这样一把钥匙,能让入侵者进入用户的电脑,拥有和用户一样的权限,随意操作电脑。所以它和病毒一样是极度危险的东西。

2. 特洛伊木马的特征

木马是病毒的一种,同时木马程序又有许多种不同的种类,那是根据不同的人、不同时期开发来区别的,如 BackOrifice(BO)、BackOrifice2000、Netspy、Picture、Netbus、Asylum、冰河等这些都属于木马病毒种类。综合现在流行的木马程序,它们都有以下基本特征。

(1) 隐蔽性是其首要的特征

如其他所有的病毒一样,木马也是一种病毒,它必须隐藏在用户的系统之中,它会想尽一切办法不让你发现它。木马类的软件的服务器端在运行的时候应用各种手段隐藏自己,不可能还出现什么提示,这些黑客们早就想到了方方面面可能发生的迹象,把它们扼杀了。例如大家所熟悉木马修改注册表和 ini 文件以便机器在下一次启动后仍能载入木马程式,它不是自己生成一个启动程序,而是依附在其他程序之中。有些把服务器端和正常程序绑定成一个程序的软件,叫 exe-binder 绑定程式,可以让人在使用绑定的程式时,木马也入侵了系统,甚至有个别木马程序能把它自身的 exe 文件和服务器端的图片文件绑定,在用户看图片的时候,木马也侵入了用户的系统。

(2) 它具有自动运行性

它是一个当用户系统启动时即自动运行的程序,所以它必须潜入在用户的启动配置文件中,如 win.ini、system.ini、winstart.bat 以及启动组等文件之中。

(3) 木马程序具有欺骗性

木马程序要达到其长期隐蔽的目的,就必须借助系统中已有的文件,以防被发现,它经常使用的是常见的文件名或扩展名,如"dll\win\sys\explorer"等字样,或者仿制一些不易被人区别的文件名,如字母"l"与数字"1"、字母"o"与数字"0",常修改基本文件中的这些难以分辨的字符,更有甚者干脆就借用系统文件中已有的文件名,只不过它保存在不同路径之中。还有的木马程序为了隐藏自己,也常把自己设置成一个 ZIP 文件式图标,当用户一不小心打开它时,它就马上运行。那些编制木马程序的人还在不断地研究、发掘这些手段,总之是越来越隐蔽,越来越专业,所以有人称木马程序为"骗子程序"。

(4) 具备自动恢复功能

现在很多的木马程序中的功能模块已不再是由单一的文件组成,而是具有多重备份,可以相互恢复。

(5) 能自动打开特别的端口

木马程序潜入电脑之中的目的不光是为了破坏用户的系统,更是为了获取用户的系统中有用的信息,当用户上网与远端客户进行通信时,木马程序就会用服务器/客户端的通信手段把信息告诉黑客们,以便黑客们控制用户的机器,或实施进一步入侵。电脑有多少个对外的"门"? 根据 TCP/IP 协议可知,每台电脑可以有 256×256 扇门,也即 $0 \sim 65535$ 号"门"都可以进入,但我们常用的只有少数几个。

(6) 功能的特殊性

通常木马的功能都是十分特殊的,除了普通的文件操作以外,还有些木马具有搜索 cache 中的口令、设置口令、扫描目标机器人的 IP 地址、进行键盘记录、远程注册表的操作以及锁定鼠标等功能。

(7) 黑客组织趋于公开化

以往还从未发现有公开化的病毒组织,多数病毒是由个别人出于好奇(当然也有专门从事这一职业的),想试一下自己的病毒程序开发水平而做的,但绝对不敢公开,因为一旦发现是有可能被判坐牢或罚款的,这样的例子已不再是什么新闻了。如果以前真的也有专门开发病毒的病毒组织,但绝对是属于"地下"的。而现在,专门开发木马程序的组织到处都是,不光存在,而且还公开在网上大肆招兵买马,似乎已经合法化。正因如此,所以黑客程序不断升级、层出不穷,黑客的手段也越来越高明。

3. 木马入侵的常用手法及清除方法

虽然木马程序千变万化,但正如一位木马组织的负责人所讲,大多数木马程序没有特别的功能,入侵的手法也差不多,只是以前相关木马程序的重复,只是改了个名而已。下面我们就来讲讲以前的一些通用入侵手法。

(1) 在 win. ini 文件中加载

一般在 win. ini 文件中的[windwos]段中有如下加载项:run= load=,一般此两项为空,如果用户发现系统中的这两项加载了任何可疑的程序时,应特别当心,这时可根据其提供的源文件路径和功能进一步检查。我们知道这两项分别是用来在系统启动时自动运行和加载程序的,如果木马程序加载到这两个子项中之后,那么当用户系统启动后即可自动运行或加载了。当然也有可能用户的系统之中确实需要加载某一程序,但要知道这更是木马利用的好机会,它往往会在现有加载的程序文件名之后再加一个它自己的文件名或者参数,这个文件名也往往用 command. exe、sys. com 等常见的文件来伪装。

(2) 在 System. ini 文件中加载

我们知道在系统信息文件 system. ini 中也有一个启动加载项,那就是在[BOOT]子项中的"Shell"项,在这里木马最惯用的伎俩就是把本应是"Explorer"的程序名变成它自己的程序名,名称伪装成几乎与原来的一样,只需将"Explorer"的字母"l"改为数字"1",或者把其中的"o"改为数字"0",这些改变如果不仔细留意是很难被人发现的,这就是前面所讲的欺骗性。当然也有的木马不是这样做的,而是直接把"Explorer"改为别的什么名字,因为有很多用户不知道这里就一定是"Explorer",或者在"Explorer"加上点什么东西,加上的那些东西肯定就是木马程序了。

(3) 修改注册表

如果经常研究注册表的用户一定知道,在注册表中也可以设置一些启动加载项目,编制木马程序的高手们当然不会放过这样的机会,况且他们知道注册表中更安全,因为会看注册表的人更少。事实上,只要是"Run\Run-\RunOnce\RunOnceEx\ RunServices \RunSer-vices-\RunServicesOnce"等都是木马程序加载的入口,如[HKEY_LOCAL_MACHINE\SOFTWARE\Microsoft \Windows\CurrentVersion\Run 或\RunOnce],如图 4-7 所示。

(4) 修改文件打开关联

为了更加隐蔽自己,黑客们所采用隐蔽的手段也是越来越高明了。如今的木马经常采用修改文件打开关联来达到加载的目的,当你打开了一个已修改了打开关联的文件时,木马也就开始了它的运作,如冰河木马就是利用文本文件(. txt)这个最常见、但又最不引人注目的文件格式关联来加载自己,当有人打开文本文件时就自动加载了冰河木马。

修改关联的途径还是选择了注册表的修改,它主要选择的是文件格式中的"打开"、"编辑"、"打印"项目。冰河木马修改的对象如图 4-8 所示。

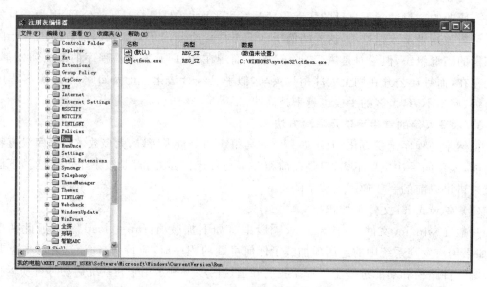

图 4-7　注册表 Run 分支

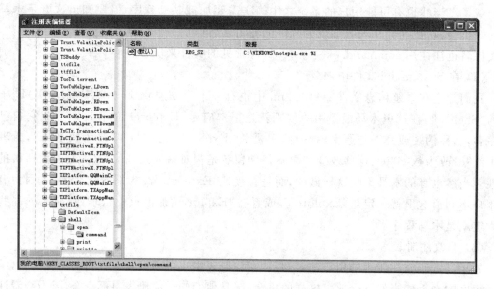

图 4-8　修改文件关联

4. 几种常见木马的防范方法

对付此类木马程序,我们可以采用 LockDown 等线上黑客监视程序加以防范,还可以配合使用 Cleaner、Sudo99 等工具软件。当然,也可以用下面介绍的一些方法手动检查并清除相应的木马程序。

(1) Back Orifice(BO)

检查注册表\HEKY-LOCAL-MACHINE\Software\Microsoft\Windows\CurrentVersion\ RunServices 中有无. exe 键值。如有,则将其删除,并进入 MS-DOS 方式,将\Windows\System 中的. exe 文件删除。

(2) Back Orifice 2000(BO2000)

检查注册表\HEKY-LOCAL-MACHINE\Software\Microsoft\Windows\CurrentVersion\RunServices 中有无 Umgr32. exe 的键值，如有，则将其删除。重新启动电脑，并将\Windows\System 中的 Umgr32. exe 删除。

（3）Netspy

检查注册表\HEKY-LOCAL-MACHINE\Software\Microsoft\Windows\CurrentVersion\Run 中有无键值 Spynotify. exe 和 Netspy. exe。如有将其删除，重新启动电脑后将\Windows\System 中的相应文件删除。

（4）Happy99

此程序首次运行时，会在荧幕上开启一个名为"Happy new year 1999"的窗口，显示美丽的烟花，此时该程序就会将自身复制到 Windows 95/98 的 System 目录下，更名为 Ska. exe，创建文件 Ska. dll，并修改 Wsock32. dll，将修改前的文件备份为 Wsock32. ska，并修改注册表。用户可以检查注册表\HEKY-LOCAL-MACHINE\Software\Microsoft\Windows\CurrentVersion\RunOnce 中有无键值 Ska. exe。如有，将其删除，并删除\Windows\System 中的 Ska. exe 和 Ska. dll 两个文件，将 Wsock32. ska 更名为 Wscok32. dll。

（5）Picture

检查 Win. ini 系统配置文件中"load＝"是否指向一个可疑程序，清除该项。重新启动电脑，将指向的程序删除即可。

（6）Netbus

用"Netstat -an"查看 12345 端口是否开启，在注册表相应位置中是否有可疑文件。首先清除注册表中的 Netbus 的主键，然后重新启动电脑，删除可执行文件即可。

步骤六　缓冲区溢出

缓冲区溢出是一种非常普遍、非常危险的漏洞，在各种操作系统、应用软件中广泛存在。利用缓冲区溢出攻击，可以导致程序运行失败、系统宕机、重新启动等后果。更为严重的是，可以利用它执行非授权指令，甚至可以取得系统特权，进而进行各种非法操作。缓冲区溢出攻击有多种英文名称：buffer overflow，buffer overrun，smash the stack，trash the stack，scribble the stack，mangle the stack，memory leak，overrun screw。它们指的都是同一种攻击手段。第一个缓冲区溢出攻击——Morris 蠕虫，发生在 20 年前，它曾造成了全世界 6 000 多台网络服务器瘫痪。

1. 缓冲区溢出的概念

缓冲区溢出是指当计算机向缓冲区内填充数据位数时超过了缓冲区本身的容量，溢出的数据覆盖在合法数据上。理想的情况是程序检查数据长度并不允许输入超过缓冲区长度的字符，但是绝大多数程序都会假设数据长度总是与所分配的储存空间相匹配，这就为缓冲区溢出埋下隐患。操作系统所使用的缓冲区又被称为"堆栈"。在各个操作进程之间，指令会被临时储存在"堆栈"当中，"堆栈"也会出现缓冲区溢出。

2. 缓冲区溢出的危害

在当前网络与分布式系统安全中，被广泛利用的 50％以上都是缓冲区溢出，其中最著名的例子是 1988 年利用 fingerd 漏洞的蠕虫。而缓冲区溢出中，最为危险的是堆栈溢出，因为入侵者可以利用堆栈溢出，在函数返回时改变返回程序的地址，让其跳转到任意地址，带来的危害一种是程序崩溃导致拒绝服务,另外一种就是跳转并且执行一段恶意代码,比如得到 shell,然后为所欲为。

3. 缓冲区溢出攻击的原理

缓冲区溢出攻击的原理是:通过往程序的缓冲区写超出其长度的内容,造成缓冲区的溢出,从而破坏程序的堆栈,使程序转而执行其他指令,以达到攻击的目的。造成缓冲区溢出的原因是程序中没有仔细检查用户输入的参数。例如下面程序:

```
void function(char * str){
char buffer[16];
strcpy(buffer,str);
}
```

上面的 strcpy()将直接把 str 中的内容复制到 buffer 中。这样只要 str 的长度大于 16,就会造成 buffer 的溢出,使程序运行出错。存在像 strcpy 这样的问题的标准函数还有 strcat()、sprintf()、vsprintf()、gets()、scanf()等。

4. 缓冲区溢出的漏洞和攻击

缓冲区溢出攻击的目的在于扰乱具有某些特权运行的程序的功能,这样可以使得攻击者取得程序的控制权,如果该程序具有足够的权限,那么整个主机就被控制了。一般而言,攻击者攻击 root 程序,然后执行类似"exec(sh)"的执行代码来获得 root 权限的 shell。为了达到这个目的,攻击者必须达到两个目标:在程序的地址空间里安排适当的代码以及通过适当的初始化寄存器和内存,让程序跳转到入侵者安排的地址空间执行。

(1) 在被攻击程序地址空间里安排攻击代码的方法

植入法:攻击者向被攻击的程序输入一个字符串,程序会把这个字符串放到缓冲区里。这个字符串包含的资料是可以在这个被攻击的硬件平台上运行的指令序列。在这里,攻击者用被攻击程序的缓冲区来存放攻击代码。缓冲区可以设在任何地方:堆栈(stack,自动变量)、堆(heap,动态分配的内存区)和静态资料区。

利用已经存在的代码:有时,攻击者想要的代码已经在被攻击的程序中了,攻击者所要做的只是对代码传递一些参数。比如,攻击代码要求执行"exec ("/bin/sh")",而在 libc 库中的代码执行"exec (arg)",其中 arg 是一个指向一个字符串的指针参数,那么攻击者只要把传入的参数指针改向指向"/bin/sh"就可以实现攻击。

(2) 控制程序转移到攻击代码的方法

这些方法都是在寻求改变程序的执行流程,使之跳转到攻击代码。最基本的就是溢出一个没有边界检查或者其他弱点的缓冲区,这样就扰乱了程序的正常的执行顺序。通过溢出一个缓冲区,攻击者可以用暴力的方法改写相邻的程序空间而直接跳过了系统的检查。

分类的基准是攻击者所寻求的缓冲区溢出的程序空间类型。原则上可以是任意的空间。实际上,许多的缓冲区溢出是用暴力的方法来寻求改变程序指针的。这类程序的差别就是程序空间的突破和内存空间的定位不同。

5. 缓冲区溢出攻击的防范方法

缓冲区溢出攻击占了远程网络攻击的绝大多数,这种攻击可以使得一个匿名的 Internet 用户有机会获得一台主机的部分或全部的控制权。如果能有效地消除缓冲区溢出的漏洞,则很大一部分的安全威胁可以得到缓解。

目前有四种基本的方法保护缓冲区免受缓冲区溢出的攻击和影响。

（1）通过操作系统使得缓冲区不可执行，从而阻止攻击者植入攻击代码。

通过使被攻击程序的数据段地址空间不可执行，从而使得攻击者不可能执行被植入到被攻击程序输入缓冲区的代码，这种技术被称为非执行的缓冲区技术。在早期的 UNIX 系统设计中，只允许程序代码在代码段中执行。

（2）强制写正确的代码的方法。

最简单的方法就是用 grep 来搜索源代码中容易产生漏洞的库的调用，比如对 strcpy 和 sprintf 的调用，这两个函数都没有检查输入参数的长度。事实上，各个版本 C 的标准库均有这样的问题存在。

此外，人们还开发了一些高级的查错工具，如 fault injection 等。这些工具的目的在于通过人为随机地产生一些缓冲区溢出来寻找代码的安全漏洞。还有一些静态分析工具用于侦测缓冲区溢出的存在。

（3）利用编译器的边界检查来实现缓冲区的保护。这个方法使得缓冲区溢出不可能出现，从而完全消除了缓冲区溢出的威胁，但是相对而言代价比较大。

（4）一种间接的方法，这个方法在程序指针失效前进行完整性检查。虽然这种方法不能使得所有的缓冲区溢出失效，但它能阻止绝大多数的缓冲区溢出攻击。

 任务小结

通过赵主任的讲解，小王对入侵远程计算机有了更深的理解，于是在自己的计算机上尝试练习，但发现真正想完整地入侵对方的计算机，却不知如何下手，看来只掌握基本的 DoS 命令是不行的，还得要继续深入地实践。

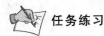 **任务练习**

练习 1　基本的 DoS 攻击

1. 建立一台安装了 Web 服务器的计算机。

2. 使用实验室中的其他计算机开始 ping 目标计算机。

3. 持续 ping 目标计算机，直到对合法请求不再响应为止。

4. 注意成功实现 DoS 攻击时所要求的每秒钟发送的数据包总量。

练习 2　配置防火墙来阻塞 DoS 攻击

（注释：这个练习仅仅适用于访问实验室防火墙的班级。）

1. 利用你的防火墙文档，找出如何阻塞入站 ICMP 数据包。

2. 配置你的防火墙来阻塞所有这样的数据包。

3. 然后再做一次练习 1，通过防火墙，看其是否能够成功。

任务二　远程入侵实现

【技能要点】

1. 能够熟练使用 IPC＄入侵；

2. 能够熟练使用 Telnet 入侵；

3. 能够熟练使用 3389 入侵；

4. 能够熟练使用木马入侵。

【任务背景】

　　小王在了解了黑客攻击的常用方法之后,忍不住想具体操刀入侵一台计算机,但是发现在了解了远程入侵的基本理论后,没有具体的操作实践是不行的! 那么如何实现远程入侵,具体步骤是什么呢? 小王心里有些迷茫! 于是赵主任就详细地介绍了基于认证的远程入侵的几种方法。

【任务分析】

　　远程入侵的理论知识与实践相结合,才能全面深入掌握。

【任务实施】

步骤一　IPC＄入侵

　　IPC＄(Internet Process Connection)是共享"命名管道"的资源,它是为了让进程间通信而开放的命名管道,可以通过验证用户名和密码获得相应的权限,在远程管理计算机和查看计算机的共享资源时使用。

　　利用 IPC＄,连接者甚至可以与目标主机建立一个空的连接而无须用户名与密码(当然,对方计算机必须开了 IPC＄共享,否则你是连接不上的),而利用这个空的连接,连接者还可以得到目标主机上的用户列表(不过负责的管理员会禁止导出用户列表)。

　　1. IPC＄常用命令。

　　net user：系统账号类操作。

　　net localgroup：系统组操作。

　　net use：远程连接 映射操作。

　　net time：查看远程主机系统时间。

　　netstat-n：查看本机网络连接状态。

　　nbtstat-a 远程主机 IP：查看指定 IP 主机的 NetBIOS 信息。

2. 建立 IPC＄连接

单击"开始">"运行",在如图 4-9 所示的运行对话框,输入"CMD"命令。

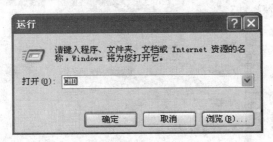

图 4-9　运行对话框

建立 IPC＄连接使用的命令是:net use \\IP\IPC＄"PASSWD"/USER:"ADMIN"。与目标主机建立 IPC＄连接。

参数说明:

IP:目标主机的 IP。

PASSWD:已经获得的管理员密码。

ADMIN:已经获得的管理员账号。

输入命令 net use \\192.168.158.3\ipc＄""/user:administrator,如图 4-10 所示。

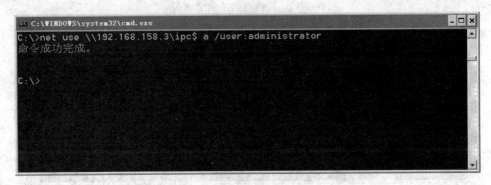

图 4-10　建立 IPC＄连接

3. 创建映射磁盘

使用命令 net use z:\\192.168.158.3\admin＄创建映射磁盘。

参数说明:

"\\192.168.158.3\admin＄"表示远程主机 C 盘的 WINDOWS 目录,其中"＄"表示的是隐藏的共享。

"z:"表示将远程主机的 C:\WINDOWS 目录映射为本地磁盘的盘符。

映射成功后,打开本机"我的电脑"会发现多处出现一个 Z 盘,该磁盘就是远程主机的C:\WINDOWS 目录。如图 4-11 所示。

4. 断开 IPC＄连接

输入"net use ＊/del"命令断开所有的 IPC＄连接,如图 4-12 所示。

通过命令"net use \\目标 IP\IPC＄/del"可以删除指定目标 IP 的 IPC＄连接。

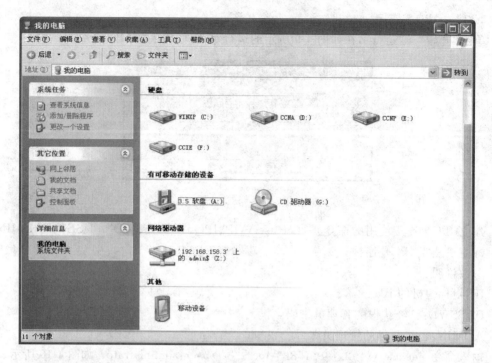

图 4-11　我的电脑中的 Z 盘符

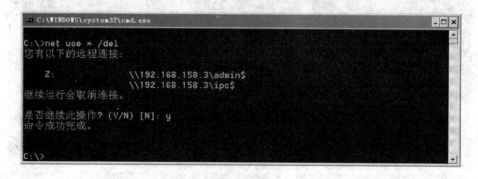

图 4-12　断开 IPC＄连接

知识提示：

（1）IPC 连接是 Windows NT 及以上系统中特有的远程网络登录功能，其功能相当于 UNIX 中的 Telnet，由于 IPC＄功能需要用到 Windows NT 中的很多 DLL 函数，所以不能在 Windows 9.x 中运行。

也就是说只有 Windows nt/2000/xp 才可以建立 IPC＄连接，Windows 98/me 是不能建立 IPC＄连接的。

（2）即使是空连接也不是 100％都能建立成功，如果对方关闭了 IPC＄共享，你仍然无法建立连接。

（3）并不是说建立了 IPC＄连接就可以查看对方的用户列表，因为管理员可以禁止导出用户列表。

5. 后门账号的创建

在建立好 IPC＄连接之后，我们有必要做的是编写 BAT 文件，在远程主机上创建一个后门账号。如图 4-13 所示。

图 4-13　账号的创建

6. 复制文件

打开 MS-DOS 输入"copy a. bat \\192.168.158.3\admin＄"命令来将刚创建好的 BAT 文件从本机复制到远程主机的 C:\WINDOWS 目录下。如图 4-14 所示。

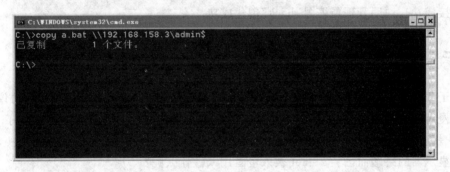

图 4-14　复制 BAT 文件

7. 通过任务计划使远程主机执行 a. bat 文件

首先在 MS-DOC 输入"net time \\192.168.158.3"命令来查看远程主机此时的系统时间，再输入"at \\192.168.158.3 13：28 c：\windows\a. bat"命令创建计划任务。如图 4-15所示。

图 4-15　创建计划任务

要查看远程主机的计划任务使用命令"at \\192.168.158.3"。

8. 验证后门账号是否成功创建

等待一段时间后，估计远程主机已经执行了为其创建的 a. bat 文件。我们通过建立 IPC＄连接来验证是否成功创建了后门账号。如图 4-16 所示：

图 4-16　建立 IPC＄

连接成功！说明管理员账号"hack"创建成功。

步骤二　Telnet 入侵

对于 Telnet 的认识，不同的人持有不同的观点，可以把 Telnet 当成一种通信协议，但是对于入侵者而言，Telnet 只是一种远程登录的工具。一旦入侵者与远程主机建立了 Telnet 连接，入侵者便可以使用目标主机上的软、硬件资源，而入侵者的本地机只相当于一个只有键盘和显示器的终端而已。Telnet 被入侵者用来做什么呢？

1. Telnet 作用

（1）Telnet 是控制主机的第一手段

如果入侵者想要在远程主机上执行命令，需要建立 IPC＄连接，然后使用 net time 命令查看系统时间，最后使用 at 命令建立计划任务才能完成远程执行命令。虽然这种方法能够远程执行命令，但相比之下，Telnet 方式对入侵者而言则会方便得多。入侵者一旦与远程主机建立 Telnet 连接，就可以像控制本地计算机一样来控制远程计算机。可见，Telnet 方式是入侵者惯于使用的远程控制方式，当他们千方百计得到远程主机的管理员权限后，一般都会使用 Telnet 方式进行登录。

（2）用来做跳板

入侵者把用来隐身的肉鸡称之为"跳板"，他们经常用这种方法，从一个"肉鸡"登录到另一个"肉鸡"，这样在入侵过程中就不会暴露自己的 IP 地址。

（3）关于 NTLM 验证

由于 Telnet 功能太强大，而且也是入侵者使用最频繁的登录手段之一，因此微软公司为 Telnet 添加了身份验证，称为 NTLM 验证，它要求 Telnet 终端除了需要有 Telnet 服务主机的用户名和密码外，还需要满足 NTLM 验证关系。NTLM 验证大大增强了 Telnet 主机的安全性，把很多入侵者拒之门外。

2. 使用 Telnet 登录

登录命令：Telnet HOST/目标 IP。

断开 Telnet 连接的命令：exit。

成功地建立 Telnet 连接，除了要求掌握远程计算机上的账号和密码外，还需要远程计算机已经开启"Telnet 服务"，并去除 NTLM 验证。也可以使用专门的 Telnet 工具来进行连接，比如 STERM、CTERM 等工具。

3. Telnet 入侵步骤

（1）与远程主机建立 IPC＄连接

（2）开启远程主机中被禁用的 Telnet 服务。如图 4-17 所示。

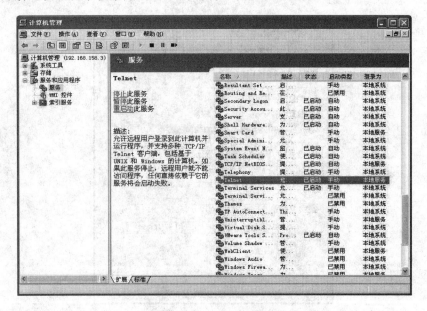

图 4-17　启动 Telnet 服务

（3）断开 IPC＄连接。

（4）去除远程主机的 NTLM 验证，若不去掉 NTLM 验证的话，在 Telnet 是就会失败。如图 4-18 所示。

图 4-18　Telnet 连接失败

4. 解除 Telnet 的 NTLM 验证

解除 Telnet 的 NTLM 验证有许多种方法，在此我们只讲解一下不利用任何工具去除远程主机的 NTLM 验证。

首先，在本地计算机上建立一个与远程主机相同的账号和密码。如图 4-19 所示。

图 4-19　建立用户

　　然后通过"开始">"程序">"附件"找到"命令提示符",右击"命令提示符",然后选择"属性",打开后如图 4-20 所示。

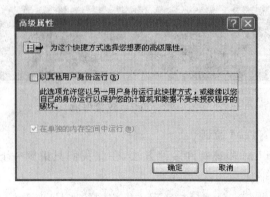

图 4-20　命令提示属性

　　选择"高级"如图 4-21 所示,勾选"以其他用户身份运行",然后单击"确定"按钮。按照上述路径找到"命令提示符"并打开,得到 MS-DOC 界面,然后用该 MS-DOC 进行 Telnet 登录。如图 4-22 所示。

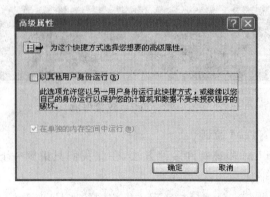

图 4-21　高级属性

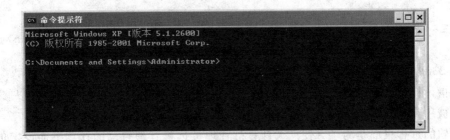

图 4-22　MS-DOS 界面

在命令提示符中输入：Telnet 192.168.158.3。回车后出现如图 4-23 所示界面。

图 4-23　登录界面

输入"Y"，输入远程主机的用户名和密码就可以成功地登录了。如图 4-24 所示。

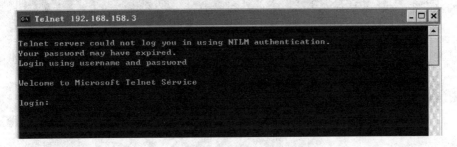

（a）账户输入

（b）成功登录

图 4-24　账户输入及成功登录界面

步骤三　3389 入侵

1. 3389 简介

原指计算机的 3389 端口,因为它属于 Windows 的远程桌面的初始端口(可以修改),所以一般被用来代指远程桌面。

微软的远程桌面是为了方便广大计算机管理员远程管理自己的计算机而设定的,但是只要有管理密码,3389 可以为任何有管理密码的人提供服务。

大部分黑客都喜欢在"肉鸡"上开个 3389,因为 3389 是系统的正常服务,使用也非常方便。它能达到灰鸽子这类的远程控制软件的一样的效果,最主要它是正常服务。

3389 很容易通过各种扫描工具(如 superscan\x-scan 等)得到,由于一些电脑使用者缺乏安全意识经常给 administrator\new 账户密码留空,这样菜鸟们可以用 mstsc.exe 以 GUI 模式登录别人的电脑。为防止别人利用 3389 登录计算机,最好给每个账户设置密码或用防火墙关闭该端口,所以我们建议一般情况下应使 3389 端口处于关闭状态。

2. 3389 入侵步骤

(1) 与远程主机建立 IPC $ 连接 如图 4-25 所示。

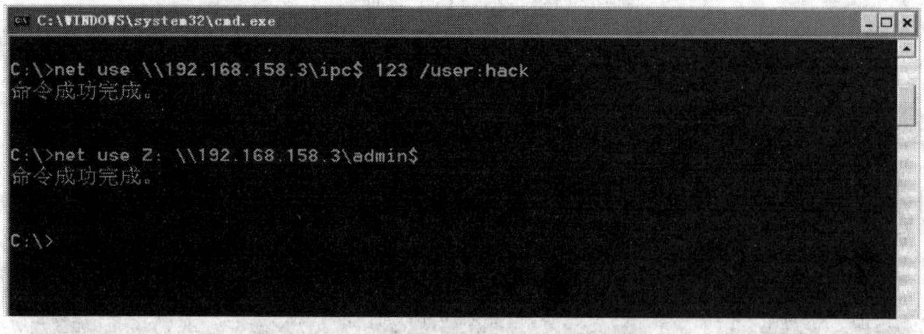

图 4-25　建立 IPC $ 连接

(2) 将后门程序复制到远程主机的映射盘符下(如图 4-26 所示),注意:先将 3389.bat 放到自己的"C:\"下,也可以放到其他盘符下,但操作也一定要在 3389.bat 所在盘符下操作(如图 4-27 所示)。

图 4-26　复制

(3) 打开对方的 Telnet 服务 如图 4-28 所示。

(4) Telnet 到远程主机上,并运行 3389.bat 如图 4-29 所示。

小提示:进入到映射磁盘中键入 3389.bat-a,如图 4-30 和图 4-31 所示。

至此,我们已经将远程主机的 3389 端口开启了。

图 4-27 C 盘状况

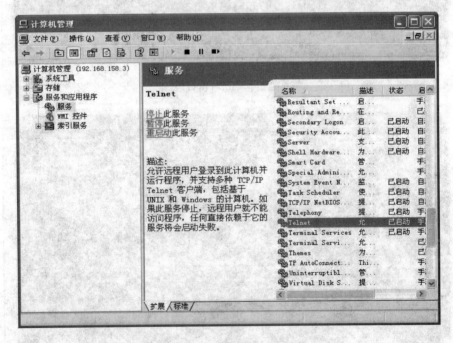

图 4-28 开启 Telnet 服务

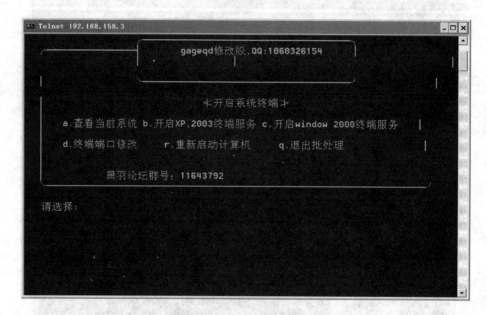

图 4-29 运行 3389.bat

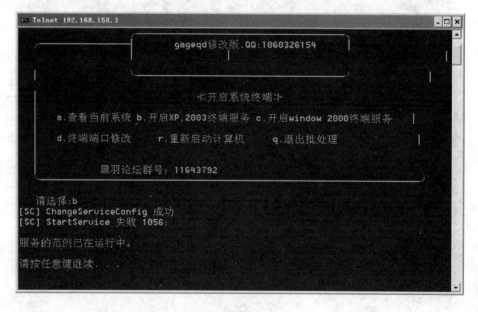

图 4-30 运行窗口一

图 4-31 开启终端服务

（5）回到本地主机，选择"开始"＞"所有程序"＞"附件"＞"远程桌面连接"。如图 4-32

所示。

（6）在计算机处输入远程主机 IP 地址或计算机名，点击连接 如图 4-33 所示。

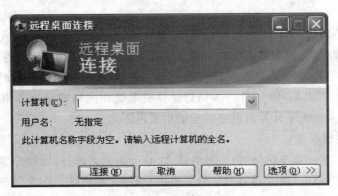

图 4-32 远程桌面连接

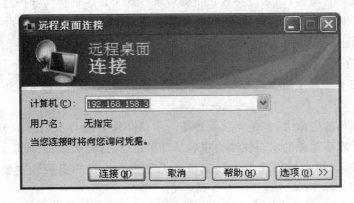

图 4-33 输入 IP 地址

（7）成功登录到了远程主机，输入远程主机的用户名和密码就可以像登录自己的计算机一样登录到远程主机上了。如图 4-34 所示。

图 4-34 成功登录界面

步骤四　木马入侵

木马,全称特洛伊木马(Trojan horse),这个词语来源于古希腊神话,在计算机领域是一种客户/服务器程序,是黑客最常用的基于远程控制的工具。目前,比较有名的国产木马有"冰河"、"广外女生"、"黑洞"、"黑冰"等;国外有名的木马则有"SubSeven"、"Bo2000(Back Orifice)"、"NetSpy"、"Asylum"等。木马对计算机系统和网络安全危害相当大,因此,如何防范特洛伊木马入侵成了计算机网络安全的重要内容之一。

1. 木马的实现原理

从本质上看,木马都是网络客户/服务模式,它分为两大部分,即客户端和服务端。其原理是一台主机提供服务(服务器),另一台主机接受服务(客户机),作为服务器的主机一般会打开一个默认的端口进行监听。如果有客户机向服务器的这一端口提出连接请求,服务器上的相应程序就会自动运行,来应答客户机的请求。这个程序被称为守护进程。

当攻击者要利用木马进行网络入侵,一般都要完成"向目标主机传播木马"、"启动和隐藏木马"、"建立连接"、"远程控制"等环节。

2. 木马的特征

一个典型的木马程序通常具有以下四个特征:隐蔽性、欺骗性、顽固性和危害性。

(1)隐蔽性

隐蔽性是木马的生命力,也是其首要特征。木马必须有能力长期潜伏于目标机器中而不被发现。一个隐蔽性差的木马往往会很容易暴露自己,进而被杀毒(或杀马)软件,甚至用户手工检查出来,这样将使得这类木马变得毫无价值。木马的隐蔽性主要体现在以下两方面:

• 不产生图标。木马虽然在系统启动时会自动运行,但它不会在"任务栏"中产生一个图标。

• 木马自动在任务管理器中隐藏或者以"系统服务"的方式欺骗操作系统。这也就使得要及时了解是否中了木马带来了一定的困难。

(2)欺骗性

木马常常使用名字欺骗技术达到长期隐蔽的目的。它经常使用常见的文件名或扩展名,如 dll、win、sys、explorer 等字样,或者仿制一些不易被人区别的文件名,如字母"l"与数字"1"、字母"o"与数字"0",常常修改几个文件中的这些难以分辨的字符,更有甚者干脆就借用系统文件中已有的文件名,只不过它保存在不同路径之中而已。

(3)顽固性

很多木马的功能模块已不再是由单一的文件组成,而是具有多重备份,可以相互恢复。当木马被检查出来以后,仅仅删除木马程序是不行的,有的木马使用文件关联技术,当打开某种类型的文件时,这种木马又重新生成并运行。

(4)危害性

当木马被植入目标主机以后,攻击者可以通过客户端强大的控制和破坏力对主机进行操作。比如可以窃取系统密码,控制系统的运行,进行有关文件的操作以及修改注册表等。

【知识链接】SQL 远程注入攻击

SQL 注入攻击是黑客对数据库进行攻击的常用手段之一。随着 B/S 模式应用开发的发展,使用这种模式编写应用程序的程序员也越来越多。但是由于程序员的水平及经验也参差不齐,相当大一部分程序员在编写代码的时候,没有对用户输入数据的合法性进行判断,使应用程序存在安全隐患。用户可以提交一段数据库查询代码,根据程序返回的结果,获得某些他想得知的数据,这就是所谓的 SQL Injection,即 SQL 注入。SQL 注入是从正常的 WWW 端口访问,而且表面看起来跟一般的 Web 页面访问没什么区别,所以目前市面的防火墙都不会对 SQL 注入发出警报,如果管理员没查看 IIS 日志的习惯,可能被入侵很长时间都不会发觉。但是,SQL 注入的手法相当灵活,在注入的时候会碰到很多意外的情况,需要构造巧妙的 SQL 语句,从而成功获取想要的数据。

1. SQL 注入攻击的总体思路

发现 SQL 注入位置;判断后台数据库类型;确定 XP_CMDSHELL 可执行情况;发现 Web 虚拟目录;上传 asp 木马;得到管理员权限;SQL 注入攻击。

2. 分析数据库服务器类型

一般来说,Access 与 SQL Server 是最常用的数据库服务器,尽管它们都支持 T−SQL 标准,但还有不同之处,而且不同的数据库有不同的攻击方法,必须要区别对待。

(1)利用数据库服务器的系统变量进行区分

SQL−SERVER 有 user,db_name()等系统变量,利用这些系统值不仅可以判断 SQL-SERVER,而且还可以得到大量有用信息。如:HTTP：//×××.×××.×××/abc.asp? p＝YY and user＞0 不仅可以判断是否是 SQL Server,而还可以得到当前连接到数据库的用户名

(2)利用系统表

Access 的系统表是 msysobjects,且在 Web 环境下没有访问权限,而 SQL Server 的系统表是 sysobjects,在 Web 环境下有访问权限。对于以下两条语句:

HTTP：//×××.×××.×××/abc.asp? p＝YY and (select count(*) from sysobjects)＞0

HTTP：//×××.×××.×××/abc.asp? p＝YY and (select count(*) from msysobjects)＞0

若数据库是 SQL Serve,则第一条一定运行正常,第二条则异常;若是 Access 则两条都会异常。

(3) MSSQL 三个关键系统表

sysdatabases 系统表:Microsoft SQL Server 上的每个数据库在表中占一行。最初安装 SQL Server 时,sysdatabases 包含 master、model、msdb、mssqlWeb 和 tempdb 数据库的项。该表只存储在 master 数据库中。

3. 确定 XP_CMDSHELL 可执行情况

若当前连接数据的账号具有 SA 权限,且 master. dbo. xp_cmdshell 扩展存储过程(调用此存储过程可以直接使用操作系统的 shell)能够正确执行,则整个计算机可以通过以下几种方法完全控制,以后的所有步骤都可以省略。

(1) HTTP：//×××.×××.×××/abc.asp? p＝YY&nb... er＞0 abc.asp 执行异常但可以得到当前连接数据库的用户名(若显示 dbo 则代表 SA)。

(2) HTTP：//×××.×××.×××/abc.asp? p＝YY ... me()＞0 abc.asp 执行

异常但可以得到当前连接的数据库名。

(3) HTTP：//×××.×××.×××/abc.asp？p＝YY；exec master..xp_cmdshell "net user aaa bbb /add"--（master 是 SQL Server 的主数据库；名中的分号表示 SQL Server 执行完分号前的语句名，继续执行其后面的语句；"--"号是注解，表示其后面的所有内容仅为注释，系统并不执行）可以直接增加操作系统账户 aaa，密码为 bbb。

4. 发现 Web 虚拟目录

只有找到 Web 虚拟目录，才能确定放置 ASP 木马的位置，进而得到 USER 权限。有两种方法比较有效。

一是根据经验猜解，一般来说，Web 虚拟目录是：C：\inetpub\wwwroot；D：\inetpub\wwwroot；E：\inetpub\wwwroot 等，而可执行虚拟目录是：C：\inetpub\scripts；D：\inetpub\scripts；E：\inetpub\scripts 等。

二是遍历系统的目录结构，分析结果并发现 Web 虚拟目录。

先创建一个临时表：temp

TTP：//×××.×××.×××/abc.asp？p＝YY；create&n ... mp（id nvarchar (255)，num1 nvarchar(255)，num2 nvarchar(255)，num3 nvarchar(255)）；--

5. 上传 ASP 木马

所谓 ASP 木马，就是一段有特殊功能的 ASP 代码，并放入 Web 虚拟目录的 Scripts 下，远程客户通过 IE 就可执行它，进而得到系统的 USER 权限，实现对系统的初步控制。上传 ASP 木马一般有两种比较有效的方法。

(1) 利用 Web 的远程管理功能

许多 Web 站点，为了维护的方便，都提供了远程管理的功能。也有不少 Web 站点，其内容是对于不同的用户有不同的访问权限。为了达到对用户权限的控制，都有一个网页，要求用户名与密码，只有输入了正确的值，才能进行下一步的操作，可以实现对 Web 的管理，如上传、下载文件，目录浏览、修改配置等。

(2) 利用表内容导成文件功能

SQL 有 BCP 命令，它可以把表的内容导成文本文件并放到指定位置。利用这项功能，我们可以先建一张临时表，然后在表中一行一行地输入一个 ASP 木马，然后用 BCP 命令导出形成 ASP 文件。

命令行格式如下：

bcp "select * from text..foo" queryout c：\inetpub\wwwroot\runcommand.asp -c -S localhost -U sa -P foobar（'S'参数为执行查询的服务器，'U'参数为用户名，'P'参数为密码，最终上传了一个名为 runcommand.asp 的木马）。

6. 得到系统的管理员权限

ASP 木马只有 USER 权限，要想获取对系统的完全控制，还要有系统的管理员权限。提升权限的方法有很多种。

• 上传木马，修改开机自动运行的.ini 文件（它一重启，便死定了）；

• 复制 CMD.exe 到 scripts，人为制造 UNICODE 漏洞；

• 下载 SAM 文件，破解并获取 OS 的所有用户名密码等，视系统的具体情况而定，可以采取不同的方法。

任务小结

通过本任务学习,小王了解到如何能够远程侵入,远程入侵可分为:IPC＄入侵、Telnet 入侵、3389 入侵、木马入侵。还学习了 SQL 注入攻击。通过赵主任的操作讲解,小王立即 在自己的计算机上进行了练习,很快熟悉了远程侵入的基本操作方法。

任务练习

练习1 为什么存在缓冲区溢出漏洞?

考虑缓冲区溢出漏洞是如何出现的?解释为什么你认为它们是漏洞,并提供预防或减 少这些缺陷数量的建议。

项目实践　利用灰鸽子木马程序远程入侵

【实训描述】

灰鸽子是国内一款著名后门程序,比起冰河、黑洞来,灰鸽子可以说是国内后门的集大 成者。其丰富而强大的功能、灵活多变的操作、良好的隐藏性等,使其他后门工具都相形见 绌。客户端简易便捷的操作,使得即使是刚入门的初学者也可充当黑客。

【实训目的】

1. 熟悉灰鸽子。
2. 掌握利用灰鸽子木马程序远程入侵过程。

【实训步骤】

第1步:打开灰鸽子 H_Client. exe 主程序后,看到程序的主界面如图 4-35 所示。

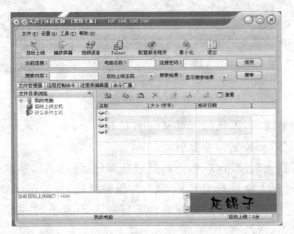

图 4-35　灰鸽子客户端界面

第 2 步：第一次使用，先配置一个服务端程序（生成一个服务端程序），单击"文件"＞"配置服务程序"按钮，可以看到如图 4-36 所示界面。

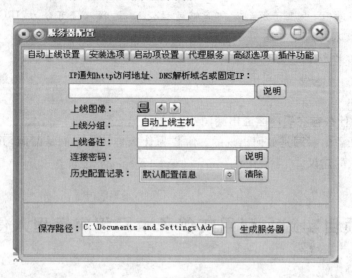

图 4-36　服务器配置界面

第 3 步：在"IP 通知 http 访问地址、DNS 解析域名或固定 IP"中写入本机 IP。
安装选项如图 4-37 所示。

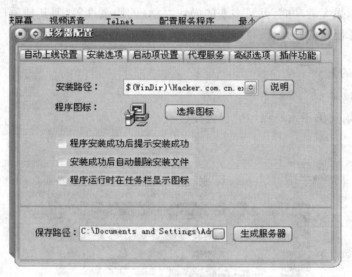

图 4-37　安装选项

这里都有很详细的提示，默认的安装文件名是 hacker.com.cn.exe，这个名称可以随便改，只要不和系统现有的安装名称冲突就可以。

其他的选项使用默认的就可以，然后选择服务端的保存路径，单击生成服务器按钮。

第 4 步：然后与远程主机进行 IPC＄连接，并做磁盘映射，如图 4-38 所示。

第 5 步：将刚刚生成的灰鸽子配置服务程序复制到 Z:盘下，并做任务计划，让这个配置服务程序在远程主机上运行。如图 4-39 所示。

图 4-38　磁盘映射

图 4-39　计划任务

　　第 6 步：当远程主机运行了你配置后的服务端后，在客户端看到有自动上线的主机，如图 4-40 所示。

　　至此，我们已经可以对远程主机进行远程控制、远程管理了，包括远程文件管理、屏幕控制、telnet 等操作。

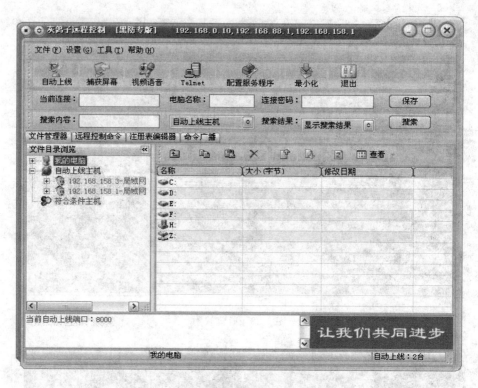

图 4-40　自动上线主界面

项目思考

黄小形正在忙于毕业论文的撰写，需要查找资料并通过试验进行验证。但正当他紧张忙碌的时候，计算机却跟他唱起了对台戏，其操作速度奇慢，他赶紧关闭虚拟机等其他应用进程，发现仍然没有改善，而且 CPU 利用率达到了 100%，在非常短的时间内收到 14 506 个数据包。根据这种故障现象，黄小形知道他现在遭受到了攻击，使得自己的机器无法进行正常的服务和资源访问，于是黄小形采取了下面的活动：

(1) 在机器上安装了拒绝服务攻击的软件；

(2) 遇到攻击采取有效的方法措施。

现在要考虑这些问题：

(1) 了解 DDoS 攻击的现象与步骤。

(2) 常见拒绝服务攻击与防御有哪些？

课 后 练 习

一、填空题

1. 网络攻击的步骤是：_____、_____、_____控制或破坏目标系统_____和_____。

2. 按照计算机网络安全漏洞的可利用方式来划分,漏洞探测技术可以划分为信息型漏洞探测和_____。

3. 分布式入侵检测对信息的处理方法可以分为两种:分布式信息收集和_____。

4. 误用检测技术是按照已知模式的可靠检测。_____模式搜寻时间数据,最适合于对内网。

5. 根据所使用通信协议的不同,端口扫描技术分为 TCP 端口扫描技术和_____端口扫描技术。

6. IDMEF 的中文全称为_____。

7. 物理安全在整个计算机网络安全中占有重要地位,主要包括:机房环境安全、通信线路安全和_____。

8. 防火墙一般位于_____和外部网络之间。

9. 代理防火墙工作在_____层。

10. 目前综合布线工程中,常用的测试标准为 ANSI/EIA/TIA 制定的_____标准。

二、选择题

1. DNS 客户机不包括所需程序的是(　　)。

A. 将一个主机名翻译成 IP 地址　　　B. 将 IP 地址翻译成主机名

C. 获得有关主机其他的公布信息　　　D. 接收邮件

2. 下列措施中不能增强 DNS 安全的是(　　)。

A. 使用最新的 BIND 工具　　　B. 双反向查找

C. 更改 DNS 的端口号　　　D. 不要让 HINFO 记录被外界看到

3. 不属于黑客被动攻击的是(　　)。

A. 缓冲区溢出　　　B. 运行恶意软件

C. 浏览恶意代码网页　　　D. 打开病毒附件

4. 向有限的空间输入超长的字符串是(　　)攻击手段。

A. 缓冲区溢出　　B. 网络监听　　C. 端口扫描　　　D. IP 欺骗

5. 若漏洞威胁描述为"低影响度,中等严重度",则该漏洞威胁等级为(　　)。

A. 1 级　　　B. 2 级　　　C. 3 级　　　D. 4 级

6. 下面关于信息型漏洞探测技术特点的说法中,正确的是(　　)。

A. 不会对探测目标产生破坏性影响

B. 不能应用于各类计算机网络安全漏洞扫描软件

C. 对所有漏洞存在与否可以给出确定性结论

D. 是一种直接探测技术

7. 打电话请求密码属于(　　)攻击方式。

A. 木马　　　B. 社会工程学　　　C. 电话系统漏洞　　D. 拒绝服务

8. (　　)是网络通信中标志通信各方身份信息的一系列数据,提供一种在 Internet 上验证身份的方式。

A. 数字认证　　B. 数字证书　　C. 电子证书　　　D. 电子认证

9. 数字签名功能不包括(　　)。

A. 防止发送方的抵赖行为　　　　　　B. 接收方身份确认

C. 发送方身份确认　　　　　　　　　D. 保证数据的完整性

10. 由于系统软件和应用软件的配置有误而产生的安全漏洞,属于(　　　)。

A. 意外情况处置错误　　　　　　　　B. 设计错误

C. 配置错误　　　　　　　　　　　　D. 环境错误

三、简答题

1. 基于数据源所处的位置,入侵检测系统可以分为哪 5 类?

2. 什么是计算机网络安全漏洞?

3. 入侵检测技术的原理是什么?

4. 描述对单机计算机病毒的防范方法。

5. 简述恶意代码的主要防范措施。

项目五 安全防护与入侵检测

安全是网络界一个永恒的话题,随着 Internet 的普及,网络的安全问题越来越突出。网络安全的一种预防性方法是在入侵发生前将它检测出来,或者在入侵已经渗透到网络之中时,需要有一个计划能够防止它对网络产生破坏。在这种情况下,入侵检测技术便应运而生。入侵检测技术是为保证计算机系统和计算机网络系统的安全而设计与配置的一种能够及时发现并报告系统中未授权或异常现象的技术。它就像是防火墙的第二道安全闸门,在不影响网络性能的情况下对网络进行监测,对可能受内部攻击、外部攻击和误操作的网络提供实时保护。

任务一 典型安全防护措施

 【技能要点】

1. 学习防火墙、入侵检测、数据加密、一次性口令身份证认证技术的概念;

2. 掌握防火墙操作;

3. 掌握入侵检测操作;

4. 会对数据进行加密。

 【任务背景】

随着互联网的不断发展,很多中小企业网络瘫痪,信息交流完全中断;计算机无法使用,成为一堆高科技的废铁;日常办公回到手工时代,严重的甚至正常运作被迫中止……那么,如何解决以上问题呢?

小王想,如果能从互联网入口处来对网络进行监控,御敌于内网之外,岂不更好!

于是他就请教赵主任,赵主任带领小王参观了网络信息中心,小王看到了好多先进的设备,大开眼界!于是赵主任就防火墙、入侵检测系统技术等概念进行了进一步的阐述。

【任务分析】

网络安全防护是一种网络安全技术,致力于解决诸如如何有效进行介入控制,以及如何保证数据传输的安全性等问题,分为被动检测与主动防御。

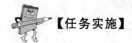

【任务实施】

步骤一 防火墙技术

随着互联网应用领域迅速扩大,应用人员不断增多,安全问题也日益突出。特别是越来越多的内部网与互联网互联,更为非法侵入他人系统、窃取他人机密、破坏他人系统等恶性行为提供了可能,如果不采取必要的安全措施,后果将不堪设想。为此人们研发了许多安全技术和设备,防火墙技术就是近年来提出并推广的一项网络安全技术。

1. 防火墙基本知识

(1) 防火墙定义

防火墙指的是一个由软件和硬件设备组合而成、在内部网和外部网之间、专用网与公共网之间的界面上构造的保护屏障。这是一种获取安全性方法的形象说法。它是一种计算机硬件和软件的结合,在 Internet 与 Intranet 之间建立起一个安全网关(Security Gateway),从而保护内部网免受非法用户的侵入,防火墙主要由服务访问规则、验证工具、包过滤和应用网关 4 个部分组成,防火墙就是一个位于计算机和它所连接的网络之间的软件或硬件。该计算机流入流出的所有网络通信和数据包均要经过此防火墙。

在网络中,所谓"防火墙",是指一种将内部网和公众访问网(如 Internet)分开的方法,它实际上是一种隔离技术。防火墙是在两个网络通信时执行的一种访问控制尺度,它能允许你"同意"的人和数据进入你的网络,同时将你"不同意"的人和数据拒之门外,最大限度地阻止网络中的黑客来访问你的网络。换句话说,如果不通过防火墙,公司内部的人就无法访问 Internet,Internet 上的人也无法和公司内部的人进行通信。如图 5-1 所示。

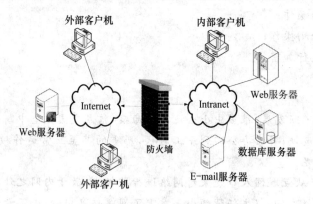

图 5-1 防火墙逻辑位置结构示意图

(2) 防火墙的作用

事实上,防火墙是不同网络之间信息的唯一出入口。从作用上看,防火墙可以是分离器、限制器,也可以是分析器,用来监控内部网络和外部网络等之间的任何活动。如果没有防火墙,内部网络中的每一台主机系统都会暴露在来自外部的网络攻击之下,网络的安全就无从谈起。防火墙作用如下。

① 网络安全的屏障

允许网络管理员定义一个中心"扼制点"来防止非法用户,如黑客、网络破坏者等进入内部网络。禁止存在安全脆弱性的服务进出网络,并抗击来自各种路线的攻击。因此,它极大地提高一个内部网络的安全性,并通过过滤不安全的服务而降低风险。因为只有经过精心选择的应用协议才能通过防火墙,所以网络环境变得更安全,子网中主机被攻击的风险也减少了。

② 简化了网络管理

防火墙对内部网络实现的是集中安全管理,将承担风险的范围从整个内部网络缩小到组成防火墙的一台或几台主机上,在结构上形成一个控制中心。通过这个中心的安全方案配置,将诸如身份认证、加密、审计等安全软件配置在防火墙上,以此将来自外部网络的非法攻击或未授权的用户挡在被保护的内部网络之外,加强了网络安全,简化了网络管理。

③ 对访问进行监控审计

在防火墙上可以很方便地监视网络的安全性,并产生报警。防火墙可以记录下所有通过它的访问。当发生可疑动作时,防火墙能进行适当的报警,并能提供网络是否受到监测和攻击的详细资料。另外,可以通过防火墙收集到网络的使用和误用情况,这点非常重要,因为这种收集可以清楚地知道防火墙是否能够抵挡攻击者的探测和攻击,并且可以清楚地了解防火墙的控制是否充足。

④ 防止内部信息的外泄

一个内部网络包含了许许多多的细节信息,这些信息中有些是很隐私的,有些是非常机密的,它们都可以引起外部攻击者的兴趣。使用防火墙可以屏蔽那些透露内部细节(如DNS 等)的服务。这样,外部攻击者就不会轻易了解主机上的所有用户的注册名、真名、最后登录时间、这个系统是否有用户正在连线上网、这个系统是否在被攻击时引起注意等,也不会知道这个系统主机的域名和 IP 地址。

(3)防火墙的分类

防火墙按照使用技术可以分为包过滤型防火墙和代理型防火墙,按照实现方式可以分为硬件防火墙和软件防火墙。硬件防火墙是指采用 ASIC 芯片设计实现的复杂指令专用系统。软件防火墙一般安装在隔离内外网的主机或服务器上。

包过滤型防火墙又可分为静态包过滤(Static Packet Filtering)和状态检测包过滤(Stateful Inspection)。代理型防火墙又可分为电路级网关(Circuit Level Gateway)和应用网关(Application Layer Gateway)。

从用户的角度看防火墙可以分为企业防火墙和个人防火墙两种。一般情况下,企业防火墙以硬件防火墙为主,辅以软件防火墙进行检测,个人防火墙属于软件防火墙。

2. 防火墙基本实现技术

防火墙的实现技术从层次上大体可以分为三种:包过滤技术、代理技术和状态监视技术。

(1)包过滤技术

包过滤技术是防火墙的第一代技术,也是一种最基本的实现技术。包过滤防火墙对收到的每一数据包进行检验,决定是否准许其通过,这种检验主要由包过滤路由器来完成。

① 包过滤技术工作原理

简单地说,包过滤是通过路由器来完成,路由器在完成路由选择和数据转发的同时进行包过滤。在 Internet 上,所有信息都是以包的形式传输的,数据包中包含发送方的 IP 地址和接收方的 IP 地址。包过滤防火墙技术是将所有通过的数据包中发送方 IP 地址、接受方 IP 地址、TCP/DUP 端口标识等信息读出,并按照预先设定的过滤准则对数据包进行过滤,只允许符合包过滤准则的数据包通过,工作原理如图 5-2 所示。

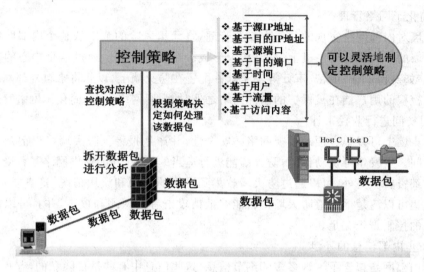

图 5-2　包过滤防火墙工作原理

包过滤是在网络层完成的,工作过程如下。

· 包过滤路由器对所接收的每个数据包作允许或拒绝的决定。它审查每个数据包以便确定其是否与某一条包过滤规则匹配。过滤规则基于可以提供给 IP 转发过程的包头信息。

· 包头信息中包括 IP 源地址、IP 目标端地址、内装协议(TCP、UDP、ICMP 或 IPTunnel)、TCP/UDP 目标端口、ICMP 消息类型、TCP 包头中的 ACK 位。

· 包的进接口和出接口如果有匹配规则允许该数据包,那么该数据包就会按照路由表中的信息被转发。如果匹配规则拒绝该数据包,那么该数据包就会被丢弃。如果没有匹配规则,用户配置的缺省参数会决定是转发还是丢弃数据包。

建立包过滤准则之后,防火墙在接收到一个数据包后,就根据所建立的准则,决定丢弃或者继续传送该数据包。这样就通过包过滤实现了防火墙的安全访问控制策略。

表 5-1 中列出了几种包过滤准则。

表 5-1　包过滤准则

规则	方向	行为操作	源 IP	目的 IP	源端口	目的端口	协议类型
A	出	允许	10.1.1.1	*	*	*	TCP
B	入	允许	*	10.1.1.1	20	*	TCP
C	入	禁止	*	10.1.1.1	20	<1024	TCP

第 1 条准则是：主机 10.1.1.1 任何端口访问任何主机的任何端口，基于 TCP 协议的数据包都允许通过；

第 2 条准则是：任何主机的 20 端口访问主机 10.1.1.1 的任何端口，基于 TCP 协议的数据包允许通过；

第 3 条准则是：任何主机的 20 端口访问主机 10.1.1.1 的小于 1024 端口，基于 TCP 协议的数据包都禁止通过。

② 包过滤防火墙的优点

由于该技术是工作在网络层和传输层，与应用层无关，因此应用包过滤技术的防火墙逻辑简单，价格便宜，易于安装，并且具有良好的网络安全保障功能；这种防火墙对用户来说是透明的，不需要用户客户机和主机上的程序，也不要求客户做特别的设置，合法用户在进出网络时，根本感觉不到它的存在，使用起来非常方便。更重要的是包过滤产品目前在市场上种类繁多，比较容易选用和得到，有些具有包过滤功能的软件还能从 Internet 上免费下载。

③ 包过滤防火墙的局限性

不能区分数据包的好坏，需要广泛的 TCP/IP 知识（维护比较困难）。另外，该防火墙需从建立安全策略和过滤准则集入手，需要花费大量的时间和人力，还要不断根据新情况更新过滤准则集。同时，准则集的复杂性又没有测试工具来检验其正确性，难免会出现漏洞，给攻击者以可乘之机。

另外，包过滤防火墙只按准则丢弃数据包而不作记录和报告，没有日志功能，没有审计性。包过滤防火墙最大的弱点是不能在用户级别上进行过滤，即不能识别不同的用户和防止 IP 地址的盗用。如果攻击者把自己主机的 IP 地址设成一个合法主机的 IP 地址，就可以很轻易地通过过滤器。这一弱点可以用代理服务技术来解决。

（2）代理服务技术

只有具有访问因特网能力的主机才可以作为那些无权访问因特网的主机的代理，这样使得一些不能访问因特网的主机通过代理服务也可以完成访问因特网的工作。代理服务是运行在防火墙主机上的专门的应用程序或者服务器程序。不允许通信直接经过外部网和内部网，将所有跨越防火墙的网络通信链路分为两段。防火墙内外计算机系统间应用层的"链接"，由两个代理服务器上的"链接"来实现。外部计算机的网络链路只能到达代理服务器，从而起到了隔离防火墙内外计算机系统的作用。如图 5-3 所示。

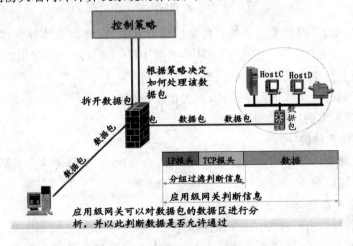

图 5-3 代理服务器工作原理

代理服务可分为应用级代理与电路级代理。应用级代理是已知代理服务向哪一种应用服务提供的代理,它在应用协议中理解并解释命令。应用级代理的优点在于它能解释应用协议从而获得更多的信息,缺点在于只适用于单一协议。电路级代理是在客户和服务器之间不解释应用协议即建立回路。电路级代理的优点在于它能对各种不同的协议提供服务,缺点在于它对因代理而发生的情况几乎不加控制。

(3) 状态检测技术

状态检测原理:对于新建立的应用连接,状态检测型防火墙先检查预先设置的安全规则,允许符合规则的连接通过,并记录下该连接的相关信息,生成状态表。对该连接的后续数据包,只要是符合状态表,就可以通过。监测引擎是一个在防火墙上执行网络安全策略的软件模块。监测引擎采用抽取有关数据的方法对网络通信的各层(网络层之上)实施监测,抽取状态信息,并动态地保存起来作为以后执行安全策略的参考。当用户访问请求到达防火墙时,监测引擎要抽取有关数据进行分析,结合网络配置和安全规定做出接纳、拒绝、报警等处理动作。如图 5-4 所示。

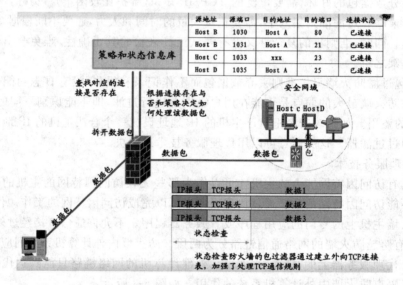

图 5-4　状态检测防火墙工作原理

状态检测的优点:提供了完整的对传输层的控制能力;使防火墙性能得到较大的提高,特别是大流量的处理能力;而且,它根据从所有应用层中提取的与状态相关的信息来做出安全决策,使得安全性也得到进一步的提高。

状态检测的缺点:会降低网络速度,配置比较复杂。

以上三种防火墙的比较如图 5-5 所示。

3. 防火墙体系结构

目前,防火墙的体系结构一般有以下几种:屏蔽路由器、双重宿主主机结构,被屏蔽主机结构,被屏蔽子网结构。

(1) 屏蔽路由器(ScreeningRouter)

屏蔽路由器可以由厂家专门生产的路由器实现,也可以用主机来实现。屏蔽路由器作为内外连接的唯一通道,要求所有的报文都必须在此通过检查。路由器上可以安装基于 IP

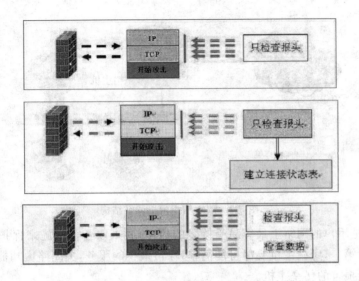

图 5-5　三种防火墙的比较

层的报文过滤软件,实现报文过滤功能。单纯由屏蔽路由器构成的防火墙的危险包括来自路由器本身及路由器允许访问的主机。屏蔽路由器的缺点是一旦被攻,隐藏后很难发现,而且不能识别不同的用户。屏蔽路由器体系结构如图 5-6 所示。

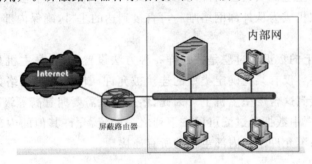

图 5-6　屏蔽路由器结构

（2）双重宿主主机结构

双重宿主主机体系结构是围绕双重宿主主机构筑的。双重宿主主机至少有两个网络接口,它位于内部网络和外部网络之间,这样的主机可以充当与这些接口相连的网络之间的路由器,它能从一个网络接收 IP 数据包并将之发往另一网络。在这种结构下,外部网络与内部网络之间不能直接通信,它们之间的通信必须经过双重宿主主机的过滤和控制。

这种结构一般用一台装有两块网卡的堡垒主机作为防火墙。两块网卡各自与内部网络和外部网络相连。堡垒主机上运行了防火墙软件,可以转发应用程序、提供服务等。如图 5-7所示。

双宿主机防火墙优于屏蔽路由器之处是:堡垒主机的系统软件可用于维护系统日志,这对于日后的安全检查很有用。但这并不能帮助网络管理者确认内网中哪些主机可能已被黑客入侵。

双宿主机防火墙的一个致命弱点是:一旦入侵者侵入堡垒主机并使其具有路由功能,则任何外网用户均可以随便访问内网。

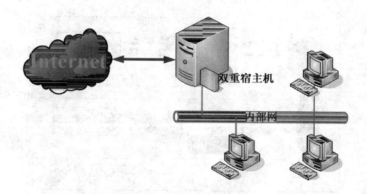

图 5-7　双重宿主主机体系结构

堡垒主机是用户的网络上最容易受侵袭的机器,要采取各种措施来保护它。设计时有两条基本原则:第一,堡垒主机要尽可能简单,保留最少的服务,关闭路由功能;第二,随时做好准备,修复受损害的堡垒主机。

(3) 屏蔽主机结构

屏蔽主机结构(Screened Host Gateway),又称主机过滤结构。

屏蔽主机结构易于实现也很安全,因此应用广泛。例如,一个单独的屏蔽路由器连接外部网络,同时一个堡垒主机安装在内部网络上,如图 5-8 所示。通常在路由器上设立过滤规则,并使这个堡垒主机成为从外部网络唯一可直接到达的主机,确保内部网络不受未授权外部用户的攻击。

在屏蔽路由器上的数据包过滤是按这样一种方法设置的:堡垒主机是外网主机连接到内部网络的桥梁,并且仅有某些确定类型的连接被允许。任何外部网络如果要试图访问内部网络,必须先连接到这台堡垒主机上。因此,堡垒主机需要拥有高等级的安全。

在屏蔽的路由器中数据包过滤可以按下列之一配置:允许其他的内部主机为了某些服务与外网主机连接;不允许来自内部主机的所有连接。

图 5-8　屏蔽主机体系结构

用户可以针对不同的服务混合使用这些手段:某些服务可以被允许直接经由数据包过滤,而其他服务可以被允许仅间接地经过代理。这完全取决于用户实行的安全策略。

屏蔽主机结构的缺点主要是:如果侵袭者有办法侵入堡垒主机,而且在堡垒主机和其他内部主机之间没有任何安全保护措施的情况下,整个网络对侵袭者是开放的。

（4）屏蔽子网结构

屏蔽子网结构（Screened Subnet），也称为子网过滤结构。

屏蔽子网体系结构在本质上与屏蔽主机体系结构一样，但添加了额外的一层保护体系——周边网络。堡垒主机位于周边网络上，周边网络和内部网络被内部路由器分开。堡垒主机是用户网络上最容易受侵袭的机器，通过在周边网络上隔离堡垒主机，能减少堡垒主机被侵入的影响。周边网络是一个防护层，在其上可放置一些信息服务器，它们是牺牲主机，可能会受到攻击，因此又被称为非军事区（DMZ）。即使堡垒主机被入侵者控制，周边网络仍可消除对内部网的侦听。如图 5-9 所示。

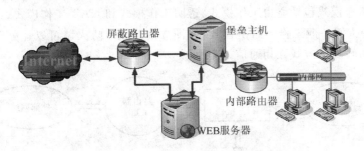

图 5-9　屏蔽子网体系结构

屏蔽子网结构由以下部分构成。

① 周边网络

周边网络是在外部网络与内部网络之间附加的网络。如果侵袭者成功地侵入用户防火墙的外层领域，周边网络在侵袭者与内部用户之间提供一个附加的保护层。

在许多网络拓扑结构（如以太网、令牌环和 FDDI）中，利用网络上的任何一台机器都可以查看这个网络上的通信。探听者可以通过查看那些在 Telnet、FTP 以及 Rlogin 会话期间使用过的口令，成功地探测出用户口令。即使口令没被攻破，探听者仍然能偷看敏感文件、电子邮件等。

② 堡垒主机

在屏蔽子网结构中，用户把堡垒主机连接到周边网，这台主机便是接受外部连接请求的主要入口。例如：对于进来的电子邮件（SMTP）会话，传送电子邮件到站点；对于进来的 FTP 连接，连接到站点的匿名 FTP 服务器。其出站服务（从内部的客户端到在因特网上的服务器）按如下任一方法处理：在外部和内部的路由器上设置数据包过滤来允许内部的客户端直接访问外部的服务器；设置代理服务器在堡垒主机上运行，允许内部的客户端通过代理服务器间接地访问外部的服务器，但是禁止内部的客户端与外部网络之间直接通信（即拨号入网方式）。

③ 内部路由器

内部路由器（也称为阻塞路由器）位于内部网络和周边网络之间，保护内部网络免受来自因特网和周边网的侵袭。

内部路由器为用户的防火墙执行大部分的数据包过滤工作，允许从内部网到因特网的有选择的出站服务。

内部路由器可以规定在堡垒主机和内部网之间的服务与在因特网和内部网之间的服务

有所不同。限制堡垒主机和内部网之间服务是为了减少来自堡垒主机的侵袭。

④ 外部路由器

外部路由器（也称为访问路由器）位于周边网络和因特网之间，保护周边网和内部网免受来自因特网的侵袭。包过滤规则在内部路由器和外部路由器上基本一样；如果在规则中有允许侵袭者访问的错误，错误就可能出现在两个路由器上。

外部路由器能有效阻止从因特网上伪造源地址进来的任何数据包，这是内部路由器无法完成的任务。

4. 防火墙工作模式

防火墙的工作模式包括路由工作模式、透明工作模式和 NAT 工作模式。

（1）传统防火墙一般工作于路由模式，如图 5-10 所示，防火墙可以让处于不同网段的计算机通过路由转发的方式互相通信。

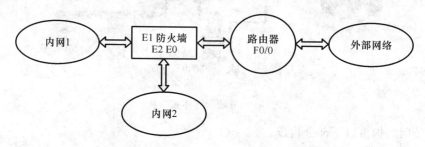

图 5-10　防火墙路由模式工作示意图

路由模式下的防火墙，存在两个局限。

第一，当防火墙的不同端口所接的局域网都位于同一个网段时，路由模式的防火墙无法完成这种方式的包转发。

第二，当网络中引入的防火墙工作在路由模式时，被保护网络原来的路由器应该修改路由表以便转发防火墙的 IP 报文。如果用户的网络非常复杂，就会给防火墙用户带来设置上的麻烦。

（2）工作于透明模式下的防火墙可以实现透明接入，如图 5-11 所示。工作于透明模式下的防火墙相当于二层交换机；防火墙的网口不设地址。

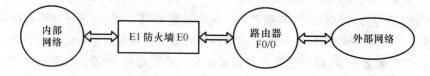

图 5-11　防火墙透明模式工作示意图

（3）工作于 NAT 模式的防火墙适用于内网中存在一般用户区域和 DMZ 区域，在 DMZ 区域中存在对外可以访问的服务器，同时该服务器具备经 InterNIC 注册过的 IP 地址。防火墙 NAT 模式工作如图 6-12 所示。

5. 防火墙的选购策略

（1）防火墙自身的安全性

防火墙自身的安全性主要体现在自身设计和管理两个方面。设计的安全性关键在于操

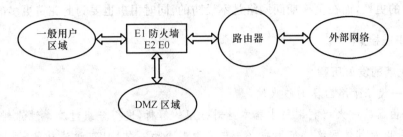

图 5-12　防火墙 NAT 模式工作示意图

作系统,只有自身具有完整信任关系的操作系统才可以谈论系统的安全性。而应用系统的安全是以操作系统的安全为基础的,同时防火墙自身的安全实现也直接影响整体系统的安全性。

（2）系统的稳定性

防火墙的稳定性可以通过以下几种方法判断。

• 从权威的测评认证机构获得。例如,你可以通过与其他产品相比,考察某种产品是否获得更多的国家权威机构的认证、推荐和入网证明(书),来间接了解其稳定性。

• 实际调查。这是最有效的办法,考察这种防火墙是否已经有了使用单位、其用户量如何,特别是用户们对于该防火墙的评价。

• 自己试用。在自己的网络上进行一段时间的试用(一个月左右)。

• 厂商开发研制的历史。一般来说,如果没有两年以上的开发经历,很难保证产品的稳定性。

（3）是否高效

高性能是防火墙的一个重要指标,它直接体现了防火墙的可用性。如果由于使用防火墙而带来了网络性能较大幅度的下降,这就意味着安全代价过高。

（4）是否可靠

可靠性对防火墙类访问控制设备来说尤为重要,它直接影响受控网络的可用性。所以要求设备本身部件具有强健性,这要求有较高的生产标准和设计冗余度。

（5）是否功能灵活

对通信行为的有效控制,要求防火墙设备有一系列不同级别,满足不同用户的各类安全控制需求的产品。

（6）是否配置方便

支持透明通信的防火墙,在安装时不需要对原网络配置做任何改动,所做的工作只相当于接一个网桥或 Hub。

（7）是否管理简便

对于防火墙类访问控制设备,不但要调整由于安全事件导致的安全控制注意,还要不断地的调整业务系统访问控制,这些都要求防火墙的管理在充分考虑安全需要的前提下,必须提供方便灵活的管理方式和方法,这通常体现为管理途径、管理工具和管理权限。

（8）是否可扩展、可升级

用户的网络不是一成不变的,和防病毒产品类似,防火墙也必须不断地进行升级,此时支持软件升级就很重要了。如果不支持软件升级的话,为了抵御新的攻击手段,用户就必须进行硬件上的更换,而在更换期间网络是不设防的,同时用户也要为此花费更多的钱。

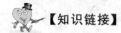 **【知识链接】**

1. 防火墙的发展历程

(1) 第一代基于路由器的防火墙

基于路由器的防火墙利用路由器本身对分组的解析,进行分组过滤。过滤判断依据为:地址、端口号以及其他网络特征。防火墙与路由器合为一体,只有过滤功能,适用于对安全要求不高的网络环境。

(2) 第二代防火墙工具组件

防火墙工具组件将过滤功能从路由器中独立出来,并加上审计和告警功能,针对用户需求,提供模块化的软件包,软件可以通过网络发送,用户可根据需要构造防火墙,与第一代相比,安全性提高了,价格降低了。

(3) 第三代基于通用操作系统的防火墙

基于通用操作系统的防火墙是批量上市的专用防火墙。包括分组过滤或者借用路由器的分组过滤功能。装有专用的代理系统,监控所有协议的数据和指令。保护用户编程空间和用户可配置内核参数的设置。安全性和速度大为提高。

(4) 第四代基于安全操作系统的防火墙

基于安全操作系统的防火墙,防火墙厂商具有操作系统的源代码,并可实现安全内核。去掉不必要的系统特性,加固内核,强化安全保护。在功能上包括了分组过滤、应用网关、电路级网关。增加了许多附加功能:加密、鉴别、审计、NAT 转换。透明性好,易于使用。

2. 防火墙发展趋势

随着新的网络攻击的出现,防火墙技术也有一些新的发展趋势。这主要可以从包过滤技术、防火墙体系结构和防火墙系统管理三方面来体现。

(1) 防火墙包过滤技术发展趋势

多级过滤技术。所谓多级过滤技术,是指防火墙采用多级过滤措施,并辅以鉴别手段。在分组过滤(网络层)一级,过滤掉所有的源路由分组和假冒的 IP 源地址;在传输层一级,遵循过滤规则,过滤掉所有禁止出或/和入的协议和有害数据包如 nuk 包、圣诞树包等;在应用网关(应用层)一级,能利用 FTP、SMTP 等各种网关,控制和监测 Internet 提供的所用通用服务。这是针对以上各种已有防火墙技术的不足而产生的一种综合型过滤技术,它可以弥补以上各种单独过滤技术的不足。

使防火墙具有病毒防护功能,现在通常被称之为"病毒防火墙",当然目前主要还是在个人防火墙中体现,因为它是纯软件形式,更容易实现。这种防火墙技术可以有效地防止病毒在网络中的传播,比等待攻击的发生更加积极。拥有病毒防护功能的防火墙可以大大减少公司的损失。

(2) 防火墙的体系结构发展趋势

随着网络应用的增加,对网络带宽提出了更高的要求。这意味着防火墙要能够以非常高的速率处理数据。另外,在以后几年里,多媒体应用将会越来越普遍,它要求数据穿过防火墙所带来的延迟要足够小。为了满足这种需要,一些防火墙制造商开发了基于 ASIC 的防火墙和基于网络处理器的防火墙。从执行速度的角度来看,基于网络处理器的防火墙也是基于软件的解决方案,它需要在很大程度上依赖于软件的性能,但是由于这类防火墙中有一些专门用于处理数据层面任务的引擎,从而减轻了CPU的负担,该类防火墙的性能要比传统防火墙的性能好许多。

(3)防火墙的系统管理发展趋势

防火墙的系统管理也有一些发展趋势,主要体现在以下几个方面。

集中式管理。分布式和分层的安全结构是将来的趋势。集中式管理可以降低管理成本,并保证在大型网络中安全策略的一致性。

强大的审计功能和自动日志分析功能。这两点的应用可以更早地发现潜在的威胁并预防攻击的发生。日志功能还可以使管理员有效地发现系统中存的安全漏洞,对及时地调整安全策略等各方面管理具有非常大的帮助。不过具有这种功能的防火墙通常是比较高级的,早期的静态包过滤防火墙是不具有的。

网络安全产品的系统化。通过建立一个以防火墙为核心的安全体系,就可以为内部网络系统部署多道安全防线,各种安全技术各司其职,从各方面防御外来入侵。如现在的IDS设备就能很好地与防火墙一起联合。一般情况下,为了确保系统的通信性能不受安全设备的太大影响,IDS设备不能像防火墙一样置于网络入口处,只能置于旁路位置。而在实际使用中,IDS的任务往往不仅在于检测,很多时候在IDS发现入侵行为以后,也需要IDS本身对入侵及时遏止。

目前主要有两种解决办法:一种是直接把IDS、病毒检测部分直接"做"到防火墙中,使防火墙具有IDS和病毒检测设备的功能;另一种是各个产品分立,通过某种通信方式形成一个整体,一旦发现安全事件,则立即通知防火墙,由防火墙完成过滤和报告。目前更看重后一种方案,因为它实现方式较前一种容易许多。

步骤二 入侵检测技术

当前广泛使用的网络安全产品多具有被动防御的弱点,对有大量异常网络流量的网络攻击先兆熟视无睹,错过了最佳的防御时机。入侵检测系统是变被动防御为主动防御的安全防护产品,它能对网络的运行状态进行实时监控,及时发现入侵征兆并进行具体的分析,及时干预、阻止攻击行为。

1. 入侵检测基本知识

(1)入侵检测的概念

入侵:是指对信息系统的未授权访问及(或)未经许可在信息系统中进行操作。这里,应该包括用户对于信息系统的误用。

入侵检测:是指对企图入侵、正在进行的入侵或已经发生的入侵进行识别的过程。它通过在计算机网络或计算机系统中的若干关键点收集信息并对收集到的信息进行分析,从而判断网络或系统中是否有违反安全策略的行为和被攻击的迹象。

入侵检测系统(Intrusion Detection System,IDS),是完成入侵检测功能的软件、硬件及其组合,是一种能够通过分析系统安全相关数据来检测入侵活动的系统。IDS是安全体系的一种防范措施,需要更多的智能。它是近十余年发展起来的一种监控、预防或抵御系统入侵行为的动态安全技术,是继防火墙之后的第二道安全闸门,不仅可以检测来自外部的攻击,同时也可以监控内部用户的非授权行为。

入侵检测系统的构成图,如图 5-13 所示。

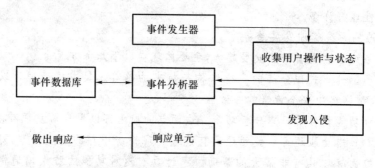

图 5-13　入侵检测系统示意图

（2）入侵检测系统的主要功能

入侵检测系统不但可使系统管理员时刻了解网络系统的变更,还能为网络安全策略的制定提供指南。入侵检测系统的功能应达到能根据网络威胁、系统构造和安全需求的改变而改变,在发现入侵时,及时做出响应,包括切断网络连接、记录事件和报警等,同时系统应易于管理、配置和升级。通常入侵检测系统的主要功能有:监测并分析用户和系统的活动;核查系统配置和漏洞;评估系统关键资源和数据文件的完整性;识别已知的攻击行为;统计分析异常行为;对操作系统进行日志管理,并识别违反安全策略的用户活动;针对已发现的攻击行为做出适当的反应,如告警、中止进程等。

（3）入侵检测系统的主要部件

入侵检测系统由四个主要部分组成,逻辑图如图 5-14 所示。

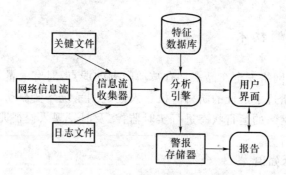

图 5-14　IDS 各个组成部分的逻辑图

信息流收集器:即信息获取子系统,用于收集来自网络和主机的事件信息,为检测分析提供原始数据。

分析引擎:即分析子系统,是入侵检测系统的核心部分,用于对获取的信息进行分析,从而判断出是否有入侵行为发生并检测出具体的攻击手段。

用户界面和事件报告:即响应控制子系统,这部分和人交互,在适当的时候发出警报,为用户提供与 IDS 交互和操作 IDS 的途径。

特征数据库:即数据库子系统,存储了一系列已知的可疑或者恶意行为的模式和定义。

（5）入侵检测性能关键参数

误报（false positive）：检测系统在检测时把系统的正常行为判为入侵行为的错误被称为误报；检测系统在检测过程中出现误报的概率称为系统的误报率。

漏报（false negative）：检测系统在检测时把某些入侵行为判为正常行为的错误现象称为漏报；检测系统在检测过程中出现漏报的概率称为系统的漏报率。

（6）入侵检测产品的选购原则

目前，入侵检测产品很多，在选购过程中要注意以下基本原则：

- 能检测的攻击数量为多少，是否支持升级，升级是否方便及时。
- 最大可处理流量是多少，是否能满足网络的需要，注意不要产生网络的"瓶颈"。
- 产品应该不易被攻击者躲避。
- 提供灵活的自定义策略，用户能自定义异常事件。
- 根据需要选择基于百兆网络、基于千兆网络或基于主机的系统。
- 多数产品存在误报和漏报，要注意产品的误报率和漏报率。
- 入侵检测系统本身的安全非常重要，必须有自我保护机制，防止成为被攻击目标。
- 网络检测的负载不能影响正常的网络业务，必须能对数据进行实时分析。
- 系统易于管理和维护。
- 特征库升级与维护的费用。
- 产品要通过国家权威机构的评测。

由于用户的实际情况不同，因此用户需根据自己的安全需要综合考虑。

2. 入侵检测原理

入侵检测的任务就是要在提取的数据中找到入侵痕迹，最简单的方法是将提取数据与入侵检测规则比较，从而发现异常行为。由于入侵行为的变化繁多导致入侵规则复杂化，不合理地制定入侵判断规则，不但影响检测系统的检测能力，也会影响系统性能。目前，常用的入侵检测分析方法有异常检测和误用检测。

（1）异常检测

任何的正常行为都有一定的规律，而入侵行为和滥用行为与正常的行为有严重的差异，检测网络行为差异可以发现非法的入侵行为和用户滥用行为。这种分析方法的基础是用户行为的规律性和规律性的数据描述，关键是数据分析模块对数据提取模块所提取的数据进行分析。现有的解决方法有统计学方法、预测模式生成法、神经网络方法和基于数据挖掘技术的方法，每种方法都存在一些技术问题，所以真正用于商业产品的不多。

异常检测模型（Anomaly Detection）：如图 5-15 所示，首先总结正常操作应该具有的特征（用户轮廓），当用户活动与正常行为有重大偏离时即被认为是入侵。

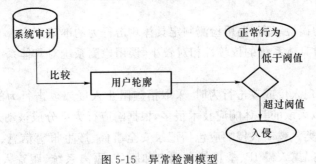

图 5-15　异常检测模型

异常检测的特点：

- 异常检测系统的效率取决于用户轮廓的完备性和监控的频率；
- 因为不需要对每种入侵行为进行定义，因此能有效检测未知的入侵；
- 系统能针对用户行为的改变进行自我调整和优化，但随着检测模型的逐步精确，异常检测会消耗更多的系统资源。

（2）误用检测

误用检测的前提是预先定义的入侵行为，系统中若出现符合定义规则的行为，便被视为入侵行为。使用某种模式或信号标志表示攻击，进而发现相同攻击的方法可以检测许多甚至全部已知的攻击行为，但是对于未知的攻击行为却无能为力。

误用信号标志需要对入侵行为的特征、环境、次序以及完成入侵的事件间的关系进行详细的描述，使误用信号标志不仅可以用于检测入侵行为，也可以用于发现入侵企图。误用检测需要解决的技术问题有：如何全面描述攻击行为的特征以及如何排除干扰行为。解决问题的不同方法衍生出多种基于误用的入侵检测系统类型，如专家系统、模式匹配（特征分析）、按键监视、模型推理、状态转换、Petric 网状态转换等。

误用检测模型（Misuse Detection）：如图 5-16 所示，收集非正常操作的行为特征，建立相关的特征库，当监测的用户或系统行为与库中的记录相匹配时，系统就认为这种行为是入侵。如果入侵特征与正常的用户行为匹配，则系统会发生误报；如果没有特征能与某种新的攻击行为匹配，则系统会发生漏报。采用特征匹配，误用模式能明显降低错报率，但漏报率随之增加。攻击特征的细微变化，会使得误用检测无能为力。

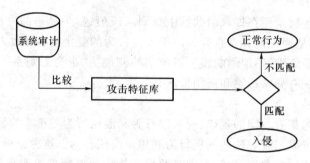

图 5-16　误用检测模型

由异常检测和误用检测的基本原理可以发现它们存在以下差异：

- 异常检测能发现一些未知的入侵行为，误用检测只能发现已知的入侵行为；
- 异常检测根据行为状况判断是否发生入侵，误用检测是通过具体行为判断入侵事件；
- 异常检测的误检率高，误用检测判定具体攻击行为的准确度高；
- 异常检测对具体系统的依赖性相对较小，误用检测系统对具体系统的依赖性强。

（3）入侵响应

入侵响应指发现入侵或攻击行为时，采取措施阻止入侵或攻击行为的继续危害。检测到入侵行为后，可以采取的具体响应技术很多，根据响应行为可分成被动入侵响应技术和主动入侵响应技术两类。被动入侵响应包括记录安全事件、产生报警信息、记录附加日志等，主动入侵响应包括隔离入侵 IP、禁止特定端口和服务、隔离系统、跟踪入侵者、断开危险链接、反攻击等。

入侵响应的重要原则就是在发现黑客行为后,采取一切可能的措施阻止黑客进一步的侵害行为,响应越及时,危害损失越小。

3. 入侵检测系统的分类

(1) 按照入侵检测系统的数据来源分类

① 基于主机的入侵检测系统

基于主机的入侵检测系统一般使用操作系统的审计跟踪日志作为输入,某些系统也会主动与主机系统进行交互以获得不存在于系统日志中的信息。其所收集的信息集中在系统调用和应用层审计上,试图从日志判断滥用和入侵事件的线索。

② 基于网络的入侵检测系统

基于网络的入侵检测系统通过在计算机网络中的某些点被动地监听网络上传输的原始流量,对获取的网络数据进行处理,从中提取有用的信息,再通过与已知攻击特征相匹配或与正常网络行为原型相比较来识别攻击事件。

采用上述两种数据来源的分布式的入侵检测系统能够同时分析来自主机系统的实际日志和来自网络的数据流。

(2) 按照入侵检测系统采用的检测方法分类

① 基于行为的入侵检测系统

基于行为的入侵检测指根据使用者的行为或资源使用状况来判断是否入侵,而不依赖于具体行为是否出现来检测。这种入侵检测基于统计方法,使用系统或用户的活动轮廓来检测入侵活动。审计系统实时检测用户对系统的使用情况,根据系统内部保存的用户行为概率统计模型进行检测,当发现有可疑的用户行为发生时,保持跟踪并检测、记录该用户的行为。系统要根据每个用户以前的历史行为,生成每个用户的历史行为记录库,当用户改变他们的行为习惯时,这种异常就会被检测出来。

② 基于模型推理的入侵检测系统

基于模型推理的入侵检测根据入侵者在进行入侵时所执行的某些行为程序的特征,建立一种入侵行为模型,根据这种行为模型所代表的入侵意图的行为特征来判断用户执行的操作是否属于入侵行为。当然这种方法也是建立在当前已知的入侵行为的基础之上的,对未知的入侵方法所执行的行为程序的模型识别需要进一步地学习和扩展。

③ 采用两者混合检测的入侵检测系统

以上两种方法每一种都不能保证能准确地检测出变化无穷的入侵行为。一种融合以上两种技术的检测方法应运而生,这种入侵检测技术不仅可以利用模型推理的方法针对用户的行为进行判断,而且同时运用了统计方法建立用户的行为统计模型监控用户的异常行为。

(3) 按照入侵检测的时间分类

实时入侵检测系统:实时入侵检测在网络连接过程中进行,系统根据用户的历史行为模型、存储在计算机中的专家知识以及神经网络模型对用户当前的操作进行判断,一旦发现入侵迹象立即断开入侵者与主机的连接,并收集证据和实施数据恢复。这个检测过程是自动的、不断循环进行的。

事后入侵检测系统:事后入侵检测由网络管理人员进行,他们具有网络安全的专业知识,根据计算机系统对用户操作所做的历史审计记录判断用户是否具有入侵行为,如果有就断开连接,并记录入侵证据和进行数据恢复。事后入侵检测是管理员定期或不定期进行的,不具有实时性,因此防御入侵的能力不如实时入侵检测系统。

4. 入侵检测系统的结构

入侵检测系统的结构大体上可分为两种模式:基于主机系统的结构和基于网络系统的结构。

(1) 基于主机的入侵检测系统(HIDS)

基于主机的入侵检测系统运行于被检测的主机之上,通过查询、监听当前系统的各种资源的使用运行状态,发现系统资源被非法使用和修改的事件,进行上报和处理。如图 5-17 所示。基于主机的入侵检测系统安装于被保护的主机中,主要分析主机内部活动,占用一定的系统资源。

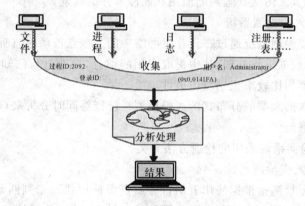

图 5-17 基于主机的入侵检测系统的示意图

HIDS 的优点:能更准确地确定入侵攻击是否成功;监视特定的系统活动;检测到 NIDS 无法检测的攻击;非常适用于加密和交换环境;不需要额外的硬件。

HIDS 的不足:实时性较差;占用主机资源;受到宿主操作系统的限制;升级、维护困难。

(2) 基于网络的入侵检测系统(NIDS)

基于网络的入侵检测系统通过在共享网段上对通信数据的侦听采集数据,分析可疑现象。这类系统不需要主机提供严格的审计,对主机资源消耗少,并可以提供对网络通用的保护而无须顾及异构主机的不同架构。NIDS 安装于被保护的网段(通常是共享网络)中,采用混杂模式监听,能分析网段中所有的数据包,实时检测和响应。如图 5-18 所示。

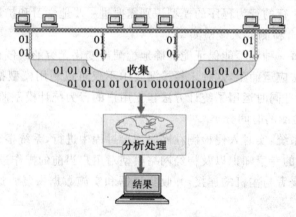

图 5-18 基于网络的入侵检测系统的示意图

NIDS 的优点：成本低、隐蔽性好、不影响被保护主机的性能、易维护；攻击者转移证据很困难；实时检测和应答；能够检测未成功的攻击企图；操作系统独立。

NIDS 的不足：不适合处理加密数据；防入侵欺骗的能力较差；不适应高速网络环境；非共享网络上如何采集数据亟待解决。

入侵检测作为一种积极的安全防护技术，提供了对内部攻击、外部攻击和误操作的实时保护，在网络系统受到危害之前拦截和响应入侵。从网络安全立体纵深、多层次防御的角度出发，入侵检测系统理应受到人们的高度重视，这从国外入侵检测产品市场的蓬勃发展就可以看出。在国内，随着上网的关键部门、关键业务越来越多，迫切需要具有自主版权的入侵检测产品。但现状是入侵检测仅仅停留在研究和实验样品（缺乏升级和服务）阶段，或者是防火墙中集成较为初级的入侵检测模块。可见，入侵检测产品仍具有较大的发展空间；从技术途径来讲，除了完善常规的、传统的技术（模式识别和完整性检测）外，应重点加强统计分析的相关技术研究。

目前，国际顶尖的入侵检测系统 IDS 主要以模式发现技术为主，并结合异常发现技术。IDS 从实现方式上一般分为两种：基于主机的 IDS 和基于网络的 IDS。一个完备的入侵检测系统 IDS 一定是基于主机和基于网络两种方式兼备的分布系统。另外，能够识别的入侵手段数量的多少，最新入侵手段的更新是否及时也是评价入侵检测系统性能的关键指标。

 【知识链接】入侵防护技术 IPS

入侵防护技术是 Network Ice 公司在 2000 年首次提出的，并于同年的 9 月 18 日推出了 BlackICE Guard。这是一个串行部署的 IDS，直接实时分析网络数据并对恶意数据进行丢弃处理，对那些被明确判断为攻击的行为，以及对网络、数据造成危害的恶意行为进行检测和防护，从而降低或是减免使用者对异常状况的处理资源开销。

入侵防护系统应该有以下两个未来发展方向。

1. 更加广泛的精确阻断范围：扩大可以精确阻断的事件类型，尤其是针对变种以及无法通过特征来定义的攻击行为的防御。

2. 适应各种组网模式：在确保精确阻断的情况下，适应电信级骨干网络的防御需求。

 任务小结

通过学习，小王了解到防火墙、入侵检测系统在网络安全方面的应用。发现防火墙应具备控制不安全服务、控制访问站点、集中式安全保护等功能，防火墙还能提供一对一及多对一的地址转换，可保护及隐藏内部网络资源并减少由于架设网络防火墙所引起的 IP 地址变动，方便网络管理，并可以解决 IP 地址不足的问题。

 任务练习

练习 1　推荐一款 IDS

1. 假定你正在一家拥有中等规模安全预算的小型机构工作。

2. 选择一款你会为这家机构推荐的 IDS 方案。

3. 以便函形式写下你的推荐，包括你的理由，就好像要把它们提交给 CIO 或其他决策者那样。

任务二　安全防范操作

【技能要点】

1. 能够对小型办公/家庭办公网络防火墙进行基本配置；
2. 掌握路由器充当防火墙的基本配置；
3. 能够掌握入侵检测技术。

【任务背景】

　　小王平时喜欢下载一些音乐和电影，但有时小王却发现使用 BT 下载的速度很慢；小王在平时上网时会发现冲击波和冰河木马这些常见病毒；有时还发现了 Web 和 FTP 服务器不能正常使用。小王想知道怎样对入侵检测系统进行数据分析；还想知道怎样对数据进行加密。针对这些问题小王找到了网络中心的赵主任，赵主任针对这些问题给小王讲解了天网防火墙的操作、入侵检测的操作以及如何对数据进行加密处理。

【任务分析】

　　在上一任务中讨论了网络安全防御技术、防火墙技术以及入侵检测技术，本任务将对防火墙和入侵检测在实际环境中的应用进行介绍。

【任务实施】

步骤一　小型办公/家庭办公网络防火墙的基本配置

1. PIX 防火墙的概述

　　PIX 防火墙是 Cisco 端到端安全解决方案中的一个关键组件，它是基于专用的硬件和软件的安全解决方案，在不影响网络性能的情况下，提供了高级安全保障。PIX 防火墙使用了包括数据包过滤、代理过滤以及状态检测包过滤在内的混合技术，同时它也提高了应用代理的功能，因此它被认为是一种混合系统。PIX 防火墙有内部接口和外部接口之分，内部接口连接专用网络，外部接口通常与公共网络连接，通过防火墙的设置可以保护内部网络不受外部网络的影响。

　　PIX 防火墙保护机制的核心是能够提供面向静态连接防火墙功能的自适应性安全算法（ASA）。同时采取安全级别方式，来表明一个接口相对另一个接口是可信（较高的安全级别）还是不可信（较低的安全级别）。安全级别的基本规则是：具有较高安全级别的接口可以访问具有较低安全级别的接口。反过来，在没有设置管道（conduit）和访问控制列表（ACL）的情况下，具有较低安全级别的接口不能访问具有较高安全级别的接口。

2. PIX 防火墙系列产品介绍

Cisco PIX 防火墙 500 系列产品能满足比较广泛的需求和不同大小的网络规模目前包括如下 5 种型号。

- PIX 506 防火墙——它是为远程办公和小型办公室/家庭办公而设计。
- PIX 515 防火墙——它是为小型办公室和远程办公而设计。
- PIX 520 防火墙——它是为中小型企业和远程办公而设计。
- PIX 525 防火墙——适用于企业和服务提供商。
- PIX 535 防火墙——它是 500 系列中最强大的产品,为企业级和服务提供商用户而设计。

PIX 防火墙 500 系列产品的规格如表 5-2 所示。

表 5-2 PIX 防火墙 500 系列产品

PLX 防火墙产品	PLX 506	PLX 515	PLX 520	PLX 525	PLX 535
尺寸(机架单元)	桌面	1RU	3RU	2RU	3RU
处理器(MHz)	200	200	350	600	1 000
RAM(MB)	32	32/64	64/128	128 256	512/1 000
FLASH(MB)	8	16	16	16	16
最多接口数量	2	6	6	8	10
故障倒换	不支持	支持	支持	支持	支持
最大连接数	400	125 000	250 000	280 000	500 000
吞吐量(Mbit/s)	10	100	120	370	100

3. PIX 防火墙的管理访问模式

PIX 防火墙支持基于 Cisco IOS 的命令集,但在语法上不完全相同。当使用某一特定命令时,必须处于适当的模式,PIX 提供了 4 种管理访问模式。

(1) 非特权模式(Unprivilege mode),此模式是一种非特权的访问方式,不能对配置进行修改,只能查看防火墙有限的当前配置。

(2) 特权模式(Privilege mode),此模式下可以改变当前的设置,还可以使用各种在非特权模式下不能使用的命令。

(3) 配置模式(Configuration mode),此模式下可以改变系统的配置,所有的特权、非特权和配置命令在此模式下都能使用。

(4) 监控模式(Monitor mode),此模式下可以通过网络更新系统映像,通过输入命令,指定简易文件传输协议(TFTP)服务器的位置,并下载二进制映像。

4. Cisco PIX 防火墙的配置

(1) 网络设备环境:PIX 525 防火墙内部网络为:192.168.1.0,255.255.255.0。外部网络为:222.20.16.0,255.255.255.0。

(2) 配置内容:硬件连接;建立用户和修改密码;激活以太网端口;命名安全端口与级别;配置以太网端口 IP 地址;配置 Telnet;配置访问列表;地址转换(NAT)和端口转换(PAT);配置 DHCP Server;静态端口重定向(Port Redirection with Statics)。

（3）获得最新 PIX 软件

从 Cisco 公司的网站或 FTP 上，可以获得 PIX 的最新软件，主要包括如下内容：

• pix44n. exe——PIX 防火墙的软件映像文件。

• pfss44n. exe——PIX Firewall Syslog Server 服务器软件，能够提供一个 Windows NT 服务，用来记录 PIX 的运行日志。

• pfm432b. exe——图形化的 PIX 管理软件。

• rawrite. exe——用于生成 PIX 的启动软盘。

（4）硬件连接

用配置线把计算机的 COM 端口和 PIX 525 的 Console 端口连接，如图 5-19 所示，然后打开电源。

防火墙Console端口

图 5-19　防火墙连接示意图

（5）初始化设置

运行 HyperTerminal 程序，从 Console 端口进入 PIX 系统。采用 Windows 系统附带的"超级终端"软件进行配置，通信参数设置为默认。

初次使用有一个初始化过程，主要设置 date（日期）、time（时间）、hostname（主机名称）、inside IP address（内部网卡 IP 地址）、domain（主域）等，如果以上设置正确，就能保存以上设置，也就建立了一个初始化设置了。此时系统提示 PIXFIREWALL＞。

（6）激活以太网端口

必须用 enable 进入，然后进入 configure 模式。

PIX525＞enable（进入特权模式）

Password:（默认为空）

PIX525♯config t（进入配置模式）

PIX525(config)♯interface ethernet0 auto

PIX525(config)♯interface ethernet1 auto

在默认情况下 ethernet0 属外部网卡 outside，ethernet1 属内部网卡 inside，inside 在初始化配置成功的情况下已经被激活生效了，但是 outside 必须用命令配置激活。

（7）命名端口与安全级别

采用命令 nameif 可命名端口。

PIX525(config)♯nameif ethernet0 outside security0

PIX525(config)♯nameif ethernet0 outside security100

security0 是外部端口 outside 的安全级别（0 为安全级别最高），security100 是内部端口 inside 的安全级别。如果中间还有以太网端口，则以 security10、security20 等命名，多个网卡组成多个网络，一般情况下增加一个以太网端口作为 DMZ（Demilitarized Zones）。

（8）配置以太网端口 IP 地址

采用命令为：ip address。如内部网络为：192.168.1.0,255.255.255.0；外部网络为：222.20.16.0,255.255.255.0。配置如下：

```
PIX525(config)# ip address inside 192.168.1.1 255.255.255.0
PIX525(config)# ip address outside 222.20.16.1 255.255.255.0
```

（9）配置远程访问 Telnet

在默认情况下，PIX 的以太网端口是不允许 Telnet 的，这一点与路由器有区别。inside 端口可以进行 Telnet 时就能用了，但 outside 端口还跟一些安全配置有关。

```
PIX525(config)# telnet 192.168.1.1   255.255.255.0   inside
PIX525(config)# telnet 222.20.16.1   255.255.255.0   outside
```

测试 Telnet。进入命令行模式，在 DOS 提示符下输入：

```
telnet 192.168.1.1
PIX passwd:
```

输入密码：cisco。

（10）访问列表

访问列表（access-list）是 Firewall 的主要部分，有 permit 和 deny 两个功能，网络协议一般有 IP、TCP、UDP、ICMP 等，如只允许访问主机 222.20.16.254 的 www（端口为 80），命令如下：

```
PIX525(config)# access-list 100 permit ip any host 222.20.16.254 eq www
PIX525(config)# access-list 100 deny ip any any
PIX525(config)# access-group 100 in interface outside
```

（11）地址转换（NAT）和端口转换（PAT）

NAT 操作：进行 NAT 操作时，首先必须定义 IP Pool，提供给内部 IP 地址转换的地址段，接着定义内部网段。

```
PIX525(config)# global (outside) 1 222.20.16.100-222.20.16.200 netmask 255.255.255.0
PIX525(config)# nat (outside) 1 192.168.0.0   255.255.255.0
```

如果是内部全部地址都可以转换出去，则：

```
PIX525(config)# nat (outside) 1 0.0.0.0   0.0.0.0
```

nat 命令配置语法如下：

nat (if_name) nat_id local_ip [netmark]

其中，if_name 表示内网接口名字，例如 inside；nat_id 用来标识全局地址池，使它与其相应的 global 命令相匹配；local_ip 表示内网被分配的 ip 地址，例如 0.0.0.0 表示内网所有主机均可以对外访问；netmark 表示内网 ip 地址的子网掩码。

（12）DHCP Server

在内部网络，为了集中管理和充分利用有限的 IP 地址，都会启用动态主机分配 IP 地址服务器（DHCP Server），Cisco Firewall PIX 都具有这种功能。下面简单配置 DHCP Server，地址段为 192.168.1.100～192.168.168.1.200。

DNS：主 202.96.128.68，备 202.96.144.47；主域名称：abc.com.cn；DHCP Client 通过

PIX Firewall。则 DHCP Server 配置命令如下：

```
PIX525(config)# dhcpd address 192.168.1.100-192.168.1.200 inside
PIX525(config)# dhcp dns 202.96.128.68  202.96.144.47
PIX525(config)#dhcp domain abc.com.cn
```

（13）静态端口重定向

在 PIX 6.0 以上版本，增加了端口重定向（Port Redirection with Statics）的功能，允许外部用户通过一个特殊的 IP 地址或端口通过 Firewall PIX 传输到内部指定的内部服务器。通过使用这种功能，就可以发布内部 www、FTP、Mail 等服务器，因为这种方式并不是直接连接，而是通过端口重定向，所以使得内部服务器很安全。

端口重定向的命令格式为：

```
static [(internal_if_name,external_if_name)]
{global_ip|interface} local_ip
[netmask mask][max_cons[max_cons[emb_limit
[norandomseq]]]
static [(internal_if_name,external_if_name)]
{tcp|udp}{global_ip|interface} local_ip
[netmask mask][max_cons[max_cons[emb_limit
[norandomseq]]]
```

（14）显示与保存结果

使用命令 show config 显示配置情况；使用 write memory 保存结果。

步骤二　路由器充当防火墙的基本配置

对于大多数企业局域网来说，路由器已经成为正在使用中的最重要的安全设备之一。一般来说，大多数网络都有一个主要的接入点。这就是通常与专用防火墙一起使用的"边界路由器"。经过恰当的设置，边界路由器能够把几乎所有的最顽固的坏分子挡在网络之外。同时路由器还能够让好人进入网络。

下面我们将研究路由器充当防火墙的具体设置。

1. 网络环境

硬件环境：路由器 1 台、交换机 1 台、内网主机 3 台、外网主机 1 台、内网 Web 服务器 1 台。

IP 地址：内网地址为 192.168.1.0/24，外网地址为 214.1.1.1/29。

2. 配置要求

开启 Web 服务器的 HTTP 服务；内网主机能够访问外网；内网主机可以利用内网地址访问 Web 服务器；外网主机通过公网地址访问 Web 服务器；允许内网主机与外网主机进行 ICMP 通信。

3. 路由器设置

（1）软件安装

利用 packet tracer 来实现本配置的模拟。下载该软件后，双击其图标，打开软件安装向导,通过向导完成该模拟软件的安装,软件安装完毕后启动显示如图 5-20 所示的界面。

（2）绘制拓扑结构图。

注意:相同设备的连接使用交叉线,不同设备的连接使用直通线,连接 console 端口则使用反转线。绘制的拓扑结构图如图 5-21 所示。查看画好的拓扑结构图,如果连接显示都为绿色,表示物理连通了;如果出现红色的连接线,则表示线缆选择不对,或者是物理上没有连通。

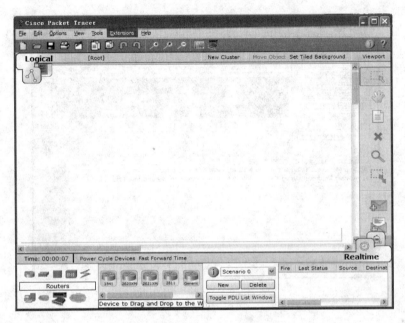

图 5-20　Cisco packer tracer 主界面

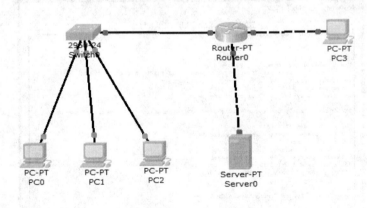

图 5-21　拓扑结构图

（3）设置各个设备

路由器:图中采用的都是以太网连接,这样以太网接口不够用,因此需要添加以太网接口,具体添加步骤如下。

步骤 1:打开配置端口。单击路由器,会弹出如图 5-22 所示的路由器 physical 选项卡。

步骤 2:按下电源开关,关闭电源。

步骤:3:移除 2 个串口。选择串口,鼠标按住不放,拖曳至快速以太网接口图标处,松开鼠标,就会看到出现了空插槽,说明移除成功。

步骤4:添加2个快速以太网接口。单机左侧的模块,选择 PT-ROUTER-NM-1CFE 模块,单机右下角的快速以太网接口,鼠标按住并拖曳至路由器的空插槽处,然后松开,这样就添加了2个快速以太网接口。

步骤5:配置各接口 IP 地址。单击 CLI 选项卡,采用命令方式配置各接口地址,如图5-23所示。

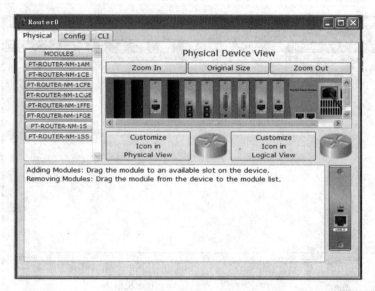

图 5-22　路由器的 physical 选项卡

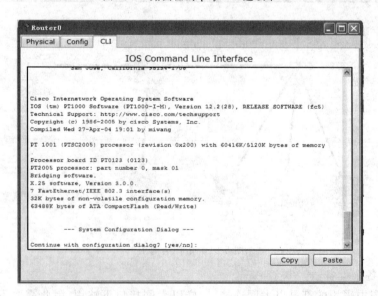

图 5-23　路由器 CLI 选项卡

或者选择 config 选项卡,如图5-24所示。单击左侧需要配置的接口,然后在右侧的 IP Address 和 Subnet Mask 文本框中输入相应的信息,选中右上角的 Port Status 为 ON 的复选框,设置完成。

Web 服务器：单击 Web 服务器，打开如图 5-25 所示的选项卡，开启 HTTP 服务。

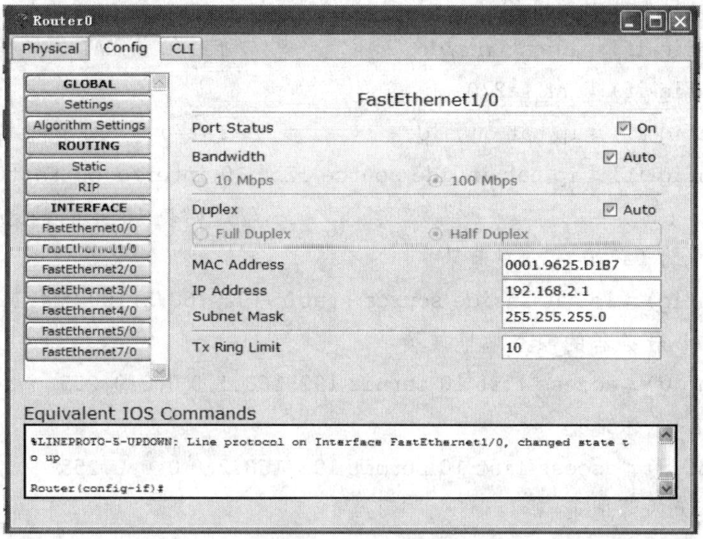

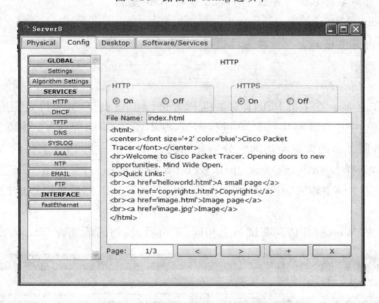

图 5-24 路由器 config 选项卡

图 5-25 Web 服务器 config 选项卡

主机：设置方法同以上设备。PC0、PC1、PC2 内部主机对应的 IP 地址设置为 192.168.1.20～192.168.1.22，子网掩码为 255.255.255.0，网关为 192.168.1.1。外网主机 PC3 的 IP 地址为 214.1.1.2，子网掩码为 255.255.255.248。

（4）设置 NAT 和 ACL。主要命令如下：

Router＃config t

Router(config)＃int fa0/0

Router(config)＃ip access-group 110 in   //符合 110 列表的规则数据包进入 fa0/0 时进行访问控制

Router(config)♯ip nat inside   // fa0/0 为 NAT 地址转换的内部接口

Router(config)♯int fa1/0

Router(config-if)♯ip nat inside   // fa1/0 为 NAT 地址转换的内部接口

Router(config-if)♯int fa2/0

Router(config-if)♯ip nat outside   // fa2/0 为 NAT 地址转换的内部接口

Router(config-if)♯ip nat inside source list 10 interface FastEthernet2/0 o-

overload   //对列表 10 定义的源地址进行动态

地址转换，都转化为 fa2/0 的公网地址

Router(config)♯ip nat inside source static 192.168.2.100 214.1.1.3

 //定义 Web 服务器的静态地址转换

Router(config)♯access-list 10 permit 192.168.1.0 0.0.0.255

 //定义 NAT 的源地址

Router(config)♯access-list 10 permit 192.168.2.0 0.0.0.255

 //定义 NAT 的源地址

Router(config)♯access-list 110 deny imcp host 192.168.1.21 host 214.1.1.2

 //禁止内部主机 PC1 与外部主机 PC3 进行 ICMP 通信

Router(config)♯access-list 110 permit ip any any

 //允许内部主机 PC1 以外的主机进行 IP 通信

Router♯

（5）测试。

测试 NAT 转换。在主机 PC0 上对主机 PC3 进行 ping 测试，如果设置正常则为连通状态。但反过来从主机 PC3 对主机 PC0 进行测试，则不能连通，因为 NAT 屏蔽了内部主机。

检查 Web 服务器的设置与访问。分别在主机 PC0 上和主机 PC3 上访问 Web 服务器，单击主机 PC0，选择 Desktop 选项卡，单击 Web Browser 图标，打开如图 5-26 所示的浏览器窗口，在 URL 文本框中输入访问地址 http://192.168.2.100，然后单击地址栏右侧的"Go"按钮。

主机 PC3 的 Web 服务访问测试与上相同，不再重复，访问地址为 http://200.1.1.3。

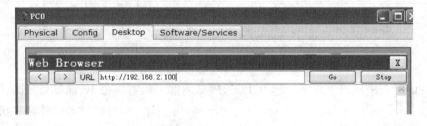

图 5-26 PC0 浏览器窗口

检查 ACL。分别在 PC1 和 PC2 上使用 ping 命令对 PC3 进行连通性测试。如果 PC1 与 PC3 无法连通，而 PC2 与 PC3 能够连通，则说明 ACL 设置正确。

步骤三 天网防火墙的基本配置

天网防火墙有正式版（收费的版本，服务好，功能强）和试用版（免费，用的人很多，IP 编辑高级功能受一些限制）之分，试用版的界面和操作基本都一样，使用试用版的可以参考类似的操作。

安装完后要重启计算机，重启后打开，天网防火墙就能起到作用了。在默认的中级状态下，它的作用就基本可以实现了。但有时它苛刻的 IP 规则也带来了很多不便。所以，如果没特殊要求就设置为默认，安全级别为中就可以。

1. 普通应用

首先介绍天网防火墙的一些简单设置，图 5-27 是系统设置界面。

IP 规则设置界面如图 5-28 所示，一般默认就可以了，其实在未经过修改的自定义 IP 规则是与默认中级的规则一样的。但如果想新建新的 IP 规则也是可以的，这里是默认情况就不多说了。

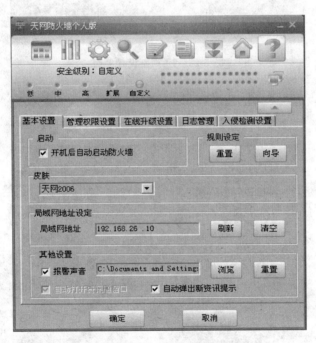

图 5-27 系统设置界面

日志界面如图 5-29 所示，上面记录了本地程序访问网络的记录，局域网和网上 IP 扫描本机端口的情况，供参考以便采取相应对策。

以上是天网在默认下的一些情况，只要用户没特殊要求，如开放某些端口或屏蔽某些端口，或进行某些 IP 操作等，默认下就能起到防火墙的强大作用。但是防火墙的苛刻要求给某些程序的使用带来麻烦。以下就介绍开放某些端口的设置方法，读者可以依此类推，完成想要的相关操作。

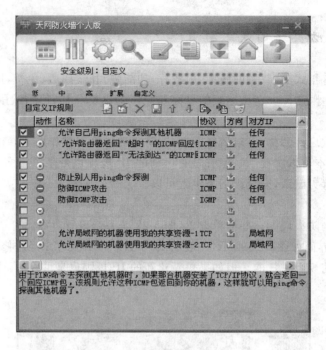

图 5-28　IP 规则设置界面

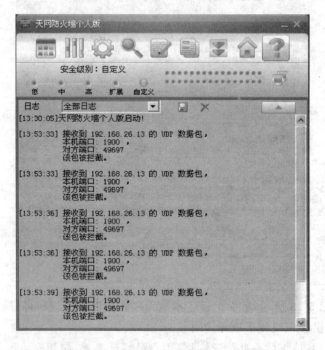

图 5-29　日志界面

2. 防火墙开放端口应用

　　如果想开放端口就得创建新的 IP 规则,所以在讲开放端口前,先来讲一下怎样建立新的 IP 规则。在自定义 IP 规则里单击增加规则,然后就会出现如图 5-30 所示界面。

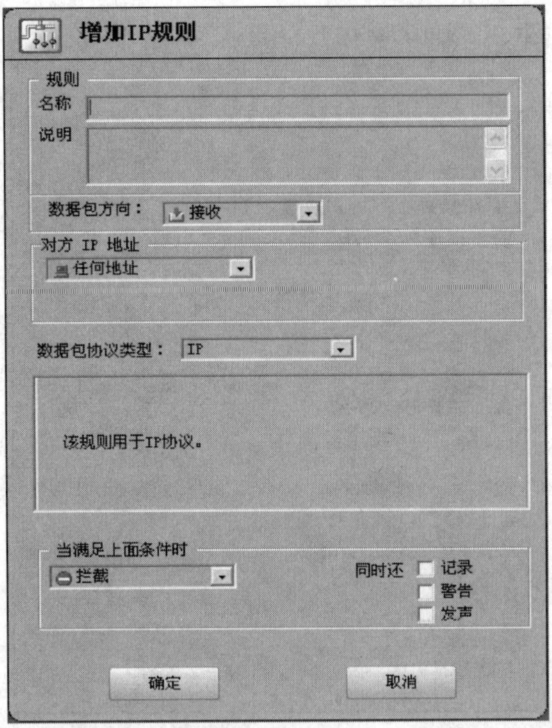

图 5-30　增加 IP 规则

图 5-30 包括了四个部分,第一部分就是新建 IP 规则的说明部分,可以取有代表性的名字,如"打开 BT6881-6889 端口",说明详细点也可以。还有数据包方向的选择,分为接收、发送、接收和发送三种,可以根据具体情况决定;第二部分就是对方 IP 地址,分为任何地址、局域网内地址、指定地址、指定网络地址四种;第三部分是 IP 规则使用的各种协议,有 IP、TCP、UDP、ICMP、IGMP 五种协议,可以根据具体情况选用并设置,如开放 IP 地址的是 IP 协议,QQ 使用的是 UDP 协议等;第四部分比较关键,就是决定你设置上面规则是允许还是拒绝,在满足条件时是通行还是拦截还是继续下一规则,要不要记录,这完全看用户如何设置了。

如果设置好了 IP 规则就单击"确定"后保存并把规则上移到该协议组的置顶,这就完成了新的 IP 规则的建立,并立即使其发挥作用。

3. 打开端口实例

新 IP 规则建立后,举例说明。流行的 BT 使用的端口为 6881～6889 端口这 9 个端口,而防火墙的默认设置是不允许访问这些端口的,它只允许 BT 软件访问网络,所以有时在一定程度上影响了 BT 下载速度。当然关闭防火墙就没什么影响了,但机器就不安全了。下面以打开 6881～6889 端口来举例说明。

建立一个新的 IP 规则后,由于 BT 使用的是 TCP 协议,所以就按图 5-31 设置就可以了,单击"确定"完成新规则的建立,命名为 BT。

设置新规则后,把规则上移到该协议组的置顶,并保存。然后可以进行在线端口测试是否 BT 的连接端口已经开放的。

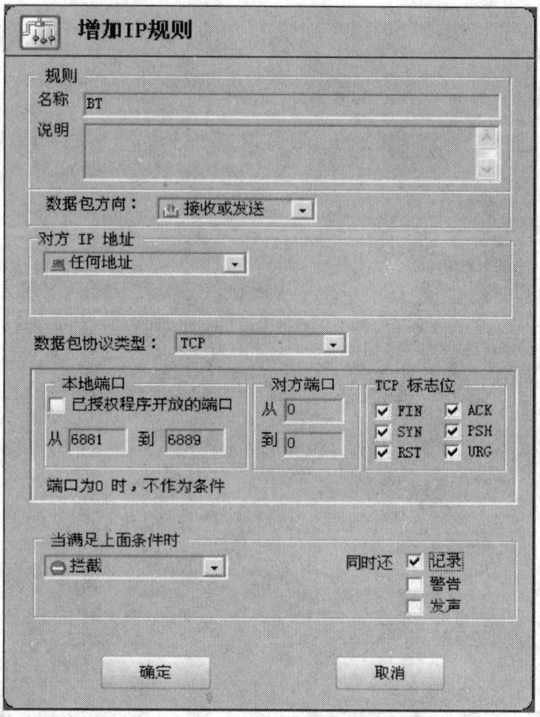

图 5-31　打开 6881~6889 端口

4. 应用自定义规则防止常见病毒

上面介绍的是开放端口的应用,大体上都能类推,如其他程序要用到某些端口,而防火墙没有开放这些端口时,就可以自己设置,相信大家能完成。下面是一些封端口实例,能让某些病毒无法入侵。

(1) 防范冲击波

冲击波病毒大家都很熟悉了,它是利用 WINDOWS 系统的 RPC 服务漏洞以及开放的69、135、139、445、4444 端口入侵。防范措施,就是封住以上端口。首先在 IP 规则设置界面里找到"禁止互联网上的机器使用我的共享资源"这项打钩,就禁止了 135 和 139 两个端口,如图 5-32 所示为禁止 4444 端口,如图 5-33 所示为禁止 445 端口,如图 5-34 所示为禁止69 端口。建立完后保存就可以看到效果了。

(2) 防范冰河木马

冰河也是一款破坏性比较大的病毒,它使用的是 UDP 协议,默认端口为 7626,设置如图 5-35 所示。如果掌握一些病毒的攻击特性及其使用的端口就可以参照上面的方法进行设置,这样可以很大程度地提高防范病毒和木马的能力。

5. 打开 Web 和 FTP 服务器

有不少用户都使用 FTP 服务器和 Web 服务器,防火墙不仅限制本机访问外部的服务器,也限制外部计算机访问本机服务器。为了使 Web 和 FTP 服务器能正常使用就得设置防火墙,首先在 IP 规则设置界面把"禁止所有人连接"前的钩去掉。图 5-36 和图 5-37 分别是 Web 和 FTP 的 IP 规则,供大家参考。

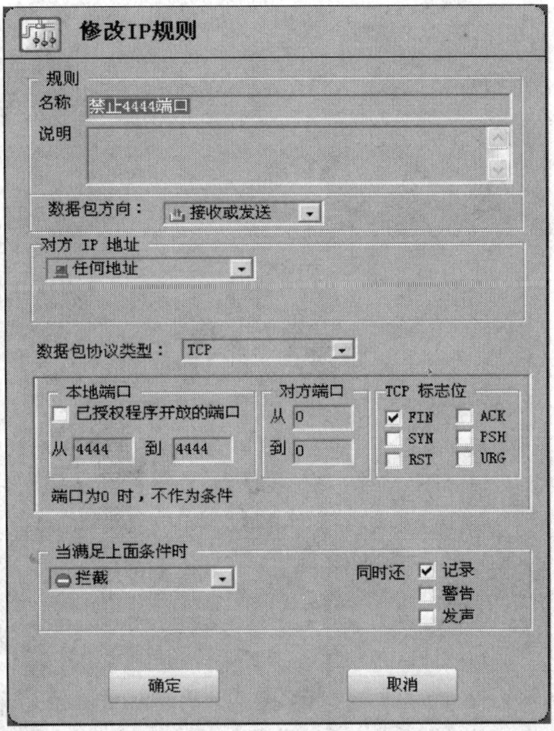

图 5-32 禁止 4444 端口

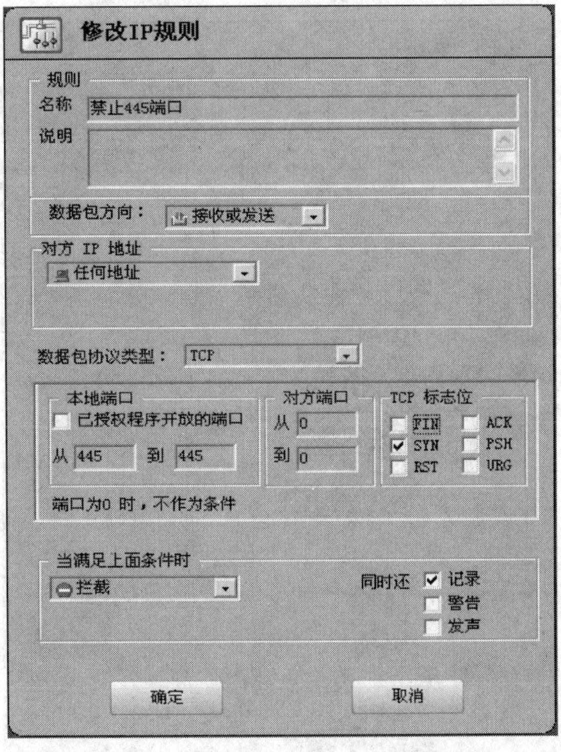

图 5-33 禁止 445 端口

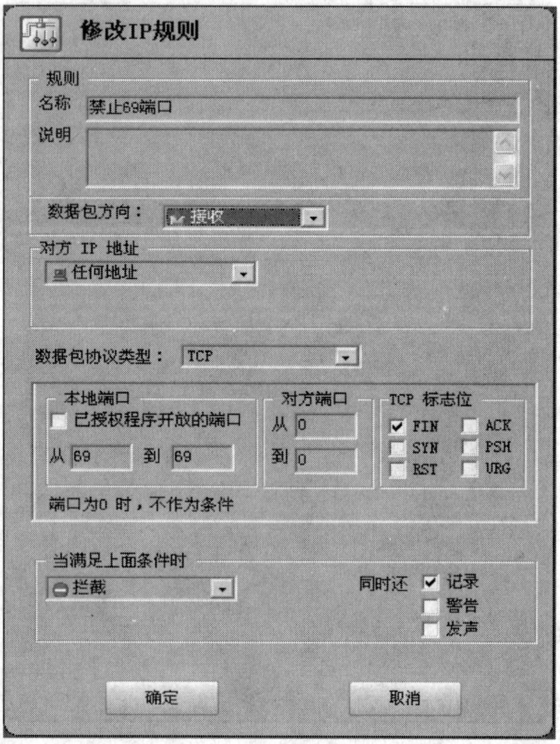

图 5-34 禁止 69 端口

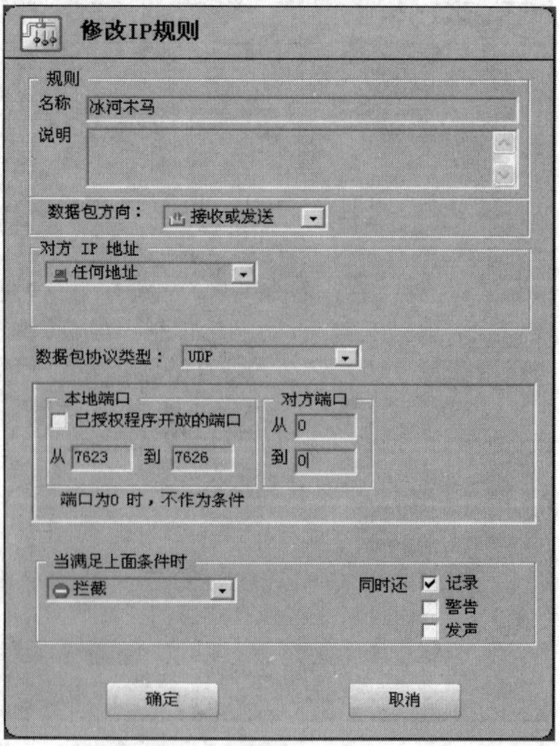

图 5-35 防范冰河木马

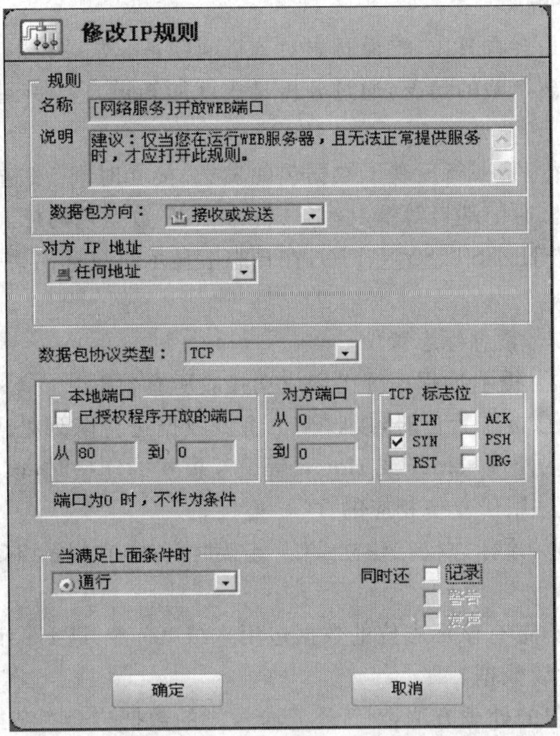

图 5-36 打开 Web 服务器

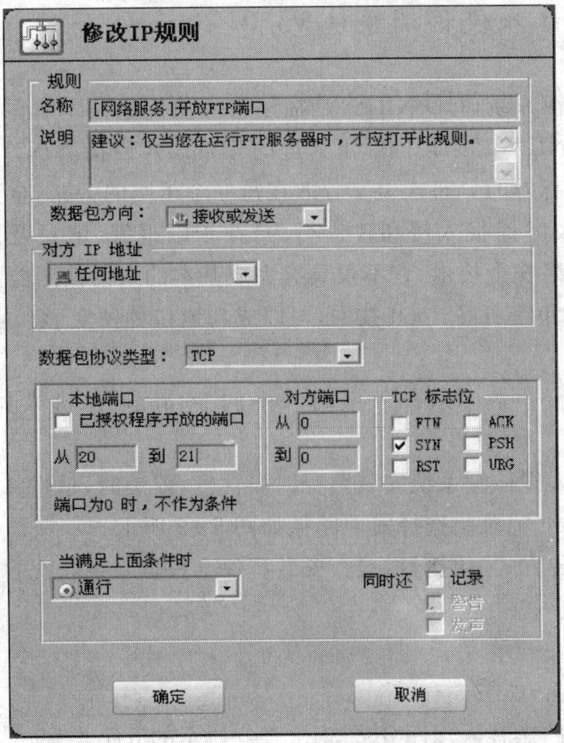

图 5-37 打开 FTP 服务器

6. 常见日志的分析

使用防火墙关键是会看日志,看懂日志对分析问题是非常关键的,日志记录上面记录了不符合规则的数据包被拦截的情况,通过分析日志就能知道自己受到什么攻击。下面来说说日志代表的意思。

一般日志分为三行,第一行反映了数据包的发送、接受时间、发送者 IP 地址、对方通信端口、数据包类型、本机通信端口等情况;第二行为 TCP 数据包的标志位,共有 6 位标志位,分别是 URG、ACK、PSH、RST、SYN、FIN,在日志上显示时只标出第一个字母,它们的简单含义如下:

- URG:紧急标志,紧急标志置位。
- ACK:确认标志,提示远端系统已经成功接收所有数据。
- PSH:推标志,该标志置位时,接收端不将该数据进行队列处理,而是尽可能快地将数据转为应用处理。在处理 telnet 或 rlogin 等交互模式的连接时,该标志总是置位的。
- RST:复位标志,用于复位相应的 TCP 连接。
- SYN:同步标志,该标志仅在建立 TCP 连接时有效,它提示 TCP 连接的服务端检查序列编号。
- FIN:结束标志,带有该标志位的数据包用来结束一个 TCP 会话,但对应端口还处于开放状态,准备接收后续数据。

第三行是对数据包的处理方法,对于不符合规则的数据包会拦截或拒绝,对符合规则的但被设为监视的数据包会显示为"继续下一规则"。

步骤四　黑盾网络入侵检测系统 v3.0

黑盾网络入侵检测系统(HD-NIDS)是福建省海峡信息技术有限公司自行研发的网络入侵检测系统。HD-NIDS 是采用国际上先进的分布式入侵检测理论架构的高智能分布式入侵检测系统。其强有力的分布式引擎分散在每一个子网的旁路,全天候 24 小时监视各个子网络的通信情况,及时捕捉入侵和攻击行为,并予以报警、记录及及时响应。HD-NIDS代表着最新一代的网络安全技术,它不仅具有完成基本的入侵侦测能力,更拥有国际上最先进的反 IDS 欺骗技术和反 IDS flood 技术,可以成功地将种种变形和欺骗一一捕获。

1. 安装过程

(1) 运行黑盾入侵检测系统的安装目录中的 setup. exe,进入如图 5-38 所示的安装界面。

(2) 在选择黑盾入侵检测系统安装路径时要注意,安装时,请选择将它安装在有足够空间的磁盘,以便存放 log 记录。选择安装路径如图 5-39 所示。

(3) 在选择了安装方式,快捷目录后,安装程序会根据系统状况自动进行配置。

2. 系统规则配置

(1) 系统规则库

规则配置修改界面,如图 5-40 所示。

系统将 IDS 使用的黑客入侵库分成如图 5-40 所示的 6 个类别,对于每条规则的每项内容都可以在界面中直接修改,如图 5-41 所示。

图 5-38　安装界面

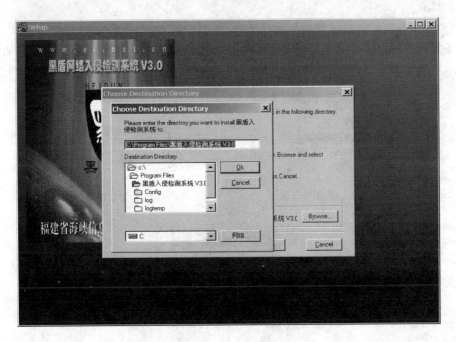

图 5-39　选择安装路径

| 应用类型 | 内容过滤 | 网络攻击 | 服务类型 | 用户定义 | 病毒 | CGI攻击 |

☑ 使用这类规则

触..	规则描述	源IP	源端口	目标IP	目标端口	协议	包含内容	大..	攻击级别	响应类型	防火墙联动
☑99	IIS scrip...	EXTER...	任意端口	HTTP_...	80	tcp		是	重要 ▼	并阻断	否
☑57	ICMP Dest...	任意地址	任意端口	任意地址	任意端口	icmp		否	严重	并阻断	否
☑54	ICMP Dest...	任意地址	任意端口	任意地址	任意端口	icmp		否	重要/一般	并阻断	否
☑45	ICMP Dest...	任意地址	任意端口	任意地址	任意端口	icmp		否	轻微/观察	并阻断	否
☑15	DNS SPOOF...	EXTER...	53	HOME_NET	任意端口	udp	c0 0c 00 0...	否		并阻断	否
☑11	ICMP PING...	EXTER...	任意端口	HOME_NET	任意端口	icmp	3839 3a3b...	否	一般	记录并阻断	否
☑8	ICMP redi...	EXTER...	任意端口	HOME_NET	任意端口	icmp		否	重要	记录并阻断	否
☑5	ICMP L3re...	EXTER...	任意端口	HOME_NET	任意端口	icmp	ABCDEFGHIJK...	否	重要	记录并阻断	否
☑3	IIS multi...	EXTER...	任意端口	HTTP_...	80	tcp		否	严重	记录并阻断	否
☑0	ICMP PING...	EXTER...	任意端口	HOME_NET	任意端口	icmp	43696e636f f...	否	一般	记录并阻断	否
☑0	ICMP PING...	EXTER...	任意端口	HOME_NET	任意端口	icmp	aaaaaaaaaa...	否	一般	记录并阻断	否
☑0	ICMP IJPi...	EXTER...	任意端口	HOME_NET	任意端口	icmp	5768 6174...	否	一般	记录并阻断	否
☑0	ICMP Broa...	EXTER...	任意端口	HOME_NET	任意端口	icmp	544a 5069...	否	重要	记录并阻断	否
☑0	ICMP Sour...	EXTER...	任意端口	HOME_NET	任意端口	icmp		否	重要	记录并阻断	否
☑0	ICMP webt...	EXTER...	任意端口	HOME_NET	任意端口	icmp	00 00 00 0...	否	重要	记录并阻断	否
☑0	ICMP trac...	EXTER...	任意端口	HOME_NET	任意端口	icmp		否	重要	记录并阻断	否
☑0	ICMP supe...	EXTER...	任意端口	HOME_NET	任意端口	icmp	0000000000...	否	重要	记录并阻断	否
☑0	ICMP redi...	EXTER...	任意端口	HOME_NET	任意端口	icmp		否	重要	记录并阻断	否
☑0	ICMP icmp...	EXTER...	任意端口	HOME_NET	任意端口	icmp		否	重要	记录并阻断	否
☑0	ICMP PING...	EXTER...	任意端口	HOME_NET	任意端口	icmp		否	重要	记录并阻断	否
☑0	ICMP Neme...	EXTER...	任意端口	HOME_NET	任意端口	icmp	0000000000...	否	重要	记录并阻断	否

[添加规则]　[保存新规则]　[取　消]

图 5-40　规则配置修改界面

　　系统根据规则的触发次数自动来给规则排序,排在最上边的,就是触发次数最多的,如图 5-42 所示。

　　如果某条规则的攻击级别被标示成不重要,可是却触发了很多次,例如"ICMP 不可到达"这条规则被触发了 57 次,可是攻击级别仅仅为"一般",用户可以将那条规则前的选中符号去掉,或从菜单中选择"停用此规则"菜单项,这样可以将这条规则禁止,如图 5-43 所示。

响应类型	防火墙联动
记录并阻断 ▼	否
仅记录	否
仅阻断	否
记录并阻断	否
记录并阻断	否
记录并阻断	否

图 5-41　修改响应类型

触发次数	规则描述
☑99	IIS scripts a...
☑57	ICMP Destinatio...
☑54	ICMP Destinatio...

图 5-42　以触发次数排序

触发次数	规则描述
☑99	
☑57	启用此规则
☑54	停用此规则
☑45	删除此规则
☑15	
☑11	规则详解
☑8	关键词查找
☑5	ICMP L3retriev

图 5-43　禁止规则

　　用户还可以通过在"使用这条规则"这个选择框中进行改变来决定这类规则库是否被使用,进行完所有的规则改动后,用户通过按下"保存新规则"来保存所做的所有改动,并根据提示应用新规则,这时请单击菜单"控制"中的"应用新策略"来生效。

　　(2)用户自定义规则

　　MAC-IP 匹配规则:系统管理员可以收集本企业内部的所有机器的 MAC-IP 的配对表,

将之按照如图 5-44 所示的格式输入。修改完毕后,单击"生成 MAC-IP 规则",出现如图 5-45所示的对话框,这时请选择"控制"菜单中的"应用新策略"菜单项来使 MAC-IP 绑定功能生效。

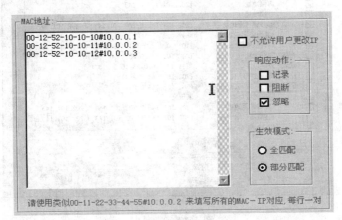

图 5-44　MAC-IP 的配对表

图 5-45　生成 MAC-IP 规则

高级规则定义如图 5-46 所示,系统宏设置如图 5-47 所示。

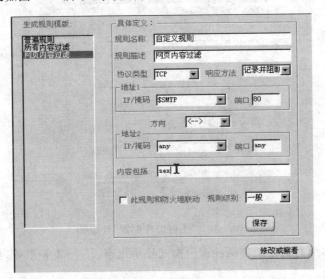

图 5-46　规则类别模版

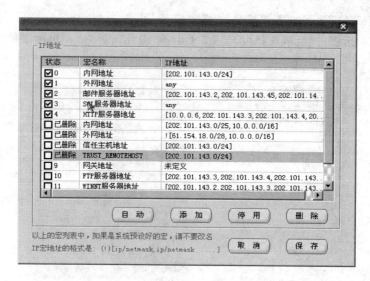

图 5-47　宏列表

3. 网络实时监控

（1）要实现网络的实时监控，必须先在"实时监控配置"对话框中进行设置，如图 5-48 所示。

（2）本系统可以实时记录下网络中活动的网络会话并保存下来，如果黑客对某台主机进行入侵行为，则他所有的活动都将逐条被记录下来，如图 5-49 所示。

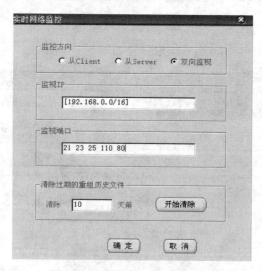

图 5-48　"实时监控配置"对话框

（3）本系统将所有的记录按两种索引模式显示出来：IP 列表和服务列表。如图 5-50（a）和图 5-50（b）所示。

（4）当索引模式选好了某类记录，右边窗口就会出现该类记录的详细内容，包括时间、连接 IP、记录大小，如图 5-51 所示。

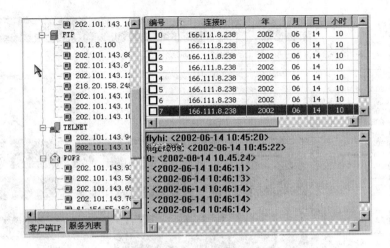

图 5-49 活动记录

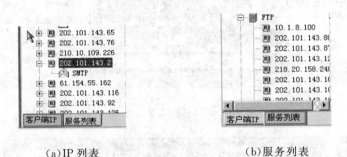

(a)IP 列表   (b)服务列表

图 5-50 两种索引模式

编号	连接IP	年	月	日	小时	分	记录大小
15	207.200.85.33	2002	04	12	12	04	452
11	207.200.85.13	2002	04	12	11	19	430
17	207.200.85.23	2002	04	12	12	50	404
18	207.200.85.23	2002	04	12	12	51	404
7	207.200.85.33	2002	04	11	19	51	404
13	207.200.85.23	2002	04	12	11	24	324
14	207.200.85.33	2002	04	12	11	25	302
12	207.200.85.13	2002	04	12	11	21	175
8	207.200.85.13	2002	04	12	09	12	29
16	207.200.85.33	2002	04	12	12	43	29
10	205.188.212.76	2002	04	12	11	16	662
9	205.188.212.74	2002	04	12	11	12	415

图 5-51 记录的详细内容

知识提示：

（1）如果该记录是 HTTP 协议，则可通过单击工具条上的 ，对之进行还原，如图 5-52 所示。

（2）如果该记录是 POP3、SMTP 协议，还可以对之进行 BASE64、QUOTE 等编码方式的解码，如图 5-53 所示。

（3）在列表框中，用户可以删除任意一条或一类甚至所有的实时记录。要删除所有的实时记录、删除所有 IP 为 61.171.65.218 的记录，如图 5-54 所示。

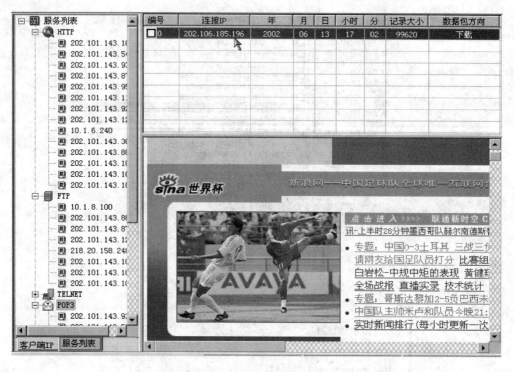

图 5-52　HTTP 协议记录

图 5-53　POP3、SMTP 协议记录

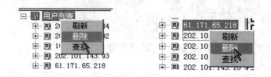

图 5-54　删除实时记录

 任务小结

通过赵主任的讲解,小王学会了打开端口,可以进行在线测试 BT 的连接端口是否已经开放,从而使 BT 的下载速度加快;对于病毒的干扰,小王学会了应用自定义规则防止常见

病毒;为了使 Web 和 FTP 服务器能正常工作,小王学会了设置防火墙;为了了解不符合规则的数据包被拦截的情况,小王学会了通过分析日志就能知道自己受到什么攻击;小王还学会了入侵检测系统进行数据分析的两种常用方法:误用检测、异常检测。

 任务练习

练习 1. Norton 防火墙

1. 从 www. symantec. com/sabu/nis/npf 上下载 Norton 防火墙,价格为 49.95 美元。
2. 在你的机器上安装和配置该防火墙。
3. 研究该防火墙的配置使用程序。
4. 特别注意诸如漏洞扫描的特性。
5. 试一试用该防火墙向已阻塞端口发送数据包。

项目实践　利用 PIX 防火墙完成内外部接口和 DMZ 之间的访问

 【实训描述】

在只有一个合法 IP 的情况下,利用 PIX 防火墙完成内部接口、外部接口和 DMZ 之间的访问。

 【实训目的】

1. 内网中所有用户可以访问 Internet 和 DMZ 中的服务器。
2. 外网的用户可以访问 DMZ 中的 Web 服务器。
3. DMZ 中的 Web 服务器可以访问内网中的 SQL 服务器和外网中的其他服务器。

 【实践环境】

1. 100 Mbit/s 的宽带接入。
2. 拥有一个合法 IP 214.1.1.1。
3. Cisco 防火墙 PIC525e-r-DMZ-BUN 一台(具有 inside、outside、D M Z 3 个 RJ45 接口)。

 【实训步骤】

第 1 步:初始化 PIX 防火墙。

(1) 给每个边界接口分配一个名字,并指定安全界别。

Pix525e(config)# nameif ethernet0 outside security0

Pix525e(config)# nameif ethernet1 inside security100

Pix525e(config)# nameif ethernet2 dmz security50

(2) 给每个接口分配 IP。

Pix525e(config)# ip address outside 214.1.1.1 255.255.255.252

Pix525e(config)# ip address inside 92.168.1.1 255.255.255.0

Pix525e(config)# ip address dmz 10.0.0.1 255.255.255.0

（3）为 PIX 防火墙的每个接口定义一条静态或默认路由。

Pix525e(config)# route outside 0.0.0.0 0.0.0.0 214.1.1.2 1

//通过 IP 地址为 214.1.1.2 的路由器路由所有的出站数据包

Pix525e(config)# route dmz 10.0.0.0 255.255.255.0 10.0.0.1 1

Pix525e(config)# route inside 192.168.1.0 255.255.255.0 192.168.1.1

Pix525e(config)# route inside 192.168.1.0 255.255.255.0 192.168.1.1 1

Pix525e(config)# route outside 214.1.1.3 255.255.255.252 214.1.1.1 1

（4）配置 PIX 防火墙作为内部用户的 DHCP 服务器。

Pix525e(config)# dhcpd address 192.168.1.2-192.168.1.100 inside

Pix525e(config)# dhcpd dns 202.102.152.3 202.102.134.68

Pix525e(config)# dhcpd enable inside

第 2 步：配置 PIX 防火墙来允许处于内部接口上的用户访问因特网上的主机，同时允许 DMZ 接口上的主机可以访问因特网。通过设置 NAT 和 PAT 来实现高安全级别接口上的主机对低安全级别接口上的主机的访问。

（1）主要命令

Pix525e(config)# nat (inside) 10 192.168.1.0 255.255.255.0 //允许安全级别为 100 的内部接口上的主机去连接那些安全级别比它低的接口上的主机。低安全级别接口上的主机包括外部接口上的主机和 DMZ 上的主机。

Pix525(config)# nat (dmz) 10 10.0.0.0 255.255.255.0 //允许安全级别为 50 的内部接口上的主机去连接那些安全级别比它低的接口上的主机。低安全级别接口上的主机包括外部接口上的主机和 DMZ 上的主机。

Pix525e(config)# global (outside) 10 interface

Pix525e(config)# global (inside) 10 10.0.0.10 10.0.0.254 netmask 255.255.255.0

（2）因为全局地址池和 nat(inside)命令使用的 nat_id 为 10，所以在 192.168.1.0 网络上主机地址将被转换成任意地址池中的地址。当内部接口上用户访问 DMZ 上的主机时，它的源地址被换成 global(dmz)命令定义的 10.0.0.10～10.0.0.254 范围中的某一个地址。当内部接口上的主机访问因特网时，它的源地址被换成 global (outside)命令定义的 214.1.1.1 和一个大于 1024 的端口的组合。

第 3 步：配置 PIX 防火墙允许外网用户访问 DMZ 的 Web 服务器。主要命令如下：

Static (dmz,outside) tcp interface www 10.0.0.2 www dns netmask 255.255.255.255 0 0

Access-list ouside_access_in line 1 permit tcp any interface outside

Acdess-group 101 in interface outside

第 4 步：DMZ 的 Web 服务器可以访问内网中的 SQL 数据库服务器和外网中的其他服务器。通过静态内部转换可以实现 DMZ 的主机对内网中主机的访问。主要命令如下：

Static（inside,dmz）10.0.0.9 192.168.1.200 netmask 255.255.255.255 0 0

Access-list dmz_access_in line 1 permit tcp any any

Acdess-group dmz_access_in in interface dmz

静态内部地址转换可以让一台内部主机固定地使用 PIX 防火墙全局网络中的一个地址。

项目思考

Tom 是 家拥有高度敏感数据的国防承包商的安全管理员。该公司已经受到过来自各种扬言要进行网络攻击的反战组织的威胁。公司要求 Tom 检测入侵并阻止它们,也给他提供了大量预算。Tom 采取了下述步骤:

(1) 他在边界防火墙上实现了 Snort;

(2) 他安装了 Specter 蜜罐。

现在要考虑这些问题:

(1) 这些步骤足够了吗? 如果不够的话,你推荐其他什么步骤?

(2) Snort 和 Specter 怎么使用?

课 后 练 习

一、填空题

1. 防火墙一般部署在_____和_____之间。就检测理论而言,入侵检测技术可以分为异常检测和_____。

2. 从系统构成上看,入侵检测系统应包括数据提取、_____、响应处理和远程管理四大部分。

3. 就检测理论而言,入侵检测技术可以分为异常检测和_____。

4. 物理安全在整个计算机网络安全中占有重要地位,主要包括:机房环境安全、通信线路安全和_____。

5. 防火墙一般位于_____和外部网络之间。

6. 代理防火墙工作在_____层。

7. 目前综合布线工程中,常用的测试标准为 ANSI/EIA/TIA 制定的_____标准。

8. 网络攻击的步骤是:_____、_____、_____控制或破坏目标系统_____和_____。

9. 按照计算机网络安全漏洞的可利用方式来划分,漏洞探测技术可以划分为信息型漏洞探测和_____。

10. 分布式入侵检测对信息的处理方法可以分为两种:分布式信息收集和_____。

二、选择题

1. 为了防御网络监听,最常用的方法是(   )。

A. 采用物理传输(非网络)   B. 信息加密

C. 无线网   D. 使用专线传输

2. 监听的可能性比较低的是（　　　）数据链路。

A. Ethernet   B. 电话线   C. 有线电视频道   D. 无线电

3. 使网络服务器中充斥着大量要求回复的信息，消耗带宽，导致网络或系统停止正常服务，这属于（　　　）漏洞。

A. 拒绝服务   B. 文件共享

C. BIND 漏洞   D. 远程过程调用

4. 输入法漏洞通过（　　　）端口实现的。

A. 21   B. 23   C. 445   D. 3389

5. 不属于常见的把入侵主机的信息发送给攻击者的方法是（　　　）。

A. E-MAIL   B. UDP   C. ICMP   D. 连接入侵主机

6. 针对数据包过滤和应用网关技术存在的缺点而引入的防火墙技术，这是（　　　）防火墙的特点。

A. 包过滤型   B. 应用级网关型

C. 复合型防火墙   D. 代理服务型

7. 抵御电子邮箱入侵措施中，不正确的是（　　　）。

A. 不用生日作密码   B. 不要使用少于 5 位的密码

C. 不要使用纯数字   D. 自己作服务器

8. 由于系统软件和应用软件的配置有误而产生的安全漏洞，属于（　　　）。

A. 意外情况处置错误   B. 设计错误

C. 配置错误   D. 环境错误

9. 采用模拟攻击漏洞探测技术的好处是（　　　）。

A. 可以探测到所有漏洞   B. 完全没有破坏性

C. 对目标系统没有负面影响   D. 探测结果准确率高

10. 阈值检验在入侵检测技术中属于（　　　）。

A. 状态转换法   B. 量化分析法

C. 免疫学方法   D. 神经网络法

三、简答题

1. 入侵检测技术的原理是什么？

2. 什么是计算机网络安全漏洞？

3. 描述对单机计算机病毒的防范方法。

4. 基于数据源所处的位置，入侵检测系统可以分为哪 5 类？

5. 入侵检测技术的原理是什么？

项目六　加密技术与虚拟专用网

随着计算机和通信技术的发展,用户对信息的安全存储、安全处理和安全传输的需要越来越迫切,越来越得到大众的关注。目前,信息在网络上传输的安全威胁是 TCP/IP 协议所固有的。所以,从某种意义上而言,数据加密与认证技术便是我们的最佳选择。

虚拟专用网(Virtual Private Networking,VPN)是将 Internet 作为计算机网络主干的一种网络模式。表面上它似乎不那么令人喜欢,但深入研究就会发现,它提供了巨大的潜力。利用 VPN,很多企业能够省下一大笔为已有网络租用线路的费用。使用 VPN 不需要到处布置站点,只需将它们放置在用户所在的城镇即可。事实上,构造 VPN 的技术也可用于用户所在大楼中的局域网(LAN)上。

任务一　加密技术

【技能要点】

1. 初步掌握三种数据加密技术;

2. 熟悉公共密钥、私用密钥和数字摘要;

3. 了解现代加密算法;

4. 对数据进行加密。

【任务背景】

小王经常在网上买东西,并开通了网上银行,通过网上快捷支付买东西很方便,可是在网络上传输数据怎样保证安全,登录的信息和网上银行的信息会不会让别人看到呢? 带着疑问,小王请教了赵主任。赵主任说你要学习一下加密技术、数字签名、公钥基础设施 PKI 等相关技术,你对网络的理解就会更深入。

【任务分析】

数据加密的基本思想是通过变换信息的表示形式来伪装需要保护的敏感信息,使非授权者不能了解被保护信息的内容。网络安全使用密码学来辅助完成在传递敏感信息时的相关问题。

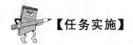【任务实施】

步骤一 加密技术概述

信息时代,信息安全问题越来越重要。我们经常需要一种措施来保护我们的数据,防止被一些怀有不良用心的人看到或破坏。因此,在客观上就需要一种强有力的安全措施来保护机密数据不被窃取和篡改。解决这种问题的方式就是数据加密。

加密技术是电子商务采取的主要安全保密措施,是最常用的安全保密手段,它利用技术手段把重要的数据变为乱码(加密)传送,到达目的地后再用相同或不同的手段还原(解密)。加密技术包括两个元素:算法和密钥。

1. 密码体制

数据加密过程就是通过加密系统把原始的数字数据(明文),按照加密算法变换成与明文完全不同的数字数据(密文)的过程。

在密码学中,密码技术的基本思想是伪装信息,使未授权者不能获得其中的真实含义。所谓伪装就是对信息进行一系列可逆的数学变换。作为加密输入的原始信息称为明文(Plaintext),而明文经过加密变换的结果则称为密文(Ciphertext),整个过程称为加密(Encryption)。相对应的,当合法收信者接收到密文后将密文恢复为明文的过程称为解密(Decryption)。

概括起来,一个密码系统,通常简称为密码体制(Cryptosystem),有五个基本组成部分,如图 6-1 所示。

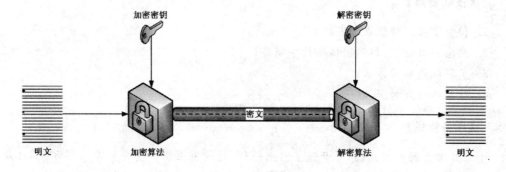

图 6-1　密码系统模型

明文:作为加密输入的原始信息,通常用 m 表示。全体明文的集合称为明文空间,通常用 M 表示。

密文:作为明文经加密变换后的结果,通常用 c 表示。全体密文的集合称为密文空间,通常用 C 表示。

密钥:是参与信息变换的参数,通常用 k 表示。全体密钥的集合称为密钥空间,通常用 K 表示。

加密算法:是将明文变换为密文的变换函数,即发送者加密消息时所采用的一组规则,通常用 E 表示。

解密算法：是将密文变换为明文的变换函数，即接收者加密消息时所采用的一组规则，通常用 D 表示。

对于明文空间 M 中的每个明文 m，加密算法 E 在加密密钥 k_e 的控制下将明文 m 加密成密文 c：$c=E_{k_e}(m)$；而解密算法 D 在解密密钥 k_d 的控制下将密文 c 变换为明文 $m=D_{k_d}(c)$。对于有实用意义的密码体制而言，要求 $m=D_{k_d}(E_{k_e}(m))$，即用加密算法得到的密文用一定的解密算法总是能够恢复成为原始的明文。

（2）加密技术的应用

加密技术的应用形式有数字签名、身份认证、消息认证（也称数字指纹）、数字水印等几种。这几种应用的关键是密钥的传送，网络中一般采用混合加密体制来实现。密码学的应用主要体现了以下几个方面的功能。

维持机密性：传输中的公共信道和存储的计算机系统容易受到被动攻击（如截取、偷窃、复制信息）和主动攻击（如删除、更改、插入等操作）。加密关键信息，让人看不懂而无从攻击。

用于鉴别：由于网上的通信双方互不见面，必须在相互通信时（交换敏感信息时）确认对方的真实身份，即消息的接收者应该能够确认消息的来源，入侵者不可能伪装成他人。

保证完整性：接收者能够验证在传送过程中是否被篡改；入侵者不可能用假消息代替合法消息。

用于抗抵赖：在网上开展业务的各方在进行数据传输时，必须带有自身特有的、无法被别人复制的信息，以保证发生纠纷时有所对证，发送者事后不可能否认他发送的消息。

加密系统的四个基本准则：信息的私密性（Privacy），信息的完整性（Integrity），信息的源发鉴别（认证）（Authentication），信息的防抵赖性（非否定）（Non-Reputation）。

2. 网络加密技术

密码技术是网络安全最有效的技术之一。加密网络不但可以防止非授权用户的搭线窃听和入网，而且也是对付恶意软件的有效方法之一。一般的数据加密可以在通信的三个层次来实现：链路加密、节点加密和端到端加密。

（1）链路加密

对于在两个相邻网络节点间的某一次通信，链路加密能为网上传输的数据提供安全保证。对于链路加密（又称在线加密），所有消息在被传输之前进行加密，在每一个节点对接收到的消息进行解密，然后先使用下一个链路的密钥对消息进行加密，再进行传输。在到达目的地之前，一条消息可能要经过许多通信链路的传输，如图 6-2 所示。

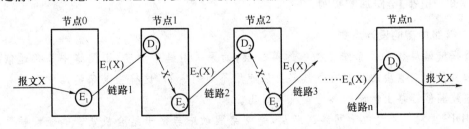

图 6-2　链路加密

由于在每一个中间传输节点消息均被解密后重新进行加密，因此，包括路由信息在内的链路上的所有数据均以密文形式出现。这样，链路加密就掩盖了被传输消息的源点与终点。

由于填充技术的使用以及填充字符在不需要传输数据的情况下就可以进行加密,这使得消息的频率和长度特性得以掩盖,从而可以防止对通信业务进行分析。

(2) 节点加密

节点加密能给网络数据提供较高的安全性,但它在操作方式上与链路加密是类似的:两者均在通信链路上为传输的消息提供安全性;都在中间节点先对消息进行解密,然后进行加密。因为要对所有传输的数据进行加密,所以加密过程对用户是透明的。

然而与链路加密不同,节点加密不允许消息在网络节点以明文形式存在,它先把收到的消息进行解密,然后采用另一个不同的密钥进行加密,这一过程是在节点上的一个安全模块中进行的,如图 6-3 所示。

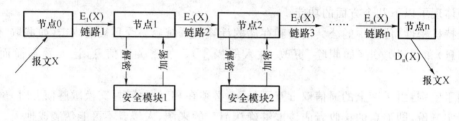

图 6-3 节点加密

节点加密要求报头和路由信息以明文形式传输,以便中间节点能得到如何处理消息的信息。因此这种方法对于防止攻击者分析通信业务是脆弱的。

(3) 端到端加密

端到端加密允许数据在从源点到终点的传输过程中始终以密文形式存在。采用端到端加密(又称脱线加密或包加密),消息被传输时在到达终点之前不进行解密,因为消息在整个传输过程中均受到保护,所以即使有节点被损坏也不会使消息泄露,如图 6-4 所示。

图 6-4 端到端加密

端到端加密系统通常不允许对消息的目的地址进行加密,这是因为每一个消息所经过的节点都要用此地址来确定如何传输消息。由于这种加密方法不能掩盖被传输消息的源点与终点,因此它对于防止攻击者分析通信业务是脆弱的。

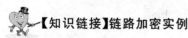【知识链接】链路加密实例

1. 链路加密的设计思想

数据链路层是 OSI 系统结构中的第二层,如果采用链路加密,则网络中每条通信链路上的加密是独立实现的。对每条链路可以使用不同的密钥,这样当某条链路受到破坏时也不会导致其他链路上传递的加密信息被解出。

NDIS 微端口驱动位于网络链路层,是网络驱动中与网卡结合最紧密的驱动程序。因此可以对微端口驱动程序进行改造,在驱动程序中实现对数据帧的截取,并调用加解密模块对数据进行加解密,如图 6-5 所示。对驱动程序的改造大体可以分为两步:截取数据帧和加解密模块的实现。

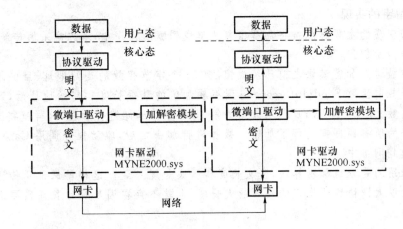

图 6-5　链路层加密方案设计框图

截取数据帧:NDIS 库为微端口驱动程序提供了一系列接口函数。微端口驱动程序可以利用这些函数在主机与网络之间建立联系,也可以利用这些函数来截取数据。

加解密模块:考虑到帧长的限制,对于数据帧加密要求必须保证其明文和密文长度相等。因此在加解密模块当中采用分组密码算法。分组密码的工作方式是将明文分成固定长度的组(块),用同一密钥对每一块加密,输出也是固定长度的密文,本节以 DES 加解密算法为例。

2. 链路加密的设计实现

由于本方案中对数据的截取和加密主要是在发送和接收过程中进行的,因此主要介绍在数据发送和接收过程中对数据的处理。

数据的发送和截取:数据的发送由上层协议驱动发起,发送的数据信息用一个 NDIS_PACKET 包来描述。NDIS 库提供了一些函数来提取包中的信息,并对其进行处理。

发送过程可分为两种情况。

当协议驱动程序有数据要发送时,启动传输操作,通过 NIDS 库调用微端口驱动程序的 MYNE2000Send 函数。该函数调用的参数是一个指向 NDIS_PACKET 包(描述将要发送的信息)的指针。驱动调用 NdisQueryPacket 函数得到包的长度和存放待发送包缓冲区的逻辑地址。然后设置 NIC 上的寄存器将包发送出去,并返回一个发送成功的状态。

如果驱动程序不能立即发送包,则将它送到“待传输”队列中,然后由中断处理函数 MYNE2000HandleInterrupt 来完成发送。完成发送以后,调用 NdisMSendComplete 函数通知上层发送已经完成。

3. 数据的接收和截取

数据接收是将网络上的数据帧接收到网卡缓冲区中,然后由驱动程序将缓冲区中的数据读入内存中。

网卡接收数据时会产生一个中断,因此驱动程序接收数据首先要在中断处理过程 MYNE2000HandleInterrup 中进行。对于以太网卡,程序调用 NdisMEthReceiveIndicate 函数将一个称为 lookahead 的数据传递给上层协议驱动,由协议驱动检查收到的数据是否符合协议要求。lookahead 是指网卡中准备接收的数据的一部分。因为协议驱动判断微端口接收的数据是否符合协议要求时,不需要对所有数据都进行判断,只需对一部分数据 (lookahead)进行判断。

4. 加解密的实现

加解密实现的主要思想是将加解密算法集成到驱动程序中,本方案采用传统的 DES 加解密算法作为示例。

数据在被送入加密模块之前已经成帧,前 14 个字节存放的是源地址、目的地址和数据长度。发送截取函数 Send_Intercept 得到将要加密的数据长度和起始地址后,调用加密模块的接口函数 DES_ENCRYPT,从数据的第 15 个字节开始进行加密,这样就将除地址和数据长度之外的所有数据都进行了加密。数据进行加密之后,驱动程序调用 CardWrite 函数将数据发送到网络中。

由于采用的是分组加密算法,密文长度和明文长度一致。这样就保证了传送的密文长度不会超过以太网协议所规定的帧的最大长度,也就不存在因数据过长而需要对数据进行分割的问题。

步骤二　加密技术的分类

采用密码技术对信息加密,是最常用的安全交易手段。在电子商务中获得广泛应用的加密技术有以下两种:公共密钥和私用密钥(public key and private key);数字摘要(digital digest)。

1. 公共密钥和私用密钥

这一加密方法亦称为 RSA 编码法,是由 Rivest、Shamir 和 Adlernan 三人所研究发明的。它利用两个很大的质数相乘所产生的乘积来加密。这两个质数无论哪一个先与原文件编码相乘,对文件加密,均可由另一个质数再相乘来解密。但要用一个质数来求出另一个质数,则是十分困难的。因此将这一对质数称为密钥对(Key Pair)。在加密应用时,某个用户总是将一个密钥公开,让需发信的人员将信息用其公共密钥加密后发给该用户,而一旦信息加密后,只有用该用户一个人知道的私用密钥才能解密。具有数字凭证身份的人员的公共密钥可在网上查到,亦可在请对方发信息时主动将公共密钥传给对方,这样保证在 Internet 上传输信息的保密和安全。

2. 数字摘要

这一加密方法亦称安全 Hash 编码法(Secure Hash Algorithm,SHA)或 MD5(MD Standards for Message Digest),由 Ron Rivest 所设计。该编码法采用单向 Hash 函数将需加密的明文"摘要"成一串 128 bit 的密文,这一串密文亦称为数字指纹(Finger Print),它有固定的长度,且不同的明文摘要成密文,其结果总是不同的,而同样的明文其摘要必定一致。

步骤三　现代加密算法介绍

数据加密作为一项基本技术是所有通信安全的基石。数据加密过程是由形形色色的加密算法来具体实施的,它以很小的代价提供很大的安全保护。在多数情况下,数据加密是保证信息机密性的唯一方法。据不完全统计,到目前为止,已经公开发表的各种加密算法多达百种。如果按照收发双方密钥是否相同来分类,可以将这些加密算法分为私密密钥算法(对称密钥算法)和公开密钥算法(不对称密钥算法)。

1. 对称加密技术

对称加密采用了对称密码编码技术,它的特点是文件加密和解密使用相同的密钥,即加密密钥也可以用作解密密钥,这种方法在密码学中叫对称加密算法,对称加密算法使用起来简单快捷,密钥较短,且破译困难。除了数据加密标准(DNS),另一个对称密钥加密系统是国际数据加密算法(IDEA),它比 DNS 的加密性好,而且对计算机功能要求也没有那么高。IDEA 加密标准由 PGP(Pretty Good Privacy)系统使用。在众多的私密密钥算法中影响最大的是 DES 算法。

2. 非对称加密技术

在对称密钥密码算法中,加密和解密双方使用的是相同的密钥,所以,在双方进行保密通信之前必须持有相同的密钥。若有个人要相互进行保密通信,网络中就会有个密钥,这为密钥的管理和更新都带来了极大的不便,这是对称算法的一大缺点。

非对称密码算法解决了这一问题,非对称密码也叫公钥密码。与对称加密算法不同,非对称加密算法需要两个密钥:公开密钥(publickey)和私有密钥(privatekey)。公开密钥与私有密钥是一对,如果用公开密钥对数据进行加密,只有用对应的私有密钥才能解密;如果用私有密钥对数据进行加密,那么只有用对应的公开密钥才能解密。因为加密和解密使用的是两个不同的密钥,所以这种算法叫非对称加密算法。

3. 单向散列算法

单向散列函数指的是根据输入消息(任何字节串,如文本字符串、Word 文档、JPG 文件等)输出固定长度数值的算法,输出数值也称为"散列值"或"消息摘要",其长度取决于所采用的算法,通常在 128~256 bit 之间。单向散列函数旨在创建用于验证消息完整性的简短摘要。在诸如 TPC/IP 等通信协议中,常采用校验和或 CRC(循环冗余校验)来验证消息的完整性。消息发送方计算消息的校验和并将其随消息一起发送,接收方重新计算校验和并将其与收到的校验和相比较,如果两者不同,接收方就认为消息在传送过程中受损,并要求发送方重新发送。如果预计的损坏原因是电信号错误或其他自然现象,这些方法是可行的,但如果预计的原因是恶意的狡猾攻击者的故意破坏,则需要更强的机制,在这种情况下,强加密单向散列函数便可派上用场。

4. 数字签名

数字签名(Digital Signature)是一种基于密码的身份鉴别技术。以往的书信或文件是根据亲笔签名或印章来证明其真实性的。但在计算机网络中传送的报文又如何盖章呢?这就是数字签名所要解决的问题。数字签名必须保证以下几点:接受者能够核实发送者对报文的签名;发送者事后不能抵赖对报文的签名;接受者不能伪造对报文的签名。

5. 公钥基础设施 PKI

公钥基础设施 PKI(Public Key Infrastructure)是一种新的安全技术,它利用公钥概念和加密技术为网上通信提供整套的安全基础平台。能为各种不同安全需求的用户提供网上安全服务,主要有身份识别与鉴别(认证)、数据保密性、数据完整性、不可否认性及时间戳服务等。用户利用 PKI 所提供的这些安全服务进行安全通信以及不可否认的安全电子交易活动。现在世界范围内,PKI 已得到广泛的应用,如安全电子邮件、Web 访问、虚拟专用网络 VPN 和本地简单登录认证,以及电子商务、电子政务、网上银行和网上证券交易等各种强认证系统。

【知识链接】数据加密技术的发展

1. 密码专用芯片集成

密码技术是信息安全的核心技术,无处不在,目前已经渗透到大部分安全产品之中,正向芯片化方向发展。在芯片设计制造方面,目前微电子工艺已经发展到很高水平,芯片设计的水平也很高。我国在密码专用芯片领域的研究起步落后于国外,近年来我国集成电路产业技术的创新和自我开发能力得到了加强,微电子工业得到了发展,从而推动了密码专用芯片的发展。加快密码专用芯片的研制将会推动我国信息安全系统的完善。

2. 量子加密技术的研究

量子技术在密码学上的应用分为两类:一类是利用量子计算机对传统密码体制的分析;另一类是利用单光子的测不准原理在光纤一级实现密钥管理和信息加密,即量子密码学。量子计算机相当于一种传统意义上的超大规模并行计算系统,利用量子计算机可以在几秒钟内分解 RSA 129 的公钥。根据互联网的发展,全光纤网络将是今后网络连接的发展方向,利用量子技术可以实现传统的密码体制,在光纤一级完成密钥交换和信息加密,其安全性是建立在 Heisenberg 的测不准原理上的,如果攻击者企图接收并检测信息发送方的信息(偏振),则将造成量子状态的改变,这种改变对攻击者而言是不可恢复的,而对收发方则可很容易地检测出信息是否受到攻击。目前量子加密技术仍然处于研究阶段(在我国处于领先地位),其量子密钥分配 QKD 在光纤上的有效距离还达不到远距离光纤通信的要求。

步骤四 常用的加密解密操作

1. 密码分析与攻击

密码分析学是在不知道密钥的情况下恢复出明文的科学。密码分析也可以发现密码体制的弱点。传统的密码分析技术主要是基于穷尽搜索。它破译 DES 需要若干人 1 年的时间。

现代密码分析技术包括差分密码分析技术、线性密码分析技术和密钥相关的密码分析。它改善了破译速度,但是破译速度还是很慢。

新一代密码分析技术主要是基于物理特征的分析技术,它们包括电压分析技术、故障分析技术、侵入分析技术、时间分析技术、简单的电流分析技术、差分电流分析技术、电磁辐射分析技术、高阶差分分析技术和汉明差分分析技术。利用这些技术,攻击者可以在获得密码算法运行载体(计算机、保密机、加密盒、IC 卡等)的情况下,快速地获得密钥,从而破译整个密码系统。例如:破译 IC 卡的 DES 只需 10 分钟。

(1) 基于密文的攻击

基于密文的攻击包括唯密文攻击、已知密文攻击和选择密文攻击三种。

唯密文攻击(Ciphertext-only Attack):密码分析者有一些消息密文,这些消息都用同一加密算法加密。密码分析者的任务是恢复尽可能多的明文,或者最好是能推算出加密消息的密钥来,以便采用相同的密钥解算出其他被加密的消息。

已知密文攻击(Known-Plaintext Attack):密码分析者不仅可以得到一些消息的密文,而且也知道这些消息的明文。分析者的任务就是用加密信息推出用来加密的密钥或者导出一个算法,此算法可以对用同一密钥加密的任何新的消息进行解密。

选择密文攻击(Chosen-Ciphertext Attack):密码分析者能选择不同的被加密的密文,并可得到对应的解密的明文,例如密码分析者选择一个防篡改的自动解密盒,其任务是推出密钥。这种攻击主要用于公开密钥算法,选择密文攻击有时也可有效地用于对称算法(有时将选择明文攻击和选择密文攻击一起称为选择文本攻击——Chosen-Text Attack)。

（2）基于明文的密码攻击

基于密文的攻击包括选择明文攻击、自适应选择明文攻击两种。

选择明文攻击（Chosen-Plaintext Attack）：分析者不仅可得到一些消息的密文和相应的明文，而且他们也可选择被加密的明文。这比一个明文攻击更有效。因为密码分析者能选择特定的明文块去加密，这些块可能产生更多关于密钥的信息，分析者的任务是推出用来加密消息的密钥或者导出一个算法，此算法可以对用同一密钥加密的任何新的消息进行解密。

自适应选择明文攻击（Adaptive-Chosen-Plaintext Attack）：这是选择明文攻击的特殊情况。密码分析者不仅能选择被加密的密文，而且也能给以前加密的结果修正这个选择。先选取较小的明文块，然后再基于第一块的结果选择另一明文块，依此类推。

（3）中间人攻击

中间人攻击（Man-in-the-Middle Attack，简称 MITM 攻击）是一种"间接"的入侵攻击，这种攻击模式是通过各种技术手段将受入侵者控制的一台计算机虚拟放置在网络连接中的两台通信计算机之间，这台计算机就称为"中间人"。然后入侵者把这台计算机模拟一台或两台原始计算机，使"中间人"能够与原始计算机建立活动连接并允许其读取或修改传递的信息，然而两个原始计算机用户却认为他们是在互相通信。通常，这种"拦截数据——修改数据——发送数据"的过程就被称为"会话劫持"（Session Hijack）。

2. 常用的加密解密操作

（1）利用 WinRAR 加密文件夹

第 1 步：选定要加密的文件夹，如图 6-6 所示。这时将打开"压缩文件名和参数"对话框，默认显示"常规"选项卡，如图 6-7 所示。

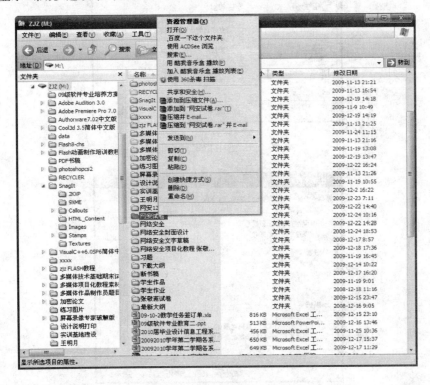

图 6-6 选择要加密的文件夹

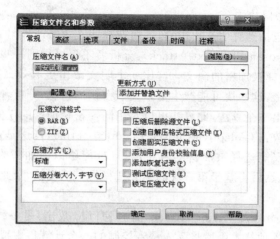

图 6-7　"常规"选项卡

第 2 步：在"常规"选项卡内选择"压缩后删除源文件"和"测试压缩文件"两个复选框，如图 6-8 所示。在"压缩文件名和参数"对话框内单击打开"高级"选项卡，如图 6-9 所示。

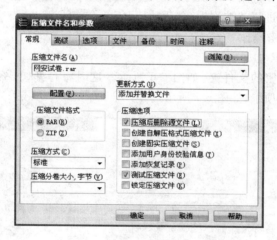

图 6-8　选中指定复选框

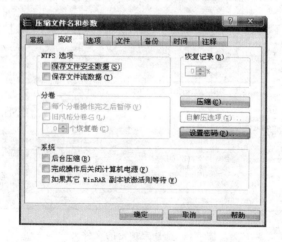

图 6-9　"高级"选项卡

第 3 步：在"高级"选项卡内单击"设置密码"按钮，打开如图 6-10 所示的"带密码压缩"对话框。

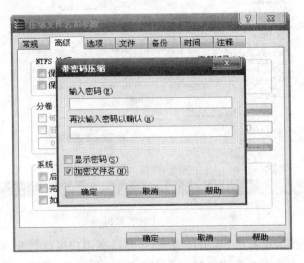

图 6-10　"带密码压缩"对话框

（2）常用文件加密方法

利用组策略工具把存放隐私资料、重要文件的硬盘分区设置为不可访问，如图 6-11 所示。

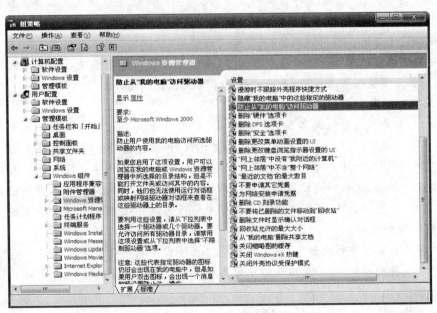

图 6-11　组策略设置

利用注册表中的设置，把某些驱动器设置为隐藏，如图 6-12 所示。

利用 Windows 自带的"磁盘管理"组件也可以实现硬盘隐藏。

透明加解密技术：透明文件加解密技术，在这里特指运行在用户桌面电脑中的程序，接受服务器的安全策略，根据策略判断什么样的文件需要加密，什么样的文件不加密；根据加

图 6-12　注册表编辑器

密策略,选用什么样的加密算法、选用什么密钥,然后在用户执行打开、编辑及存盘等文件操作中,强制执行这些策略。所有这些过程是在不改变用户行为习惯的基础上进行的,即文件的操作者是感觉不出以上这些过程的,所以对用户来讲是"透明"的。

【知识链接】加壳技术

在一些计算机软件里也有一段专门负责保护软件不被非法修改或反编译的程序。它们一般都是先于程序运行,拿到控制权,然后完成它们保护软件的任务。由于这段程序和自然界的壳在功能上有很多相同的地方,基于命名的规则,就把这样的程序称为"壳"了。

加壳的全称应该是可执行程序资源压缩,是保护文件的常用手段。加壳过的程序可以直接运行,但是不能查看源代码,要经过脱壳才可以查看源代码。

1. 加壳的概念

加壳:其实是利用特殊的算法,对 EXE、DLL 文件里的资源进行压缩。类似 WINZIP 的效果,只不过这个压缩之后的文件,可以独立运行,解压过程完全隐蔽,都在内存中完成。

加壳过的 EXE 文件是可执行文件,它可以同正常的 EXE 文件一样执行。用户执行的实际上是外壳程序,这个外壳程序负责把用户原来的程序在内存中解压缩,并把控制权交还给解开后的真正程序,这一切工作都是在内存中运行的,整个过程对用户是透明的。

2. 壳的加载过程

壳和病毒在某些方面比较类似,都需要比原程序代码更早地获得控制权。壳修改了原程序的执行文件的组织结构,从而能够比原程序的代码提前获得控制权,并且不会影响原程序的正常运行。

(1)获取壳自己所需要使用的 API 地址

如果用 PE 编辑工具查看加壳后的文件,会发现未加壳的文件和加壳后的文件的输入表不一样,加壳后的输入表一般所引入的 DLL 和 API 函数很少,甚至只有 Kernel32.dll 及 GetProcAddress 这个 API 函数。

(2)解密原程序的各个区块(Section)的数据

壳出于保护原程序代码和数据的目的,一般都会加密原程序文件的各个区块。在程序执行时外壳将会对这些区块数据解密,以让程序能正常运行。壳一般按区块加密,那么在解密时也按区块解密,并且把解密的区块数据按照区块的定义放在合适的内存位置。

(3) 重定位

文件执行时将被映像到指定内存地址中,这个初始内存地址称为基地址(ImageBase)。当然这只是程序文件中声明的,程序运行时能够保证系统一定满足其要求吗?

对于 EXE 的程序文件来说,Windows 系统会尽量满足。例如某 EXE 文件的基地址为 0x400000,而运行时 Windows 系统提供给程序的基地址也同样是 0x400000。在这种情况下就不需要进行地址"重定位"了。

(4) HOOK-API

程序文件中的输入表的作用是让 Windows 系统在程序运行时提供 API 的实际地址给程序使用。在程序的第一行代码执行之前,Windows 系统就完成了这个工作。壳一般都修改了原程序文件的输入表,然后自己模仿 Windows 系统的工作来填充输入表中相关的数据。在填充过程中,外壳就可填充 HOOKAPI 的代码的地址,这样就可间接地获得程序的控制权。

(5) 跳转到程序原入口点(OEP)

从这个时候起壳就把控制权交还给原程序了,一般的壳在这里会有明显的一个"分界线"。但现在的高级壳已没这个界限了,融为一体。

3. 常见的加壳工具

加壳软件按照其加壳目的和作用可分为两类:一是压缩(Packers),二是保护(Protectors)。

压缩的主要目的是减小程序体积,如 ASPacK、UPX 和 PECompact 等。保护程序则用上了各种反跟踪技术保护程序不被调试、脱壳等,其加壳后的体积大小不是其考虑的主要因素,如 ASProtect、Armadillo、EXECryptor 等。随着加壳技术的发展,这两类软件之间的界限越来越模糊,很多加壳软件除了具有较强的压缩性能,同时也有了较强的保护性能。

 任务小结

经过赵主任的详细介绍,小王终于了解到数据加密的分类,知道了公共密钥和私用密钥,还有数字摘要,熟悉了一些现代加密算法介绍,还学会了常用的加密解密操作以及加壳进行加密的知识。

 任务练习

练习　请解释 5 种"窃取机密攻击"方式的含义

1. 利用互联网、杂志、书籍或其他资源了解网络踩点(Footprinting)、扫描攻击(Scanning)、协议栈指纹(Stack Fingerprinting)鉴别(也称操作系统探测)、信息流嗅探(Sniffering)、会话劫持(Session Hijacking)的含义。

2. 进一步了解它们的工作过程。

任务二 VPN 技术

【技能要点】

1. 了解 VPN 技术的概念、分类；
2. 熟知 IPSec(IP and Security)技术；
3. 能进行 VPN 产品的选择；
4. 知道 VPN 主流产品。

【任务背景】

小王经常听说一种虚拟专用网技术，这种技术和一般的网络互联有什么不同，和什么技术有关，作用是什么呢？赵主任讲前一个任务学过的加密技术正好进行充分的应用，虚拟专用网技术即 VPN 要用到诸如隧道技术（Tunneling）、加解密技术（Encryption）、密钥管理技术、身份认证技术（Authentication）等，下面详细阐述。

【任务分析】

VPN 区别于一般网络互联的关键在于隧道的建立，数据包经过加密后，按隧道协议进行封装、传送以保证安全。有了密码技术的基础，就可以深入了解 VPN 技术了。

【任务实施】

步骤一 VPN 技术的概述

现在，越来越多的公司走向国际化，一个公司可能在多个国家都有办事机构或销售中心，每一个机构都有自己的局域网 LAN(Local Area Network)。但在当今的网络社会，人们的要求不仅如此，用户希望将这些 LAN 连接在一起组成一个公司的广域网。现在做到这些已不是什么难事。

事实上，很多公司都已经这样做了，但它们一般租用专用线路来连接这些局域网，它们考虑的就是网络的安全问题。现在具有加密/解密功能的路由器已到处都是，这就使人们通过互联网连接这些局域网成为可能，这就是我们通常所说的虚拟专用网（Virtual Private Network，VPN）。当数据离开发送者所在的局域网时，该数据首先被用户连接到互联网上的路由器进行硬件加密，数据在互联网上是以加密的形式传送的，当到达目的 LAN 的路由器时，该路由器就会对数据进行解密，这样目的 LAN 中的用户就可以看到真正的信息。

1. VPN 概念

VPN(Virtual Private Network) 即虚拟专用网，是一种"基于公共数据网，给用户一种直接连接到私人局域网感觉的服务"。它是通过一个公用网络（通常是因特网）建立一个临时的、安全的连接,是一条穿过混乱的公用网络的安全、稳定的隧道。

VPN 极大地降低了用户的费用,而且提供了比传统方法更强的安全性。通常,VPN 是对企业内部网的扩展,通过它可以帮助远程用户、公司分支机构、商业伙伴及供应商同公司的内部网建立可信的安全连接,并保证数据的安全传输。

VPN 架构中采用了多种安全机制,如隧道技术(Tunneling)、加解密技术(Encryption)、密钥管理技术、身份认证技术(Authentication)等,通过上述的各项网络安全技术,确保资料在公众网络中传输时不被窃取,或是即使被窃取了,对方亦无法读取数据包内所传送的资料。

2. VPN 的分类

VPN 可以分为三类:内部 VPN,远程访问 VPN,外部网 VPN。

(1) 内部 VPN

内部 VPN 是在公司总部和它的分支机构之间建立的 VPN。这是通过公用网络将一个组织的各分支机构通过 VPN 连接而成的网络,它是公司网络的扩展。当一个数据传输通道的两个端点认为是可信的时候,公司可以选择"内部网 VPN"解决方案,安全性主要在于加强两个 VPN 服务器之间的加密和认证手段上。大量的数据经常需要通过 VPN 在局域网之间传递,可以把中心数据库或其他资源连接起来的各个局域网看成是内部网的一部分。

(2) 远程访问 VPN

远程访问 VPN 是在公司总部和远地雇员或旅行中的雇员之间建立的 VPN。如果一个用户在家里或在旅途之中,想同公司的内部网建立一个安全连接,可以用"远程访问 VPN"来实现,实现过程为:用户拨号 ISP(Internet 服务提供商)的网络访问服务器 NAS(Network Access Server),发出 PPP 连接请求,NAS 收到呼叫后,在用户和 NAS 之间建立 PPP 链路,然后,NAS 对用户进行身份验证,确定是合法用户,就启动远程访问功能,与公司总部内部连接,访问其内部资源。

(3) 外部网 VPN

外部网 VPN 是在公司和商业伙伴、顾客、供应商、投资者之间建立的 VPN。外部网 VPN 为公司合作伙伴、顾客、供应商提供安全性。它应该能保证包括使用 TCP 和 UDP 协议的各种应用服务的安全,例如,电子邮件。HTTP,FTP,数据库的安全以及一些应用程序的安全。因为不同公司的网络环境是不相同的,一个可行的外部网 VPN 方案应该能适用于各种操作平台、协议以及各种不同的认证方案及加密算法。

外部 VPN 的主要目标是保证数据在传输过程中不被修改,保护网络资源不受外部威胁。安全的外部网 VPN 要求公司在同他的顾客、合作伙伴之间经 Internet 建立端到端的连接时,必须通过 VPN 服务器才能进行。这种系统上,网络管理员可以为合作伙伴的职员指定特定的许可权,如可允许对方的销售经理访问一个受到保护安全的服务器上的销售报告。

步骤二　IPSec(IP and Security)技术

VPN 区别于一般网络互联的关键在于隧道的建立。数据包经过加密后,按隧道协议进行封装、传送以保证安全。IPSec(IP and Security)是实现虚拟专用网络的一种重要的安全隧道协议,是网络操作系统为最大限度地保护网络信息流量而使用的一种 IP 安全机制。

IPSec 主要用于不可靠的 IP 网络通信,这个网络就是 Internet。

IPSec 在 IP 层上对数据包进行高强度的安全管理,提供数据源验证。无连接数据完整性、有限业务流机密性等安全服务。各种应用程序可以享用 IP 层提供的安全服务和密钥管理,而不必设计和实现自己的安全机制,因此可以减少密钥协商的开销,也降低了生产安全漏洞的可能性。IPSec 可连续或递归应用,在路由器、防火墙、主机和通信链路上配置,实现端到端安全、虚拟专用网络和安全隧道技术。

1. IPSec 的作用

IPSec 在 4 个层次上起作用:加密和封装、验证和重放容错、密钥管理以及数字签名和数字证书。IPSec 加密是端对端的,就是说它在从一台机器到另一台计算机途中信息仍然是加密的,并且只能由另一端的计算机解密。IPSec 同样使用公钥加密技术,不同的是两端都生成共享密钥,而且共享密钥不能在网络上传输。

IPSec 提供三种不同的形式来保护通过公有或私有 IP 网络来传送的私有数。

2. IPSec 的工作方式

(1) 计算机 A 通过一个不可靠 IP 网络发送数据给计算机 B。在开始传输之前,计算机 A 上的算法查看是否应该依照建立在 A 上的安全策略保护数据。安全策略包含一些规则,可以确定通信的敏感程度。

(2) 如果过滤器发现有匹配的结果,A 首先与 B 通过称为 Internet 密钥交换(Internet Key Exchange,IKE)的协议开始进行安全协商。然后两台计算机依照在安全规则中指定的验证方法交换凭据。验证方法可以是 Kerberos、公钥凭据或者是预先确定的密钥值。

(3) 一旦协商开始,在两台计算机之间会建立两种协商协议,称为安全关联(security association)。第一种叫 Phase I IKE SA,它指定了两台计算机将如何彼此信任。第二种是关于两台计算机如何保护应用程序通信的协议,叫 Phase II IPSec Sec Sas,它指定了安全方法和各方向通信的密钥。IKE 为每个 SA 自动创建并刷新共享秘密密钥。秘密密钥分别在网络两端创建,不会在网络中传输。

(4) 为了保证信息的完整性,计算机 A 对发出的数据包签名,并且依照双方协商好的方法加密或不加密数据包。然后将数据包传送到 B。

(5) 计算机 B 查看数据包的完整性,如有需要则将其解密。然后数据沿着 IP 堆栈向上传送到通常的应用程序中。

3. IPSec 的特点

IPSec 有以下三个特点。

(1) 原来的局域网机构彻底透明。透明表现为三方面:系统不占用原网络系统中任何 IP 地址;装入 VPN 系统后,原来的网络系统不需要改变任何配置;原有的网络不知道自己与外界的信息传递已受到了加密保护,该特点不仅能够为安装调试提供方便,也能够保护系统自身不受外来网络的攻击。

(2) IPSec 内部实现与 IP 实现融为一体,优化设计,具有很高的运行效率。

(3) 安装 VPN 的平台通常采用安全操作系统内核并以嵌入的方式固化,具有无漏洞、抗病毒、抗攻击等安全防范性能。

步骤三 VPN产品的选择

随着SSL(安全套接层协议层)VPN技术的发展,SSL VPN产品所能提供的终端网络功能已经与传统的IPSec VPN产品几乎一样强大,SSL VPN接入方式是点对网VPN接入的最佳选择的观点也越来越深入人心。同时随着用户对产品的要求越来越高,软件形式的VPN已经早就逐步让位于硬件VPN设备。

然而,随着技术与市场的不断成熟,越来越多的用户发现市场上涌现出了众多厂家,各自的产品质量参差不齐,使一般的用户难以做出正确的判断。用户购买SSL VPN产品的需求出发点各不相同,但归根结底可以整合为一点:为外网移动办公的用户提供一条连接到内网资源的快速、安全、稳定的通道。建立起的这个通道能否满足快速、安全、稳定这三个基本要求完全取决于用户所选择的SSL VPN产品。

1. 快速性

VPN的意义不仅仅是建立连接就行了,如果VPN接入的速度跟不上应用要求,造成应用系统频繁超时甚至操作失败,或者一个小文件的传输就耗费掉了用户大量的时间,那建立起的VPN连接就没有意义了。所以用户对速度性的要求是首当其冲的。SSL VPN的接入速度很大程度依赖于两方面的环境:(1)设备部署地的网络接入状况;(2)移动用户接入处的网络状况。

2. 安全性

用户接入内网的目的是访问内网资源,内网资源中不乏各单位内部机密,如果这些内部机密被第三方截取并破解,其后果不堪设想。因此一款好的SSL VPN产品应该是真正基于工业标准SSL协议的,至少拥有DES、3DES、AES、MD5、RC4、RSA等基本算法,并且随着国家信息安全建设步伐的加快,政府、教育、电力等大型行业用户选择支持国密办加密算法的SSL VPN产品无疑是最保险的,这样避免了后续国家强制要求出台后全线产品必须更换,从而造成大量IT投入浪费的风险。

3. 稳定性

随着信息化程度的提高,越来越多的单位具体业务与SSL VPN进行了结合,SSL VPN线路的稳定性是这类用户最关注的问题。由于线路故障、设备故障等原因引起的SSL VPN线路长时间中断的情况都是不允许出现的。因此,一款SSL VPN产品在稳定性方面的技术保障必不可少。

4. 其他方面

性能方面:不盲目追求高性能,选择合适应用规模的SSL VPN设备。

性价比:只买最好,不买最贵,同等价格获得越多的功能和性能,是所有采购行为追求的目标。并且性价比很多时候还体现在后续的平滑升级方面,基于已有的高端设备搭配一个较低端的设备集群混合使用,则是一个容易能让用户接受的升级方式。

技术支持及售后服务:如果没有良好的技术支持及售后服务作支撑,其产品的使用效果会大打折扣。

产品市场地位的考察:在判断产品市场地位方面,业内的口碑以及第三方市场调查机构的客观调查报告是最值得参考的两点。

任务小结

经过赵主任的详细介绍,小王终于了解到 VPN 与一般网络互连的区别,明白了 VPN 的作用,对 IPSec 也有所了解,VPN 产品选型也有了初步认识,有时间去深入了解一下天融信虚拟专用网络。

任务练习

练习　截获数据包

1. 以数据包嗅探模式在你的 VPN 服务器上运行 Snort。
2. 截获传入的数据包。
3. 检查它们是否被加密。

项目实践　加密分析程序 CAP 的使用

【实训描述】

一般的密码学实验是要求学习者编写实现加密法或分析工具的程序,但这势必要占用学习者较多的时间去调试程序,减少他真正学习密码学的时间。加密分析程序 CAP 是 Dr. Richard Spillman 编写的一款密码加密与分析的软件,包含了古典密码学和现代密码学常用的密码算法和分析工具。学习者可以利用 CAP 更好地学习加密法和密码分析技术而不必花大量的时间在调试程序上,因此 CAP 是一款非常实用的密码加密和分析工具。CAP 的测试版本可以从 http://www.cs.plu.edu/courses/privacy/cap.htm 下载。

【实验目的】

1. 利用 CAP 软件实现几种常用密码加密和解密。
2. 利用 CAP 软件对密文进行分析。
3. 掌握常规的密码算法加密和分析技术。

【实训环境】

1. CAP 软件。
2. 基于 Windows 的 PC。

【实训步骤】

第 1 步：软件安装

双击运行 CAP4.exe,出现如图 6-13 所示界面。

一般使用过程：先在"Plaintext"中输入要加密的明文,或在"Ciphertext"中输入要解密的密文,然后选择菜单"Ciphers"中的加密算法,输入密钥,进行加密或解密运算。相应的密

文或回复的明文分别出现在"Ciphertext"或"Plaintext"中。如果是对密文进行分析,则在
"Ciphertext"中输入要分析的 密文后。利用"AnalysisTools"中的分析工具进行分析。

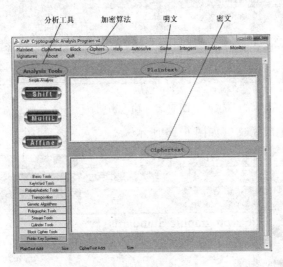

图 6-13 CAP 主界面

第 2 步: 加密解密过程

现在以明文 M=Wireless LAN technologies 为例,用不同的密码算法求出相应的密文
C=?(建议密码学习者以手工运算先计算出密文,再与 CAP 软件运算结果比较是否正确,
以加强对密码算法的理解。对于密文进行分析则可使用 CAP 的分析工具以帮助提高分析
效率。另外,由于知道密钥和密码算法的解密过程和加密过程一致,不过是先输入密文,然
后选择算法及输入密钥,解密恢复出明文,因此不在每个算法实例中单独进行演示)。

(1) 对于密钥 K=3 的简单移位密码(恺撒密码)的加密与解密过程

在"Plaintext"窗口中输入字符串"Cryptographic Standards",如图 6-14 所示。

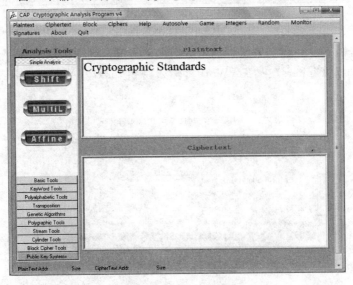

图 6-14 输入密码过程

在菜单中选择"Ciphers"→"Simple Shift",输入移位的个数,即密钥 3,如图 6-15 所示。

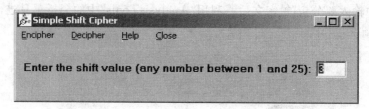

图 6-15 输入密钥

单击"Encipher"生成密文。如图 6-16 所示。

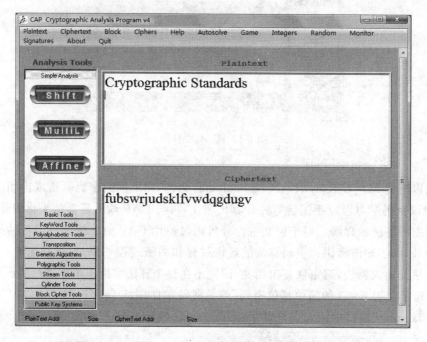

图 6-16 生成密文

（2）对于密钥 K＝next 的关键词加密法的加密与解密过程

在菜单中选择"Ciphers"→"KeyWord",输入密钥"next",单击"Set Key"生成密码表,如图 6-17 所示。

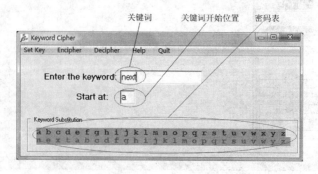

图 6-17 生成密码表

单击"Encipher",出现如图 6-18 所示对话框。

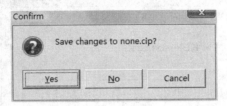

图 6-18　保存改变对话框

选择"Yes"保存密文到文档中,选择"No"则密文"xpymrlcpnmdfxqrnktnptq"出现在
CAP 的密文框中。

(3) 对于密钥 K＝badge 的多文字加密法的加密与解密过程

在菜单中选择"Ciphers"→"MultiLiteral",输入密钥"badge",单击"Set Key"生成密码
矩阵,如图 6-19 所示。

单击"Encipher",生成密文"Bdgaegdeggdgaagabbdeadagbdgdggbbddbgbbgabggd"。

(4) 对于密码关键词 K ＝badge 的 Playfair 算法的加密与解密过程

在菜单中选择"Ciphers"→"Playfair",输入密钥"badge",单击"Set Key"生成密码矩阵,
如图 6-20 所示。

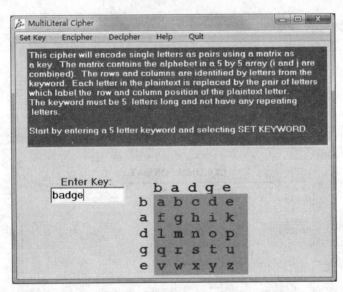

图 6-19　密钥 K＝badge 的多文字加密与解密

单击"Encipher",生成密文"fqzoytatemikhqrgshfwhx"。

(5) 对于密钥 K ＝badge 的 Vigenere 密码的加密与解密过程

在菜单中选择"Ciphers"→"Vigenere",输入密钥"badge",如图 6-21 所示。

单击"Encipher",生成密文"drbvxpgugtiifyxbnggves"。

(6) 对于密钥 K ＝badge 的列换位法的加密与解密过程

在菜单中选择"Ciphers"→"Column Transposition",输入密钥"badge",单击"Set Key"
生成列序号及矩阵。如图 6-22 所示。

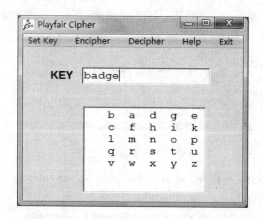

图 6-20　密钥 K ＝badge 的 Playfair 算法加密与解密

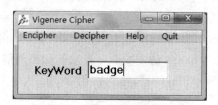

图 6-21　密钥 K ＝badge 的 Vigenere 密码加密与解密

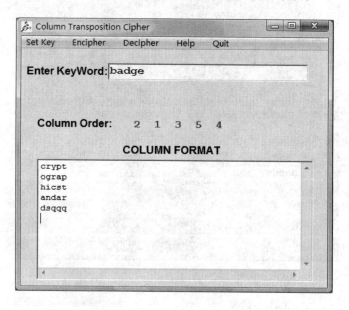

图 6-22　密钥 K ＝badge 的列换位法的加密与解密

再单击"Encipher"生成密文"rginscohadyrcdqtptrqpasaq"。

第 3 步：密文分析

（1）利用移位工具进行分析

对于移位密码来说，如果不知道移位位数，即密钥，就不能对密文进行解密。对此类密文可采取尝试所有的移位数对密文进行分析的方法以确定可能的密钥。如以移位密码密文

"icbpmvbqkibqwv"为例进行密码分析。

首先在密文框中输入密文,然后利用单击左侧的"Analusis Tools"中的"Shift"→"Run"进行破解,测试1~25位移密钥,经分析得到明文"authentication"。如图6-23所示。

图6-23 移位工具分析密文

(2) 采用基本频率分析工具分析

可以使用频率分析工具,选择"Run"→"Single"即可对密文进行分析,找出26个字母在密文中出现的频率,然后对照字母频率表字母按照频率表出现的顺序是:ETAONIRS HDLUCMPFYWGBVJKQXZ。进行明文替换,直到尝试找到所有明文与密文对应的密码表。这种方法适合一对一替换的密码分析,如移位密码,关键词密码算法等。CAP提供了"Singel"、"Double"、"Triple"三种字母组合的频率分析,并提供图表等显示。如图6-24所示。

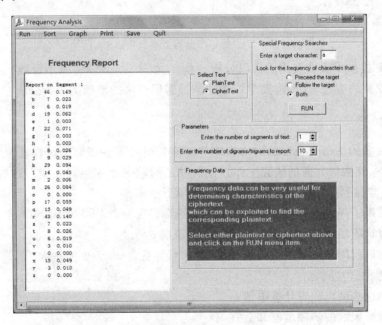

图6-24 基本频率分析密码

（3）使用低频率分析工具对多表替代密码进行分析

已 知 密 文 "uhhogwivggiefqwvmwneutkkvfchozjnjyxbtlurfvhtxvaorcsefgpduogxfsdth dopvesevzsuhhurfshtxcywniteqjmogvzeuirtxpdhzismltixhhzlfrwniurdtwniwzieddzevngkvxeq zeoyiuvnoizenphxmogznmmeltxsaqymfnwojuhhxidelbmogvzeuirtgblfapbthyeoifbxiawjsfsqzq btfnxiertigoxthjnwnigrdsiuhhtxieukgfiyorhsw gxjoqieorhpidtwnigrdsiprirehtkkyteu" 是 采 用 Vigenere 密码加密，密钥长度是 5，请分析明文。

单击 CAP 左侧分析工具"Polyalphabetic Tools"中的"Low Freq"，输入密钥可能长度，单击"Run"，出现频率分析报告和可能的密钥，再用可能的密钥对密文进行解密看是否能够正确解密出密文。直到找到正确的密钥为止。密文越长，用频率分析的效果越好。如图 6-25 所示。

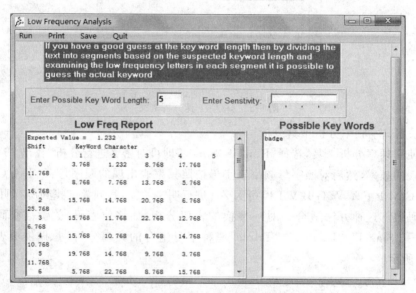

图 6-25　低频率分析工具分析密文

（4）CAP 提供了很多实用的密码分析工具，一般来说，破译密码不可能一次性成功，往往需要尝试很多的方法，这个需要学习者在掌握密码算法的基础上进行分析。

项目思考

小黄是一家国防研究公司的网络管理员。该公司的很多研究人员在家里做一些工作，尤其是做数学、算法等方面的研究工作。他们发送的数据必须绝对安全。这些远程用户希望使用 VPN 连接到公司的网络。小黄采取了以下措施：

（1）他使用了 Windows XP 作为 VPN 服务器实现一个 PPTN VPN；

（2）所有远程用户都被设置为使用强迫隧道模式；

（3）所有远程用户都给定了强度很高的口令，并且每 30 天更换一次。

现在要考虑这些问题：

（1）他的这些动作代表什么事情？

（2）小黄所采取的步骤足够和适宜吗？

（3）你还建议可以采取哪些步骤？

课 后 练 习

一、填空题

1. 密码体制从原理上可分为两大类，即单钥密码体制和_____。

2. 在加密系统中，作为输入的原始信息称为明文，加密变换后的结果称为_____。

3. 加密主要是为了隐蔽信息的内容，而认证的三个主要目的是：消息完整性认证、_____、消息的序号和操作时间（时间性）。

4. DES 技术属于_____加密技术。

5. 防火墙一般位于_____和外部网络之间。

6. 代理防火墙工作在_____层。

7. 目前综合布线工程中，常用的测试标准为 ANSI/EIA/TIA 制定的_____标准。

8. 网络攻击的步骤是：_____、_____、_____控制或破坏目标系统_____和_____。

9. 按照计算机网络安全漏洞的可利用方式来划分，漏洞探测技术可以划分为信息型漏洞探测和_____。

10. 分布式入侵检测对信息的处理方法可以分为四种：分布式信息收集、集中式处理、分布式信息收集和_____。

二、选择题

1. (　　)协议主要用于加密机制。

A. HTTP　　　　　　B. FTP　　　　　　C. TELNET　　　　　　D. SSL

2. 不属于 Web 服务器的安全措施的是(　　)。

A. 保证注册账户的时效性　　　　　　B. 删除死账户

C. 强制用户使用不易被破解的密码　　D. 所有用户使用一次性密码

3. 不属于常见的危险密码是(　　)。

A. 跟用户名相同的密码　　　　　　B. 使用生日作为密码

C. 只有 4 位数的密码　　　　　　　D. 10 位的综合型密码

4. 下列加密算法中，属于双钥加密算法的是(　　)。

A. DES　　　　　　B. IDEA　　　　　　C. Blowfish　　　　　　D. RSA

5. 公钥基础设施(PKI)的核心组成部分是(　　)。

A. 认证机构 CA　　　　　　　　B. X.509 标准

C. 密钥备份和恢复　　　　　　　D. PKI 应用接口系统

6. 关于双钥密码体制的正确描述是(　　)。

A. 双钥密码体制中加解密密钥不相同，从一个很难计算出另一个

B. 双钥密码体制中加密密钥与解密密钥相同，或是实质上等同

C. 双钥密码体制中加解密密钥虽不相同，但是可以从一个推导出另一个

D. 双钥密码体制中加解密密钥是否相同可以根据用户要求决定

7. 计算机机房的安全等级分为（　　　）。

A. A 类和 B 类 2 个基本类别

B. A 类、B 类和 C 类 3 个基本类别

C. A 类、B 类、C 类和 D 类 4 个基本类别

D. A 类、B 类、C 类、D 类和 E 类 5 个基本类别

8. DES 加密算法的密文分组长度和有效密钥长度分别是（　　　）。

A. 56 bit,128 bit　　 B. 64 bit,56 bit　　　 C. 64 bit,64 bit　　　 D. 64 bit,128 bit

9. 下面关于双钥密码体制的说法中,错误的是（　　　）。

A. 可以公开加密密钥　　　　　　　　B. 密钥管理问题比较简单

C. 可以用于数字签名　　　　　　　　D. 加解密处理速度快

10. 下面不是采用对称加密算法的是（　　　）。

A. DES　　　　　　 B. AES　　　　　　 C. IDEA　　　　　 D. RSA

三、简答题

1. 简述办理按揭端口扫描的原理和工作过程。

2. 简述无线局域网由哪些硬件组成。

3. 简述基于主机的扫描器和基于网络的扫描器的异同。

4. 在密码学中,明文、密文、密钥、加密算法和解密算法称为五元组。试说明这五个基本概念。

5. 对给定二进制明文信息"00110101010001010011110100101011100010101"进行两次加密。第一次,采用 8 位分组异或算法,用密钥"01010101"对明文进行加密运算。第二次,采用"1→4(读作:位置 1 的数据移到位置 4,以下类推),2→8,3→1,4→5,5→7,6→2,7→6,8→3"对第一次加密后的密文进行 8 位分组换位加密运算。请写出两次加密的密文。注:异或运算的规则如下所示。

x

y

x COR y

0 0 1 1

项目七　网络设备安全

　　设备的安全始终是网络安全的一个重要方面,攻击者往往通过控制网络中设备米破坏系统和信息,或扩大已有的破坏。只有网络中所有结点都安全了,才能说整个网络状况是安全的。网络设备包括主机(服务器、工作站、PC)和网络设施(交换机、路由器等)。对网络设备进行安全加固的目的是减少攻击者的攻击机会。如果网络设备本身存在安全上的脆弱性,往往会成为攻击目标。

任务一　网络设备安全技术

【技能要点】

1. 了解网络设备的安全隐患;
2. 掌握路由器在网络安全方面的知识;
3. 掌握交换机在网络安全方面的知识;
4. 掌握局域网的安全防范方法。

【任务背景】

　　在信息中心上网时,小王打开电脑后发现自己的硬盘驱动被删除了,更严重的是电脑出现了特洛伊木马程序,小王纳闷了,自己的电脑一直都没人动,怎么会出现这样的现象呢?他去询问了赵主任,根据小王提供的情况,赵主任分析小王电脑中硬盘驱动被删除可能是有些人通过无线网连接到了他的 WLAN,对他的网络进行了访问,并刻意造成了破坏,主要还是网络设备的问题。那么使用无线局域网应该注意哪些呢? 怎样安全设置路由器?

【任务分析】

　　全面进行网络安全管理,就要系统学习网络安全的基本知识,知道网络中主要的网络设备所面临的威胁,了解网络安全管理原则。

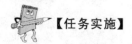【任务实施】

步骤一　网络设备安全概述

网络设备从网络管理角度可分为三类。

第一类是无须进行配置和管理的网络设备,如集线器等。

第二类是可通过特殊端口:串口、并口、USB口进行配置管理的网络设备,如交换机等。

第三类是可通过远程连接 TELNET、网管、Web 等方式进行配置管理的网络设备,如路由器等。

通常情况下,前两类网络设备一般其自身不会遭到入侵攻击,存在较大安全隐患的主要是第三类网络设备。

1. 网络设备的安全脆弱性分析

对网络设备进行安全加固的目的是减少攻击者的攻击机会。如果设备本身存在安全上的脆弱性,往往会成为攻击目标。设备的安全脆弱性包括:提供不必要的网络服务,提高了攻击者的攻击机会;存在不安全的配置,带来不必要的安全隐患;不适当的访问控制;存在系统软件上的安全漏洞;物理上没有安全存放,遭受临近攻击(close-in attack)。

2. 网络设备的安全加固技术

针对上述安全弱点,可提出如下的设备安全加固技术建议。

(1) 禁用不必要的网络服务

首先,在系统的详细设计阶段,对网络中每个设备的功能就应该有了明确的定义。在方案实现阶段中的设备部署过程中,应该根据设计阶段的定义确定设备应提供的网络服务,对于设计定义之外的网络服务应该禁用。不必要的网络服务只会为攻击者提供更多的攻击途径和门户。

其次,要经常查询访问一些安全资源,了解其中发布的软件安全漏洞,如果真的涉及设备上必须提供的网络服务,就应该及时打上补丁,或禁用该服务,或更换设备,或利用深层防御(Defense-in-Depth)机制补救。

(2) 修改不安全的配置

如果对系统配置不加以审查,也可能引发安全问题。比如有些数据库系统的出厂配置有很多个用户账号,这些账号对用户实际的应用也许并无意义,但却可能为攻击者提供一个入口;再比如,设备出厂时一般都会有一个管理员账户,并配有一个口令字,有些用户甚至不改变这些默认口令字。还有些配置可能因为安全强度不够,比如管理员采用了一个很简单的口令字,也容易被暴力(brute force)攻破。

(3) 利用最小权限(Least-Privilege)原则严格对设备的访问控制

“最小权限”是一个与安全相关的概念,即使在不考虑针对信息的具体威胁时,这一概念也有现实意义。一个一般意义上的威胁可以被描述成“有越多的人能访问信息,信息被滥用的概率就越高”。当只有那些需要访问设备的人被允许进行设备访问时,安全保护才能做得更好。在最小权限下,对角色要细加检查,并删除不必要的权限。

（4）及时对系统进行软件升级

任何厂商的设备都难免会有各种各样的 Bug 存在,这些 Bug 的存在可能会为攻击者创造入侵机会。比如 UNIX 系统中常见的"缓冲区溢出攻击"(Buffer Overflow)都是针对系统编码中的缺陷发起的;同样有很多计算机病毒,比如 SQL Slammer 病毒就是针对 SQL Server 中的一个缺陷而大规模泛滥的。要及时访问各种安全资源,主动寻找这方面的知识和软件更新,获取像原设备厂商、CCERT、FIRST 这类机构的帮助,及时对存在已知安全问题的系统进行升级。这里要强调的是管理人员的安全意识问题。

（5）提供符合 IPP 要求的物理保护环境

理论上讲,只要从物理上能接近设备,设备的安全性就无从谈起,因为此时我们常提到的安全服务,如访问控制、鉴别服务等就不能起到保护作用。比如,通过物理的改变,设备上的一些硬件开关就可以重置管理员口令字或恢复出厂设置。

步骤二　路由器安全防范技术

路由器是局域网连接外部网络的重要桥梁,是网络系统中不可或缺的重要部件,也是网络安全的前沿关口。但是路由器的维护却很少被大家所重视。试想,如果路由器连自身的安全都没有保障,整个网络也就毫无安全可言。因此在网络安全管理上,必须对路由器进行合理规划、配置,采取必要的安全保护措施,避免因路由器自身的安全问题而给整个网络系统带来漏洞和风险。

1. 路由器安全存在的问题

（1）身份问题

虽然关于弱(默认)口令的问题已经有所改善,但如果黑客能够浏览系统的配置文件,则会引起身份危机,所以建议启用路由器上的口令加密功能。

另外,要实施合理的验证控制以便路由器安全地传输证书。可以配置一些协议,如远程验证拨入用户服务,这样就能使用这些协议结合验证服务器提供经过加密、验证的路由器访问。验证控制可以将用户的验证请求转发给通常在后端网络上的验证服务器。验证服务器还可以要求用户使用双因素验证,以此加强验证系统。双因素的前者是软件或硬件的令牌生成部分,后者则是用户身份和令牌通行码。其他验证解决方案涉及在安全外壳(SSH)或IPSec 内传送安全证书。

（2）漏洞问题

路由器也有自己的操作系统即网络操作系统(IOS),及时打上安全补丁可以减少路由器漏洞问题的发生。但是这样也不能保证彻底解决漏洞问题,因为漏洞常常是在供应商发行补丁之前被披露,这个时间差也是发生漏洞问题的危险时间。

（3）访问控制问题

限制物理访问:限制系统物理访问是确保路由器安全的有效方法。限制系统物理访问就是要避免将调制解调器连接至路由器的辅助端口,或者将控制台和终端会话配置成在较短闲置时间后自动退出系统。

限制逻辑访问:限制逻辑访问主要是借助于访问控制列表,由于访问控制列表在数据过滤方面的重要作用,所以下面单列一段对此进行详细阐述。

（4）路由协议问题

路由协议方面,要避免使用路由信息协议(RIP),因为 RIP 很容易被欺骗从而接受不合法的路由更新,使用开放最短路径优先协议(OSPF)等,以便在接受路由更新之前,通过发送口令的 MD5 散列,使用口令验证对方,所以,路由协议方面应该不会构成问题。

（5）配置管理问题

要有控制存放、检索及更新路由器配置的配置管理策略,将配置备份文档妥善保存在安全服务器上,以防新配置遇到问题时方便更换、重装或恢复到原先的配置。

可以通过两种方法将配置文档(包括系统日志)存放在支持命令行接口(CLI)的路由器平台上。一种方法是运行脚本,配置脚本使其能够在服务器到路由器之间建立 SSH 会话、登录系统、关闭控制器日志功能、显示配置、保存配置到本地文件以及退出系统;另外一种方法是在服务器到路由器之间建立 IPSec 隧道,通过该安全隧道内的 TFTP 将配置文件复制到服务器。

2. 路由器的安全配置

思科的设备通过网络操作系统默认地提供一些服务。某些小的服务,如 echo(回波)、chargen(字符发生器协议)和 discard(抛弃协议),特别是它们的 UDP 服务,很少用于合法的目的。但这些服务能够用来实施拒绝服务攻击和其他攻击。因此要永远禁用不必要的服务,路由器、服务器和工作站上的不必要的服务都要禁用。使用包过滤可以防止这些攻击。

下面给大家介绍一些加强路由器安全的措施和方法,让我们的网络更加安全。

（1）禁用不需要的服务

利用 IP 地址欺骗控制其他主机,共同要求 Router 提供的某种服务,导致 Router 利用率升高。就可以实现 DDOS 攻击。防范措施是关闭某些默认状态下开启的服务,以节省内存并防止安全破坏行为/攻击。

① 禁止 CDP 协议:CDP(Cisco Discovery Protocol)协议造成设备信息的泄露,建议禁止 CDP 协议,以禁止 CDP 发现邻近的 Cisco 设备、型号和软件版本。

配置如下:

```
Router(config-t)＃no cdp run
Router(config-t)＃int s0
Router(config-if)＃no cdp enable
```

如果使用 works2000 网管软件,则不需要此项操作。

② 禁止其他的 TCP、UDP Small 服务:TCP、UDP Small 服务提供了 echo chargen、daytime 和 discard 功能。版本 11.3 以前的 IOS 默认是打开的,11.3 和以后版本是关闭的。

```
Router(Config)＃ no service tcp-small-servers
Router(Config)＃ no service udp-samll-servers
```

③ 禁止 Finger 服务:Finger 服务可以显示目前的用户的详细列表,包括位置,连接号,空闲时间等,端口号 79,默认是打开的。

```
Router(Config)＃ no ip finger
Router(Config)＃ no service finger
```

④ 建议禁止 http server 服务:http server 通过浏览器来修改配置,默认是打开的,安全漏洞很多,建议禁止 http server 服务。

Router(Config)# no ip http server

如果启用了 http server 服务则需要对其进行安全配置:设置用户名和密码;采用访问列表进行控制。

⑤ 禁止 bootp server 服务:该功能使得 bootp client 从 bootp server 上下载 IOS 软件。

Router(Config)# no ip bootp server

//禁止从网络启动和自动从网络下载初始配置文件。

Router(Config)# no boot network

Router(Config)# no servic config

⑥ 禁止代理 ARP 服务:禁止默认启用的代理 ARP(ARP-Proxy),代理 ARP 使路由器处理不同网段的接口像在同一段一样,黑客可以通过该功能伪装信任的主机。

Router(Config)# no ip proxy-arp

或者

Router(Config-if)# no ip proxy-arp

⑦ 过滤进来的 ICMP 的重定向消息

因为黑客可使用 ICMP unreachable message 勾画出网络拓扑。因此要禁止 ICMP 协议的 IP Unreachables、Redirects、Mask Replies 等。可以过滤进来的 ICMP 的重定向消息,使得在正常情况下,一个路由器只发送重定向消息到它所在的网络的主机。

Router(Config-if)# no ip unreacheables

Router(Config-if)# no ip redirects

Router(Config-if)# no ip mask-reply1

⑧ 建议禁止 SNMP 协议服务。在禁止时必须删除一些 SNMP 服务的默认配置。或者需要访问列表来过滤。

⑨ 如果没必要则禁止 WINS 和 DNS 服务。

Router(Config)# no ip domain-lookup

如果需要则需要配置:

Router(Config)# hostname Router

Router(Config)# ip name-server 202.102.134.961

⑩ 明确禁止不使用的端口。

Router(Config)# interface eth0/3

Router (config-if)# shutdown

Router (config-if)#no shutdown

(2)关闭常见的病毒攻击端口

为加强病毒控制,在网络设备上预先定义访问控制列表,紧急情况下在网络设备上行线路端口上应用控制列表。病毒易攻击端口见表 7-1。

表 7-1　病毒易攻击端口

端口号	病毒名称
UDP 1434	SQL slammer 病毒利用此端口
TCP 135	W32. Blaster. Wom. W32/Lovsan. wom 病毒利用此端口
UDP 135	DCEendpoint resolution 端口,部分病毒利用此端口
TCP 137	NETBIOS Name Service 端口,部分病毒利用此端口
TCP 138	NETBIOS Datagram Service 端口,部分病毒利用此端口
TCP 139	NETBIOS Session Service 端口,部分病毒利用此端口
TCP 445	Lioten、Randon、WORM_DELODERA. W32/Deloder. A、W32. HLLW. Deloder、Sasser 等病毒利用此端口
UDP 138	NETBIOS Datagram Service 端口,部分病毒利用此端口
TCP 4444	CrackDown、Prosiak、Swift Remote、AlexTrojan 端口,部分病毒利用此端口

关闭常见的病毒攻击端口的访问控制列表

```
Router(Config) # access-list 142 deny udp any any eq 1434
Router(Config) # access-list 142 deny tcp any any eq 135
Router(Config) # access-list 142 deny udp any any eq 135
Router(Config) # access-list 142 deny tcp any any eq 137
Router(Config) # access-list 142 deny tcp any any eq 138
Router(Config) # access-list 142 deny tcp any any eq 139
Router(Config) # access-list 142 deny tcp any any eq 445
Router(Config) # access-list 142 deny udp any any eq 138
Router(Config) # access-list 142 deny tcp any any eq 4444
```

紧急情况下在网络设备上行线路端口上应用控制列表:

```
Router(Config) # int 端口号 // 广域网上行线路
Router(Config-if) # ip access-group 142 in
```

3. 路由协议安全配置

Cisco 路由器上可以配置静态路由、动态路由和默认路由三种路由。一般地,路由器查找路由的顺序为静态路由,动态路由,如果以上路由表中都没有合适的路由,则通过默认路由将数据包传输出去,可以综合使用三种路由。

路由协议安全配置主要指的是动态路由协议的安全配置。

(1) IP 协议安全配置

IP 安全配置主要是为网络通信配置某种安全策略,它适用于任何启用 TCP/IP 的连接。

禁止 IP 源路由:除非在特别要求情况下,应禁用 IP 源路由(IP Source Routing),防止路由欺骗。

```
Router(Config) # no ip source-route
```

禁止 IP 直接广播:明确地禁止 IP 直接广播(IP Directed Broadcast),以防止来自外网的 ICMP-flooging 攻击和 smurf 攻击。该选项在 IOS 版本小于 12.0 时默认是打开的,版本号大于 12.0 的 IOS 中该选项是关闭的。

（2）OSPF 动态路由协议安全配置

在配置路由器和核心（或三层）交换机的动态路由协议时，只将网络设备之间的互联端口纳入动态路由域中，不要包含服务器、应用系统和部门 VLAN 的网关口，各 VLAN IP 网段应通过 Redistribute Connected 方式注入，还可以简化动态路由域的网络拓扑结构和设备的配置，从而提高动态路由收敛时间和网络运行效率。

4. 启用 OSPF 路由协议的认证

```
Router(Config)# router ospf 100
Router(Config-router)# network 192.168.100.0 0.0.0.255 area 100
! 启用 MD5 认证。
! area area-id authentication 启用认证，是明文密码认证。
! area area-id authentication message-digest
Router(Config-router)# area 100 authentication message-digest
Router(Config)# exit
Router(Config)# interface eth0/1
! 启用 MD5 密钥 Key 为 routerospfkey。
! ip ospf authentication-key key 启用认证密钥，但会是明文传输。
! ip ospf message-digest-key key-id(1-255) md5 key
Router(Config-if)# ip ospf message-digest-key 1 md5 routerospfkey
```

（4）RIP 协议的认证

只有 RIP-V2 支持认证，RIP-1 不支持认证。建议启用 RIP-V2，并且采用 MD5 认证。普通认证同样是明文传输的。

```
Router(Config)# config terminal
! 启用设置密钥链
Router(Config)# key chain mykeychainname
Router(Config-keychain)# key 1
! 设置密钥字串
Router(Config-leychain-key)# key-string MyFirstKeyString
Router(Config-keyschain)# key 2
Router(Config-keychain-key)# key-string MySecondKeyString
! 启用 RIP-V2
Router(Config)# router rip
Router(Config-router)# version 2
Router(Config-router)# network 192.168.100.0
Router(Config)# interface eth0/1
! 采用 MD5 模式认证，并选择已配置的密钥链
Router(Config-if)# ip rip authentication mode md5
Router(Config-if)# ip rip anthentication key-chain mykeychainname
```

（5）启用 passive-interface 命令

可以禁用一些不需要接收和转发路由信息的端口。建议对于不需要路由的端口,启用 passive-interface。但是,在 RIP 协议是只是禁止转发路由信息,并没有禁止接收。在 OSPF 协议中是禁止转发和接收路由信息。

！Rip 中,禁止端口 0/3 转发路由信息

Router(Config)# router Rip

Router(Config-router)# passive-interface eth0/3

！OSPF 中,禁止端口 0/3 接收和转发路由信息

Router(Config)# router ospf 100

Router(Config-router)# passive-interface eth0/3

(6) 控制网络的垃圾信息流

启用访问列表过滤一些垃圾和恶意路由信息,控制网络的垃圾信息流。

Router(Config)# access-list 10 deny 192.168.1.0 0.0.0.255

Router(Config)# access-list 10 permit any

！禁止路由器接收更新 192.168.1.0 网络的路由信息

Router(Config)# router ospf 100

Router(Config-router)# distribute-list 10 in

！禁止路由器转发传播 192.168.1.0 网络的路由信息

Router(Config)# router ospf 100

Router(Config-router)# distribute-list 10 out6

(7) 启用逆向路径转发

使用 IP 逆向路径转发(Unicast Reverse-Path Verification)可防止 IP 地址欺骗。但它只能在启用 CEF 的路由器上使用。

在 WAN Router 上配置如下:

Router# config t

！启用 CEF,防止小包利用 fast cache 转发算法带来的 Router 内存耗尽、CPU 利用率升高。

Router(config-t)# ip cef

！启用逆向路径转发

Router(config-t)# interface eth0/1

Router(config-if)# ip verify unicast reverse-path 101

Router(config-t)#access-list 101 permit ip any any log

注意:通过 log 日志可以看到内部网络中哪些用户试图进行 IP 地址欺骗。

5. 路由器其他安全配置

路由器其他安全配置主要有使用 SSH 远程登录、及时升级 IOS 软件和网络运行监视。

(1) 使用 SSH 远程登录

只有支持并带有 IPSec 特征集的 IOS 才支持 SSH。且 IOS12.0-IOS12.2 仅支持 SSH-V1。下面是配置 SSH 服务的例子:

Router(Config)# config t

Router(Config)# no access-list 22

Router(Config)♯ access-list 22 permit 192.168.0.22

Router(Config)♯ access-list deny any

Router(Config)♯ username BluShin privilege 10 G00dPa55w0rd

！设置 SSH 的超时间隔和尝试登录次数

Router(Config)♯ ip ssh timeout 90

Router(Config)♯ ip ssh anthentication-retries 2

！应用到具体接口

Router(Config)♯ line vty 0 4

Router(Config-line)♯ access-class 22 in

Router(Config-line)♯ transport input ssh

Router(Config-line)♯ login local

Router(Config-line)♯ exit

！启用 SSH 服务,生成 RSA 密钥对。

Router(Config)♯ crypto key generate rsa

The name for the keys will be:router.blushin.org

Choose the size of the key modulus in the range of 360 to 2048 for your General Purpose Keys .Choosing a key modulus greater than 512 may take a few minutes.

How many bits in the modulus[512]:2048

Generating RSA Keys...

[OK]

（2）及时升级 IOS 软件

如同其他网络操作系统一样,路由器操作系统也需要更新,以便纠正编程错误、软件瑕疵和缓存溢出的问题。要经常向路由器厂商查询当前的更新和操作系统的版本。及时升级 IOS 软件,并且要迅速地为 IOS 安装补丁。要严格认真地为 IOS 和路由器的配置文件作安全备份。

配置文件的备份建议使用 FTP 代替 TFTP

Router(Config)♯ ip ftp username Bush

Router(Config)♯ ip ftp password 4tppa55w0rd

Router♯ copy startup-config ftp:

（3）网络运行监视

网络运行监视主要是配置日志服务器(log server)、时间服务及与用于带内管理的 ACL 等,便于进行安全审计。

① 配置日志服务器

！开启日志记录功能

Router(config-t)♯ logg on

！172.16.0.10 是 cisco 网络设备日志服务器的 IP 地址

Router(config-t)♯ logg 172.16.0.10

！设置捕获日志的级别

Router(config-t)♯ logg facility local6

！其中 172.16.0.10 是以 Windows 2000 Server 版的服务器作为 Cisco 网络设备日志服务器，在其上安装 3csyslog 软件。选择 anybody 即可用 3csyslog 看 router 或 switch log：

Router(config)＃logging 172.16.0.10

② 配置网络时间协议 NTP 服务器

Router(Config)＃clock timezone PST-8

！设置时区

Router(Config)＃ntp authenticate

！启用 NTP 认证

Router(Config)＃ntp authentication-key 1 md5 uadsf

！设置 NTP 认证用的密码，使用 MD5 加密。需要和 ntp server 一致

Router(Config)＃ntp trusted-key 1

！可以信任的 Key.

Router(Config)＃ntp acess-group peer 98

！设置 ntp 服务，只允许对端为符合 access-list 98 条件的主机

Router(Config)＃ntp server 192.168.0.1 key 1

！配置 ntp server，server 为 192.168.0.1，使用 1 号 key 作为密码

网络设备应通过统一的 NTP 服务器同步设备时钟。

Router(Config)＃ ntp source loopback0

Router(Config)＃ ntp server 192.168.0.1

！192.168.0.1 是时钟服务器 IP 地址

步骤三　交换机安全防范技术

交换机作为局域网信息交换的主要设备，特别是核心交换机和汇聚交换机承载着极高的数据流量，在突发异常数据或攻击时，极易造成负载过重或宕机现象。为了尽可能抑制攻击带来的影响，减轻交换机的负载，使局域网稳定运行，交换机厂商在交换机上应用了一些安全防范技术，网络管理人员应该根据不同的设备型号，有效地启用和配置这些技术，净化局域网环境。

利用交换机的流量控制功能，可以把流经端口的异常流量限制在一定的范围内。

1. 流量控制技术

流量控制技术把流经端口的异常流量限制在一定的范围内。许多交换机具有基于端口的流量控制功能，能够实现风暴控制、端口保护和端口安全。流量控制功能用于交换机与交换机之间在发生拥塞时通知对方暂时停止发送数据包，以避免报文丢失。不过，交换机的流量控制功能只能对经过端口的各类流量进行简单的速率限制，将广播、组播的异常流量限制在一定的范围内，而无法区分哪些是正常流量，哪些是异常流量。同时，如何设定一个合适的阈值也比较困难。

（1）广播风暴控制技术

网卡或其他网络接口损坏、环路、人为干扰破坏、黑客工具、病毒传播，都可能引起广播

风暴,交换机会把大量的广播帧转发到每个端口上,这会极大地消耗链路带宽和硬件资源。广播风暴抑制可以限制广播流量的大小,对超过设定值的广播流量进行丢弃处理。可以通过设置以太网端口或 VLAN 的广播风暴抑制比,从而有效地抑制广播风暴,避免网络拥塞。

广播风暴抑制比:在 CISCO catalyst switch 以太网端口配置模式下使用以下命令限制端口上允许通过的广播流量的大小:

```
int XX
storm-control broadcast level 20.00

switch#sh storm
Interface Filter State Level Current
------------------------------------
Fa1/0/1 Forwarding 20.00% 0.00%
```

为 VLAN 指定广播风暴抑制比:也可以使用上面的命令设置 VLAN 允许通过的广播流量的大小。默认情况下,系统所有 VLAN 不作广播风暴抑制,即 broadcast level 值为 100%。

(2) MAC 地址控制技术

可以通过 MAC 地址绑定来控制网络的流量,来抑制 MAC 攻击。网卡的 MAC 地址通常是唯一确定的,采用 IP-MAC 地址解析技术来防止 IP 地址的盗用,建立一个 IP 地址与 MAC 地址的对应表,然后查询此表,只有 IP-MAC 地址对合法注册的机器才能得到正确的 ARP 应答。

① MAC 地址与端口绑定。

```
Switch#conf t
Switch(config)#int f0/1
Switch(config-if)#switchport mode access
!指定端口模式。
Switch(config-if)#switchport port-security mac-address 00-90-F5-10-79-C1
!配置 MAC 地址。
Switch(config-if)#switchport port-security maximum 1
!限制此端口允许通过的 MAC 地址数为 1。
Switch(config-if)#switchport port-security violation shutdown
!当发现与上述配置不符时,端口 down 掉。
```

② 通过 MAC 地址来限制端口流量

下面的配置允许某 TRUNK 口最多通过 100 个 MAC 地址。

```
Switch#conf t
Switch(config)#int f0/1
Switch(config-if)#switchport trunk encapsulation dot1q
!/配置端口模式为 TRUNK。
Switch(config-if)#switchport mode trunk
```

(3) 配置 802.1X 身份认证

802.1X 身份验证协议可以基于端口来对用户身份进行认证。当用户的数据流量企图通过配置了 802.1X 协议的端口时，必须对其进行身份的验证，合法则允许其访问网络。这样做的优点是可以对内网的用户进行认证，并且简化配置。

2. 访问控制列表（ACL）技术

如果需要交换机对报文做更进一步的控制，可以采用访问控制列表（Access Control List，ACL）。

访问控制列表通过对网络资源进行访问输入和输出控制，确保网络设备不被非法访问或被用作攻击跳板。ACL 是一种规则表，交换机按照顺序执行这些规则，并且处理每一个进入端口的数据包。每条规则根据数据包的属性（如源地址、目的地址和协议）确定转发还是丢弃该数据包。由于规则是按照一定顺序处理的，因此每条规则的相对位置对于确定允许和不允许什么样的数据包通过网络至关重要。

ACL 主要有三个方面的功能。

（1）限制网络流量、提高网络性能。ACL 可以根据数据包的协议，指定某种类型的数据包的优先级。

（2）提供网络访问的基本安全手段。ACL 允许某一主机访问资源，而禁止另一主机访问同样的资源。

（3）在交换机接口处，决定哪种类型的通信流量被转发，哪种通信类型的流量被阻塞。例如，允许网络的 E-mail 被通过，而阻止 FTP 通信。

ACL 的访问规则主要有三种：标准访问控制列表，扩展访问控制列表，基于端口和 VLAN 的访问控制列表。

（1）利用标准 ACL 控制网络访问

标准访问控制列表检查数据包的源地址，从而允许或拒绝基于网络、子网或主机 IP 地址的所有通信流量通过交换机的出口。

通过配置 ACL 对登录用户进行过滤控制，可以在进行口令认证之前将一些恶意或者不合法的连接请求过滤掉，以保证设备的安全。标准 ACL 的配置语句为：

Switch＃access-list access-list-number(1～99)

{permit|deny}{anyA|source[source-wildcard-mask]}{any|destination[destina-tion-mask]}

（2）利用扩展 ACL 控制网络访问

扩展访问控制列表既检查数据包的源地址，也检查数据包的目的地址，还检查数据包的特定协议类型、端口号等。扩展访问控制列表更具有灵活性和可扩充性，即可以对同一地址允许使用某些协议通信流量通过，而拒绝使用其他协议的流量通过，可灵活多变地设计 ACL 的测试条件。

扩展 ACL 的完全命令格式如下：

Switch＃access-list access-list-number(100～199){permit|deny} protocol{any|source[source-mask]}{any|destination[destination-ask]}[port-number]

（3）基于端口和 VLAN 的 ACL 访问控制

标准访问控制列表和扩展访问控制列表的访问控制规则都是基于交换机的，如果仅对交换机的某一端口进行控制，则可把这个端口加入到上述规则中。

配置语句为：

Switch＃ acess-list port ＜port-id＞＜groupid＞

（4）显示访问控制列表

可通过显示命令来检查已建立的访问控制列表，即：

Switch＃ show access-list

例：显示 ACL 列表：

Switch＃ show access-list

！显示 ACL 列表；

ACL Status：Enable   // ACL 状态 允许；

Standard IP access list： //IP 访问列表；

GroupId 1 deny srcIp 192.168.3.0 any Active   //禁止 192.168.3.0 的网络访问；

GroupId 2 permit any any Active / /允许其他网络访问。

若要取消已建立的访问控制列表，可用如下命令格式：

Switch＃ no access-list access-list-number

基于以上的 ACL 多种不同的设置方法，可实现对网络安全的一般控制，使三层交换机作为网络通信出入口的重要控制点，发挥其应有的作用。而正确地配置 ACL 访问控制列表实质将部分起到防火墙的作用，特别对于来自内部网络的攻击防范上有着外部专用防火墙所无法实现的功能，可大大提升局域网的安全性能。

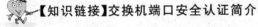

【知识链接】交换机端口安全认证简介

1. AAA

认证（Authentication），授权（Authorization）和记账（Accounting），即 AAA，是 Cisco 设备实现安全特性的整体框架。很多情况下 AAA 框架与其他安全特性进行配合，提高设备的安全性和安全配置的扩展性。其主要目的是管理哪些用户可以访问网络服务器，具有访问权的用户可以得到哪些服务，如何对正在使用网络资源的用户进行记账。具体为：

• 验证（Authentication）：验证用户是否可以获得访问权限。

• 授权（Authorization）：授权用户可以使用哪些服务。

• 记账（Accounting）：记录用户使用网络资源的情况。

（1）AAA 基本原理

AAA 以模块方式提供以下服务。

认证：验证用户是否可获得访问权，可选择使用 RADIUS 协议、TACACS＋协议或 Local（本地）等。身份认证是在允许用户访问网络和网络服务之前对其身份进行识别的一种方法。

授权：授权用户可使用哪些服务。AAA 授权通过定义一系列的属性对来实现，这些属性对描述了用户被授权执行的操作。这些属性对可以存放在网络设备上，也可以远程存放在安全服务器上。

记账：记录用户使用网络资源的情况。当 AAA 记账被启用时，网络设备便开始以统计记录的方式向安全服务器发送用户使用网络资源的情况。每个记账记录都是以属性对的方式组成，并存放在安全服务器上，这些记录可以通过专门软件进行读取分析，从而实现对用户使用网络资源的情况进行记账、统计、跟踪。

AAA 可以对单个用户(线路)或单个服务器动态配置身份认证、授权以及记账类型。通过创建方法列表来定义身份认证、记账、授权类型,然后将这些方法列表应用于特定的服务或接口。

典型的 AAA 网络配置如图 7-1 所示,它包含两台安全服务器:R1 和 R2 是 RADIUS 服务器。

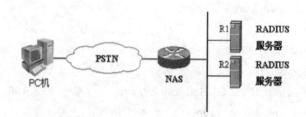

图 7-1 典型的 AAA 网络配置图

(2) AAA 配置基本步骤

首先必须决定要采用哪种安全解决方案,而且需要评估特定网络中的潜在安全风险,并选择适当的手段来阻止未经授权的访问。我们建议,在可能的情况下,尽量使用 AAA 确保网络安全。

① 开启 AAA

使用下列命令可以开启 AAA,要禁用 AAA,使用 no aaa new-model。

NAS(config)♯aaa new-model

注意:除非已经策划好了 AAA 环境,否则不要启动 AAA。因为启动了 AAA 会对接入交换机或路由器等 NAS 的 Telnet 客户进行 AAA 强制认证。这时,除了访问控制台外不能通过任何方式访问 NAS。

② 配置 AAA 认证服务器

首先配置 TACACS+服务器地址和共享密钥:

如果 TACACS+服务器的 IP 地址为 192.168.0.11,共享密码为 tpass,则配置命令如下:

NAS(config)♯tacacs-server host 192.168.0.11

tacacs-server key tpass

NAS♯show tacacs

然后配置 RADIUS 服务器地址和共享密钥:

③ 配置 AAA 验证方式

AAA 验证可以应用在经由 PPP 的客户连接、访问线路或进入特权模式。其命令格式为

NAS(config)♯aaa authentication type {default} | list-name method1 {…[method4]}

④ 配置 AAA 授权

AAA 授权限制用户可以使用的服务权限的命令格式为:

NAS(config)♯aaa authorization type {default}|list-name method1 {…[method4]}

⑤ 配置 AAA 统计

与验证和授权类似,统计的方法列表定义了如何执行统计以及执行这些方法的顺序。其命令格式如下:

NAS(config)♯aaa accounting type {{default}|list-name} record-type method1 {…[method4]}

2. IEEE 802.1x

(1) IEEE 802.1x 功能

802.1x 协议是基于 Client/Server 的访问控制和认证协议。它可以限制未经授权的用户/设备通过接入端口访问 LAN/WLAN。在获得交换机或 LAN 提供的各种业务之前,802.1x 对连接到交换机端口上的用户/设备进行认证。在认证通过之前,802.1x 只允许 EAPoL(基于局域网的扩展认证协议)数据通过设备连接的交换机端口;认证通过以后,正常的数据可以顺利地通过以太网端口。

(2) IEEE802.1 体系结构

与 AAA 系统体系结构类似,IEEE802.1 的体系结构也包括如图 7-2 所示的 3 部分。

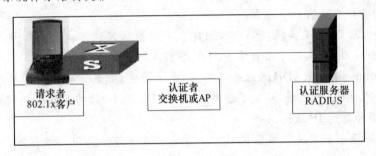

图 7-2　IEEE802.1 的体系结构

请求者:被认证的用户/设备。它请求访问 LAN 和交换机服务。请求者必须运行遵从 802.1x 的客户软件,如在 XP 以上的 Windows 操作系统中的软件。

认证者:对接入的用户/设备进行认证的设备或设备端口。它一般为支持 RADIUS 客户和 802.1 软件的交换机或无线接入点 AP。

认证服务器:根据认证者的信息,对请求访问网络资源的用户/设备进行实际认证功能的设备。它一般是一个或多个 RADIUS 服务器。如果认证者采用本地认证,则认证服务器可以省略。

(3) IEEE 802.1x 工作过程

① 当用户有上网需求时打开 802.1x 客户端程序,输入已经申请、登记过的用户名和口令,发起连接请求。此时,客户端程序将发出请求认证的报文给交换机或 AP,开始启动一次认证过程。

② 交换机或 AP 收到请求认证的数据帧后,将发出一个请求帧要求用户的客户端程序将输入的用户名送上来。

③ 客户端程序响应交换机发出的请求,将用户名信息通过数据帧送给交换机。如果是采用 RADIUS 认证服务器认证,交换机将客户端送上来的数据帧经过封包处理后送给认证服务器进行处理。如果采用本地认证,交换机或 AP 查询自己的用户数据库进行认证处理。

④ 认证服务器收到交换机转发上来的用户名信息后,将该信息与数据库中的用户名表相比对,找到该用户名对应的口令信息,用随机生成的一个加密字对它进行加密处理,同时也将此加密字传送给交换机,由交换机传给客户端程序。

⑤ 客户端程序收到由交换机传来的加密字后,用该加密字对口令部分进行加密处理(此种加密算法通常是不可逆的),并通过交换机传给认证服务器。

⑥ 认证服务器将送上来的加密后的口令信息和其自己经过加密运算后的口令信息进行对比,如果相同,则认为该用户为合法用户,反馈认证通过的消息,并向交换机发出打开端口的指令,允许用户的业务流通过端口访问网络。否则,反馈认证失败的消息,并保持交换机端口的关闭状态,只允许认证信息数据通过而不允许业务数据通过。

(4) IEEE 802.1x 配置

全局配置命令如下:

aaa authentication dot1x default method1 ［method2］

验证方法 method1 至 method2 为按顺序执行的验证方法,只有前一个方法返回 ER-ROR 才进行下一种方法的验证。因此为了最后能够访问设备,一般选择 none 为最终验证方法。常用的验证方法有以下几种。

Local:本地验证,在交换机或 AP 本地建立用户数据库进行认证。如果是唯一认证验证方法或与 none 相结合,则可以省略 RADIUS 服务器。

Group radius:采用 RADIUS 服务器验证,也是最常用、最适合大型网络使用的验证方法。在开启 802.1x 认证之前,一定要部署好 RADIUS 服务器,并且在交换机或 AP 上设置好 RADIUS 服务器的 IP 地址。

None:不验证。如果没有部署 RADIUS 服务器或本地建立用户数据库,则可以采用该方法开启 802.1x 认证。也可以作为第 2 种验证方法以保证用户能够接入交换机,但已经达不到 802.1x 的验证功能了。

步骤四　无线网络安全

1. 无线网络概述

所谓的无线网络(Wireless LAN / WLAN),是指用户以电脑通过区域空间的无线网卡(Wireless Card / PCMCIA 卡)结合存取桥接器(Access Point)进行区域无线网络连接,再加上一组无线上网拨接账号即可上网进行网络资源的利用。

简单地说,无线局域网与一般传统的以太网络(Ethernet)的概念并没有多大的差异,只是无线局域网将用户端接取网络的线路传输部分转变成无线传输的形式,但是却具备有线网络缺乏的行动性,然而之所以称其是局域网,则是因为会受到桥接器与电脑之间距离的远近限制而影响传输范围,所以必须要在区域范围内才可以连上网络。

(1) 无线局域网规格标准

① IEEE 802.11a

1999 年,IEEE 802.11a 标准制定完成,此标准规定无线局域网工作频段范围为 5.15～5.825 GHz,数据传输速率达到 54 Mbit/s,传输距离控制在 10～100 m。IEEE 802.11a 采用正交频分复用(OFDM)的独特扩频技术以取代 IEEE 802.11 的 FHSS(Frequency-

Hopping Spread Spectrum,跳频扩频)或 DSSS(Direct Sequence Spread Spectrum,直接序列扩频)。IEEE 802.11a 是一个非全球性的标准,与 IEEE 802.11b 不兼容。IEEE 802.11a 可提供 25 Mbit/s 的无线 ATM 接口和 10 Mbit/s 的以太网无线帧结构接口,以及 TDD/TDMA 的空中接口;支持语音、数据、图像业务;一个扇区可接入多个用户,每个用户可带多个用户终端。

② IEEE 802.11b

IEEE 802.11b(即 Wi-Fi)于 1999 年 9 月被 IEEE 正式批准,此标准规定无线局域网工作频段范围为 2.4~2.4835 GHz,数据传输速率达到 11 Mbit/s。IEEE 802.11b 标准是对 IEEE 802.11 的一个补充,采用点对点模式和基本模式两种运作模式,在数据传输速率方面可以根据实际情况在 11 Mbit/s、5.5 Mbit/s、2 Mbit/s、1 Mbit/s 的不同速率间自动切换,并在 2 Mbit/s、1 Mbit/s 速率时与 802.11 兼容。

IEEE 802.11b 使用直接序列(DSSS)作为协议。IEEE 802.11b 和工作在 5 GHz 频率上的 IEEE 802.11a 标准不兼容。由于价格低廉,IEEE 802.11b 产品已经被广泛地投入市场,并在许多实际场合运行。

③ IEEE 802.16

IEEE 802.16,即 Broadband Wireless MAN Standard 宽带无线城域网标准,简称 WiMAX,它是 IEEE 制定的无线城域网标准。根据使用频段高低的不同,802.16 系统可分为应用于视距和非机距两种,其中使用 2~11 GHz 频段的系统应用于非视距范围,而使用 10~66 GHz 频段的系统应用于视距范围。

根据是否支持移动特性,IEEE 802.16 标准系列又可分为固定宽带无线接入空中接口标准和移动宽带无线接入空中接口标准,其中的 802.16、802.16a、802.16d 属于固定无线接入空中接口标准,而 802.16e 属于移动宽带无线接入空中接口标准。

④ 蓝牙技术

蓝牙(Bluetooth)由爱立信公司在 1995 年提出,后来发展成为一个蓝牙技术特殊利益团队(Special Interest Group),这个团队的 9 个核心成员是 3COM、IBM、爱立信、英特尔、朗讯、微软、摩托罗拉、诺基亚、东芝。这 9 个核心成员可以共同改变、更新或制定新的蓝牙标准。此外,还有 2 000 多个来自不同产业(如电脑制造、半导体、自动化、电信、医疗)的厂商成为此项技术标准的采用者(Adopter)。现阶段,蓝牙技术的应用主要还是集中在通信领域。

蓝牙是一种支持设备短距离通信(一般是 10 m 之内)的无线电技术。利用蓝牙技术,能够有效地简化掌上电脑、笔记本电脑和移动电话等移动终端设备之间的通信,也能够简化以上这些设备与 Internet 之间的通信,从而使这些现代通信设备与因特网之间的数据传输变得更加迅速高效,为无线通信拓宽道路。蓝牙的标准是 IEEE802.15,工作在 2.4 GHz 频带,带宽为 1 Mbit/s。

(2)无线网络设备

无线设备主要包括无线网卡、无线路由器、无线网桥、无线 Ap 等。

① 无线网卡

无线网卡是无线网络终端设备,无线网卡在无线局域网中的作用相当于有线网卡在有线局域网中的作用。

目前市场上的无线网卡根据用途和需求分为 PCMCIA 无线网卡、PCI 无线网卡、USB 接口无线网卡、MiniPCI 无线网卡、CF 卡无线网卡等几种类型。其中 PCMCIA 无线网卡仅适用于笔记本电脑,支持热插拔;PCI 无线网卡适用于普通的台式机;USB 接口无线网卡同时适用于笔记本电脑和台式机,支持热插拔;MiniPCI 无线网卡仅适用于笔记本电脑,MiniPCI 是笔记本电脑的专用接口;CF 卡无线网卡适用于掌上电脑(PDA)。如图 7-3 所示是 PCI 和 USB 接口的无线网卡。

(a)　　　　　　　　　　　　　　　　(b)

图 7-3　无线网卡

② 无线路由器

无线路由器是无线 AP 与宽带路由器的结合。它集成了无线 AP 的接入功能和路由器的第三层路径选择功能。

借助于无线路由器,可以实现无线网络中的 Internet 连接共享及 ADSL、Cable Modem 和小区宽带的无线共享接入。无线路由器通常拥有一个或多个以太网接口。如果家庭中使用安装双绞线网卡的计算机,可以选择多端口无线路由器,实现无线与有线的连接,并共享 Internet。如图 7-4 所示是一个无线路由器。

③ 无线 AP

无线 AP(Access Point)即无线接入点,它是在无线局域网环境中进行数据发送和接收的设备,相当于有线网络中的集线器。如图 7-5 所示是一个无线 AP 设备。

图 7-4　无线路由器　　　　　　图 7-5　无线 AP 设备

无线 AP 是移动计算机用户进入有线网络的接入点,主要用于家庭宽带、大楼内部以及园区内部,目前主要支持的标准为 IEEE 802.11 系列。一般无线 AP 的最大覆盖距离可达 300 m。大多数的无线 AP 都支持多用户接入、数据加密、多速率发送等功能,在家庭、办公室内,一个无线 AP 便可实现所有计算机的无线接入。

④ 无线网桥

无线网桥是在链路层实现无线局域网互连的存储转发设备,它能够通过无线(微波)进行远距离数据传输。

无线网桥有三种工作方式:点对点,点对多点,中继连接。可用于固定数字设备与其他固定数字设备之间的远距离(可达 20 km)、高速(可达 11 Mbit/s)无线组网。

2. 无线网络常见的攻击

(1) WEP 中存在的弱点

• 整体设计:在无线环境中,不使用保密措施是具有很大风险的,但 WEP 协议只是 802.11 设备实现的一个可选项。

• 加密算法:WEP 中的 IV(Initialization Vector,初始化向量)由于位数太短和初始化复位设计,容易出现重用现象,从而被人破解密钥。而对用于进行流加密的 RC4 算法,在其前 256 个字节数据中的密钥存在弱点,目前还没有任何一种实现方案能修正这个缺陷。此外用于对明文进行完整性校验的循环冗余校验(Cyclic Redundancv Check,CRC)只能确保数据正确传输,并不能保证其未被修改,因而并不是安全的校验码。

• 密钥管理:802.11 标准指出,WEP 使用的密钥需要接受一个外部密钥管理系统的控制。通过外部控制。可以减少 Iv 的冲突数量,使得无线网络难以攻破。但问题在于这个过程形式非常复杂,并且需要手工操作。因而很多网络的部署者更倾向于使用缺省的 WEP 密钥,这使黑客为破解密钥所做的工作量大大减少了。另一些高级的解决方案需要使用额外资源,如 RADIUS 和 Cisco 的 LEAP,其花费是很昂贵的。

• 用户行为:许多用户都不会改变缺省的配置选项,这令黑客很容易推断出或猜出密钥。

(2) 执行搜索

NetStumbler 是第一个被广泛用来发现无线网络的软件。据统计,有超过 50% 的无线网络是不使用加密功能的。通常即使加密功能处于活动状态,无线基站(wireless Access Point,AP)广播信息中仍然包括许多可以用来推断出 WEP 密钥的明文信息,如网络名称、安全集标识符(Secure Set Identife,SSID)等。

(3) 窃听、截取和监听

窃听是指偷听流经网络的计算机通信的电子形式。它是以被动和无法觉察的方式入侵检测设备的。即使网络不对外广播网络信息,只要能够发现任何明文信息,攻击者仍然可以使用一些网络工具,如 Eth real 和 TCPDump 来监听和分析通信量,从而识别出可以破坏的信息。使用虚拟专用网、安全套接字层(Secure Sockets Lave,SSL)和 SSH(Secure Shel1)有助于防止无线拦截。

(4) 欺骗和非授权访问

因为 TCP/IP 协议的设计原因,几乎无法防止 MAC/IP 地址欺骗。只有通过静态定义 MAC 地址表才能防止这种类型的攻击。但是,因为巨大的管理负担,这种方案很少被采用。只有通过智能事件记录和监控日志才可以对付已经出现过的欺骗。当试图连接到网络上的时候,简单地通过让另外一个节点重新向 AP 提交身份验证请求就可以很容易地欺骗无线网身份验证。许多无线设备提供商允许终端用户通过使用设备附带的配置工具,重新定义网卡的 MAC 地址。使用外部双因子身份验证,如 RADIUS 或 SecurID,可以防止非授权用户访问无线网及其连接的资源,并且在实现的时候,应该对需要经过强验证才能访问资源的访问进行严格的限制。

（5）网络接管与篡改

同样因为 TCP/IP 协议设计的原因，某些技术可供攻击者接管与其他资源建立的网络连接。如果攻击者接管了某个 AP，那么所有来自无线网的通信量都会传到攻击者的机器上，包括其他用户试图访问合法网络主机时需要使用的密码和其他信息。欺诈 AP 可以让攻击者从有线网或无线网进行远程访问，而且这种攻击通常不会引起用户的重视，用户通常是在毫无防范的情况下输入自己的身份验证信息，甚至在接到许多 SSL 错误或其他密钥错误的通知之后，仍像是看待自己机器上的错误一样看待它们，这让攻击者可以继续接管连接，而不必担心被别人发现。

（6）拒绝服务攻击

无线信号传输的特性和专门使用扩频技术，使得无线网络特别容易受到拒绝服务（Denial of Service，DoS）攻击的威胁。拒绝服务是指攻击者恶意占用主机或网络几乎所有的资源，使得合法用户无法获得这些资源。要造成这类的攻击，最简单的办法是通过让不同的设备使用相同的频率，从而造成无线频谱内出现冲突。另一个可能的攻击手段是发送大量非法（或合法）的身份验证请求。第三种手段，如果攻击者接管 AP，并且不把通信量传递到恰当的目的地，那么所有的网络用户都将无法使用网络。为了防止 DoS 攻击，可以做的事情很少。无线攻击者可以利用高性能的方向性天线，从很远的地方攻击无线网。已经获得有线网访问权的攻击者，可以通过发送多达无线 AP 无法处理的通信量来攻击它。此外为了获得与用户的网络配置发生冲突的网络，只要利用 NetStumbler 就可以做到。

（7）恶意软件

凭借技巧定制的应用程序，攻击者可以直接到终端用户上查找访问信息，例如访问用户系统的注册表或其他存储位置，以便获取 WEP 密钥并把它发送回到攻击者的机器上。注意让软件保持更新，并且遏制攻击的可能来源（Web 浏览器、电子邮件、运行不当的服务器服务等），这是唯一可以获得的保护措施。

（8）偷窃用户设备

只要得到了一块无线网网卡，攻击者就可以拥有一个无线网使用的合法 MAC 地址。也就是说，如果终端用户的笔记本电脑被盗，他丢失的不仅仅是电脑本身，还包括设备上的身份验证信息，如网络的 SSID 及密钥。而对于别有用心的攻击者而言，这些往往比电脑本身更有价值。

3. 无线局域网安全技术

目前，常见的无线局域网安全技术有以下几种。

（1）服务集标识符（SSID）

SSID 是 Service Set Identifier 的缩写，意思是：服务集标识。SSID 技术可以将一个无线局域网分为几个需要不同身份验证的子网络，每一个子网络都需要独立的身份验证，只有通过身份验证的用户才可以进入相应的子网络，防止未被授权的用户进入本网络。

通过对多个无线接入点 AP 配置不同的 SSID，并要求无线客户端出示正确的 SSID 才能访问 AP，就可以允许不同群组的用户接入，并实现对资源访问的权限区别限制。因此，可以认为 SSID 是一个简单的口令，从而提供一定的安全。一般情况下，由于用户自己配置客户端系统，很多人知道该 SSID，因此很容易共享给非法用户，使其安全性降低。目前有的厂家支持"任何（ANY）"SSID 方式，只要无线客户端在任何 AP 范围内，客户端都会自动连接到 AP,这将跳过 SSID 安全功能。

（2）MAC 地址过滤

由于每个无线客户端的网卡都有唯一的物理地址,即 MAC 地址,因此可以在 AP 中手工维护一组允许访问的 MAC 地址列表,实现物理地址过滤。该方式要求 AP 中的 MAC 地址列表必须随时更新,目前都是手工操作,可扩展性差,只适合于小型网络规模。而且物理地址过滤属于硬件认证,不属于用户认证,授权认证级别较低。

（3）有线对等保密 WEP

有线对等保密 WEP(Wired Equivalent Privacy)技术,源自于名为 RC4 的 RSA 数据加密技术,以满足用户更高层次的网络安全需求,在链路层采用 RC4 对称流加密技术,提供 40 位和 128 位长度的密钥机制,用户加密密钥必须与 AP 密钥相同才能访问网络资源,从而防止非授权用户监听以及非法用户访问。但 WEP 存在一些安全缺陷,例如一个服务区内的所有用户都共享同一个密钥,一旦一个用户丢失密匙将使整个网络不安全。

（4）Wi-Fi 保护接入（WPA）

Wi-Fi Protected Access(WPA)采用 WEP 基本原理,但解决了 WEP 的缺点。其原理为根据通用密钥,结合无线客户端主机的 MAC 地址和数据分组的序列号,分别为每个数据分组生成不同的密钥,然后与 WEP 一样将此密钥用于 RC4 加密处理。通过这种处理,所有客户端的数据分组所交换的数据将由各不相同的密钥加密而成。无论收集到多少这样的数据,要想破解出原始的通用密钥几乎是不可能的。WPA 还追加了防止数据中途被篡改的功能和认证功能。这些功能基本上全部解决了 WEP 的缺点。作为 802.11i 标准的子集,WPA 包含了认证、加密和数据完整性校验三个组成部分,是一个完整的安全性方案。

（5）端口访问控制技术（IEEE 802.1x）

端口访问控制技术(IEEEE 802.1x)主要通过认证的方式对无线客户端进行访问控制,该技术是一种增强性无线局域网安全解决方案。当无线客户端与无线 AP 连接后,无线 AP 将采用 IEEE 802.1x 对无线客户端进行认证。如果认证通过,则无线 AP 允许该客户端访问本无线网络,否则将拒绝无线客户端的访问。IEEE 802.1x 端口访问控制技术要求无线客户端安装 802.1x 客户端软件,无线 AP 要内嵌 802.1x 认证代理。802.1x 除提供端口访问控制之外,还可提供基于用户的认证系统及计费,特别适合公共无线接入网络。

4. 无线网络的安全设置

对于安全性要求较高的无线网络,可采用下列安全措施增强无线网络的安全性。

（1）MAC 地址过滤

第 1 步:通过配置计算机的浏览器登录无线 AP 配置界面首页。

第 2 步:在首页功能区选择 Security 组中的 Access Control(访问控制)选项,进入如图 7-6 所示的配置界面。

第 3 步:选中 Turn Access Control On(打开访问控制)复选框,打开 MAC 地址过滤功能。

第 4 步:添加信任的 MAC 地址。有两种添加方式,如图 7-4 所示,一种是直接选中在 Available Wireless Stations(有效无线站点)下面显示的 MAC 地址,单击 Add 按钮完成。这些 MAC 地址表示正在与 WG302 连接的无线客户端的 MAC 地址;另一种则是在 Add New Station Manually(手工添加新站点)下手动输入 MAC 地址,然后单击 Add 按钮完成。

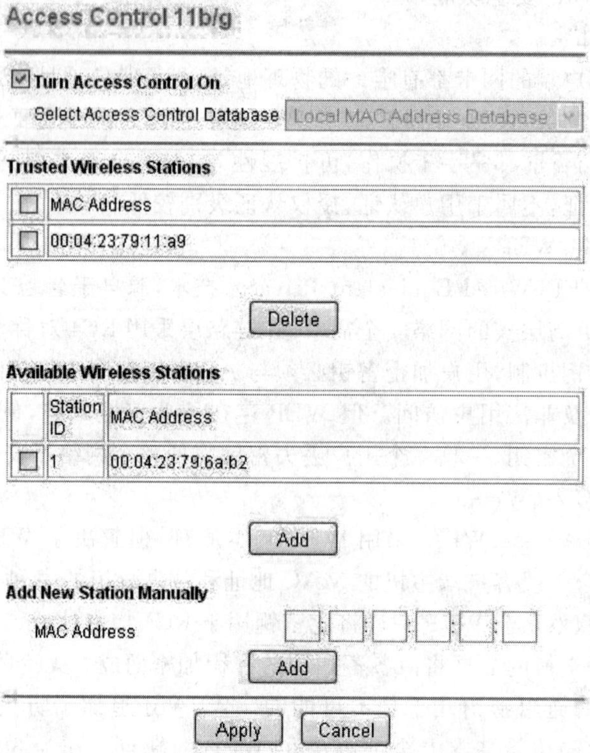

图 7-6　802.11b/g 访问控制界面

被添加的 MAC 地址会在 Trusted Wireless Stations(信任的无线站点)中显示出来,如果输入有误或不再信任某个 MAC 地址,可在此信任地址列表选中后单击 Delete 按钮删除。最后单击页面最下面的 Apply 按钮保存修改即可。

第 5 步:当启用 MAC 地址过滤功能后,只有被信任的 MAC 地址才能与该无线 AP 通信,无线 AP 拒绝与信任 MAC 地址列表以外的其他任何无线客户端建立连接。

(2) WEP

第 1 步:登录无线 AP 配置页面后,在功能区选择 Security 组中的 Security Profile Settings(安全策略配置)选项,进入如图 7-7 所示的配置界面。

WG302 支持同时存储 8 个自定义的安全配置策略,以适应不同的工作环境和需求。不同安全配置策略之间可以快速切换,需要使用某个配置仅需选中相应配置文件后的 Enable 即可。

第 2 步:这里对第 2 个配置文件 NETGEAR-1 进行 WEP 配置。选中 NETGEAR-1 前的单选按钮,单击 Edit 按钮,进入其配置页面,如图 7-8 所示。

相关的配置选项包括:设置相关的 Profile Definition(策略定义)选项,包括 Security Profile Name(安全策略名称),Wireless Network Name(SSID)(无线网络名称),是否通过广播方式发送 SSID。设定网络认证的方式。设定密钥长度,生成四个 WEP 密钥等。

第 3 步:如果无线局域网客户端使用 NETGEAR 的无线管理软件连接无线网络,则在无线管理软件中选择需要登录的网络后,在 Passphrase 文本框中输入"abcdefg";如果使用

Windows XP 自带的无线管理工具,选择需要接入的无线网络后,在弹出的"无线连接网络"对话框中输入 Key1~Key4 中的任意一个。

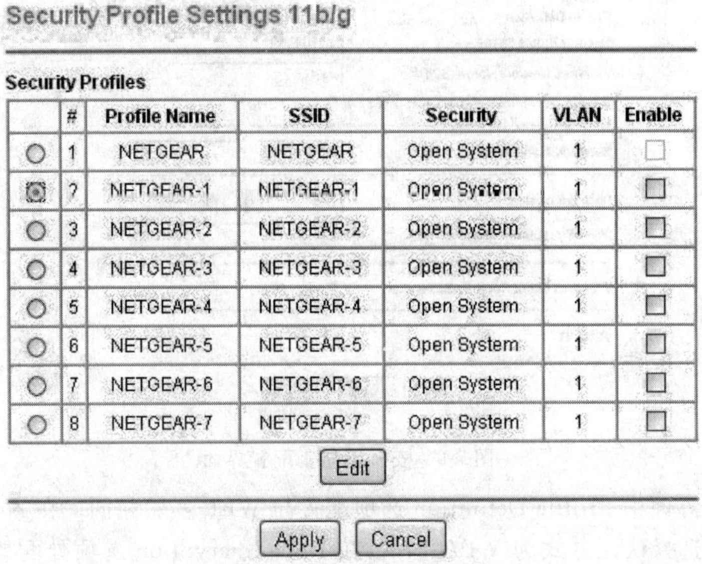

Security Profile Settings 11b/g

Security Profiles

	#	Profile Name	SSID	Security	VLAN	Enable
○	1	NETGEAR	NETGEAR	Open System	1	☐
◉	2	NETGEAR-1	NETGEAR-1	Open System	1	☐
○	3	NETGEAR-2	NETGEAR-2	Open System	1	☐
○	4	NETGEAR-3	NETGEAR-3	Open System	1	☐
○	5	NETGEAR-4	NETGEAR-4	Open System	1	☐
○	6	NETGEAR-5	NETGEAR-5	Open System	1	☐
○	7	NETGEAR-6	NETGEAR-6	Open System	1	☐
○	8	NETGEAR-7	NETGEAR-7	Open System	1	☐

Edit

Apply Cancel

图 7-7 802.11b/g 安全策略配置

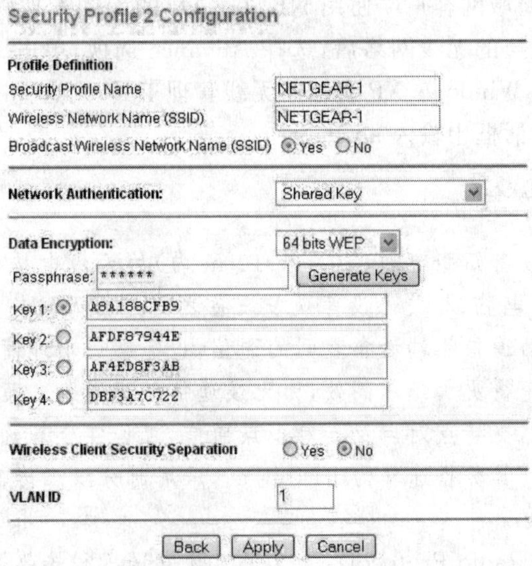

Security Profile 2 Configuration

Profile Definition
Security Profile Name   NETGEAR-1
Wireless Network Name (SSID)   NETGEAR-1
Broadcast Wireless Network Name (SSID) ◉ Yes ○ No

Network Authentication: Shared Key ▼

Data Encryption: 64 bits WEP ▼
Passphrase: ******   Generate Keys
Key 1: ◉ A8A188CFB9
Key 2: ○ AFDF87944E
Key 3: ○ AF4ED8F3AB
Key 4: ○ DBF3A7C722

Wireless Client Security Separation   ○ Yes ◉ No

VLAN ID   1

Back Apply Cancel

图 7-8 安全策略 1 配置界面

(3) WPA-PSK

第 1 步:通过配置计算机的浏览器登录无线 AP 配置界面后,在功能区选择 Security 组中的 Security Profile Settings 选项,进入如图 7-7 所示的配置页面。

第 2 步:这里对第 2 个配置文件 NETGEAR-1 进行 WPA-PSK 配置,选中 NETGEAR-1 前的单选按钮,单击 Edit 按钮,进入图 7-9 所示配置页面。

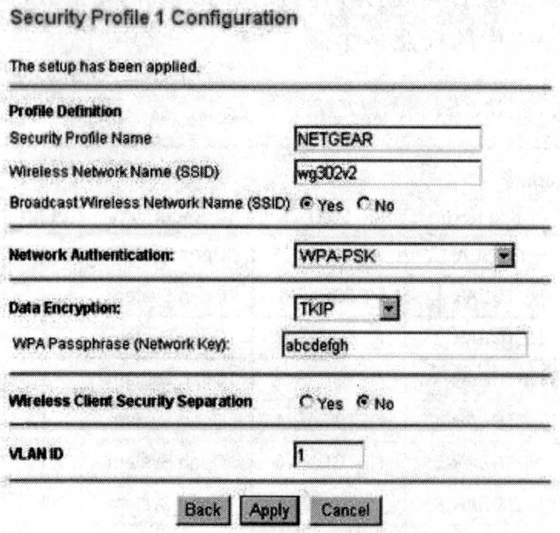

Security Profile 1 Configuration

The setup has been applied.

Profile Definition

Security Profile Name	NETGEAR
Wireless Network Name (SSID)	wg302v2
Broadcast Wireless Network Name (SSID)	⦿ Yes ○ No

Network Authentication:	WPA-PSK ▼

Data Encryption:	TKIP ▼
WPA Passphrase (Network Key):	abcdefgh

Wireless Client Security Separation	○ Yes ⦿ No

VLAN ID	1

[Back] [Apply] [Cancel]

图 7-9　安全策略 1 配置界面

第 3 步:该界面中 Profile Definition 选项配置与 WEP 实验相同。在 Network Authentication 选项处选择认证方式为 WPA-PSK,在 Data Encryption 选项处配置数据加密方式为 TKIP,在 WPA Passphrase(WPA 密码)(Network Key,网络密钥)处输入密钥 abcdefgh,该密钥最少 8 位,最大 63 位,单击 Apply 按钮保存配置。

第 4 步:如果无线局域网客户端使用 NETGEAR 的无线管理软件连接无线网络,则在无线管理软件中选择连接的无线网络后,选择 Advance 选项,单击 Advance Security 按钮,输入 abcdefg;如果使用 Windows XP 自带的无线管理工具,则选择准备接入的网络后,在弹出的"无线连接网络"对话框中输入 abcdefg。

【知识链接】蓝牙安全

蓝牙,是一种支持设备短距离通信(一般 10 m 内)的无线电技术,能在包括移动电话、PDA、无线耳机、笔记本电脑、相关外设等众多设备之间进行无线信息交换。利用"蓝牙"技术,能够有效地简化移动通信终端设备之间的通信,也能够成功地简化设备与 Internet 之间的通信,从而数据传输变得更加迅速高效,为无线通信拓宽道路。蓝牙采用分散式网络结构以及快跳频和短包技术,支持点对点及点对多点通信,工作在全球通用的 2.4 GHz ISM(即工业、科学、医学)频段。其数据速率为 1 Mbit/s。采用时分双工传输方案实现全双工传输。

1. 蓝牙应用协议栈

(1) 射频协议(RF/Radio Protocol):定义了蓝牙发送器和接收器的各个参数,包括发送器的调制特性,接收器的灵敏度、抗干扰性能、互调特性和接收信号强度指示等。

(2) 基带/链路控制协议(Baseband/LC Protocol):定义了基带部分协议和其他低层链路功能,是蓝牙技术的核心。

(3) 链路管理协议(LMP):用于链路的建立、安全和控制,为此 LMP 定义了许多过程来完成不同的功能。

(4) 主机控制器接口(Host Controller Interface,HCI)协议:描述了主机控制接口功能上的标准,提供了一个基带控制器和链路管理器(LM)得知硬件状态和控制寄存器命令的接口,在蓝牙中起着中间层的作用:向下给链路控制器协议和链路管理协议提供接口,提供一个访问蓝牙基带的统一方法。HCI 是在硬件和软件都包含的部分。

(5) 逻辑链路控制和适配协议(Logical Link Control and Adaptation Protocol, L2CAP):支持高层协议复用、帧的组装和拆分、传送 QoS 信息。L2CAP 提供面各连接和非连接两种业务,允许高层最多达 64 kbit/s 的数据,以一种有限状态机(FSM)的方式来进行控制,目前只支持异步无连接链路(ACL)。

(6) 服务发现协议(Service Discover Protocol,SDP):如何发现蓝牙设备所提供服务的协议,使高层应用能够得知可提供的服务。在两个蓝牙设备第一次通信时,需要通过 SDP 来了解对方能够提供何种服务,并将自己可提供的服务通知对方。

(7) 高层协议:包括串口通信协议(RFCOMM)、电话控制协议(TCS)、对象交换协议(OBEX)、控制命令(AT-Command)、电子商务标准协议(vCard 和 vCalender)和 PPP,IP,TCP,UDP 等相关的 Internet 协议以及 WAP 协议。其中,串口通信协议是 ETSI TS07.10 标准的子集,并且加入了蓝牙特有的部分;电话控制协议使用了一个以比特为基础的协议,定义了在蓝牙设备之间建立语音和数据呼叫的控制信令,对象交换协议提供了与 IrDA 协议系列相同的特性,并且使各种应用可以在 IrDA 协议栈和蓝牙协议栈上使用。

2. 蓝牙系统安全性要求

(1) 蓝牙设备地址(BD_ADDR):是一个对每个蓝牙单元唯一的 48 位 IEEE 地址。

(2) 个人确认码(Personal Identification Number,PIN):是由蓝牙单元提供的 1～16 位(八进制)数字,可以固定或者由用户选择。一般来讲,这个 PIN 码是随单元一起提供的一个固定数字。但当该单元有人机接口时,用户可以任意选择 PIN 的值,从而进入通信单元。蓝牙基带标准中要求 PIN 的值是可以改变的。

(3) 鉴权字:是长度为 128 位的数字,用于系统的鉴权。

(4) 加密字:长度 8～128 位,可以改变。这是因为不同的国家有许多不同的对加密算法的要求,同时也是各种不同应用的需要,还有利于算法和加密硬件系统的升级。

3. 蓝牙安全机制

(1) 随机码生成

每个蓝牙设备都有一个伪随机码发生器,它产生的随机数可作为认证私钥和加密私钥。在蓝牙技术中,仅要求随机码是不重复的和随机产生的。"不重复"是指在认证私钥生存期间,该随机码重复的可能性极小,如日期/时间戳;"随机产生"是指在随机码产生前不可能预测码字的实际值。

(2) 密钥管理

加密私钥的长度是由厂商预先设定的,用户不能更改。为防止用户使用不允许的密钥长度,蓝牙基带处理器不接受高层软件提供的加密私钥。

若想改变连接密钥,必须按基带规范的步骤进行,其具体步骤取决于连接密钥类型。

第 1 步:了解密钥类型

连接密钥是一个 128 比特的随机数,它由两个或多个成员共享,是成员间进行安全事务的基础,它本身用于认证过程,同时也作为生成加密私钥的参数。

连接密钥可以是半永久的或临时的。半永久连接密钥保存在非易失性存储器中,即使当前通话结束后也可使用,因此,它可作为数个并发连接的蓝牙设备间的认证码。临时连接密钥仅用于当前通话。在点对多点的通信中,当主设备发送广播信息时,将采用一个公共密钥临时替换各从设备当前的连接密钥。

为适应各种应用,定义如下密钥类型:组合密钥 KAB;设备密钥 KA;临时密钥 Kmaster;初始密钥 Kinit。

第2步:密钥生成及初始化

蓝牙设备必须生成各种连接密钥,以便认证例程使用。连接密钥有保密性要求,因而不能像设备地址那样公开查询。进行认证和加密的两个设备在初始化阶段单独地交换密钥,初始化过程包括以下5个部分:生成 kinit、认证、生成连接密钥、交换连接密钥、各自生成加密私钥。

初始化后,设备间可继续通信,也可断开连接。若想对信息加密,则利用当前连接密钥生成的加密私钥,采用 E0 算法(此文中提到的 E0、E21、E22 和 E3 等算法,均作为名词使用,而不给出具体的公式)进行加密。在两个设备间建立新的连接时,则使用公共连接密钥代替 Kinit 进行认证。在进行一次新的加密时,将由特定的连接密钥生成一个新的加密私钥。如果没有连接密钥有效,LM 将自动开始一个初始化过程。包括:初始密钥 Kinit 生成;认证;设备密钥 KA 的生成;组合密钥 KAB 的生成;加密私钥 Kc 的生成;点对多点通信;连接密钥的修改;Kmaster 的生成。

(3)加密

采用加密方式可以保护用户信息,但接入码和报头不加密。在蓝牙技术中,用序列加密算法 E0 加密用户信息。

序列加密算法 E0 由三部分组成,即载荷密钥生成、密钥比特流生成、加/解密运算。载荷密钥发生器按一定顺序组合输入比特流,并将它们移入密钥比特流发生器的线性反馈移位寄存器(LFSRs);密钥比特流发生器是序列加密体系的核心部分,它采用 Massey 和 Rueppel 提出的组合序列密码发生器,该方法已通过全面论证,其性能优异。尽管组合序列密码发生器在抗相干攻击方面存在缺陷,但采用频繁同步的方法可瓦解相干攻击。

(4)认证

在蓝牙技术中,认证采用口令—应答方式。验证方要求申请者鉴别随机数 AU_RAND 及认证码 E1 并返回计算结果 SRES,若双方的计算结果相等则认证成功。

总之,蓝牙安全机制的目的在于提供适当级别的安全保护。如果用户有更高级别的保密要求,可采用更有效的传输层和应用层安全机制。

 任务小结

通过本项目的学习,我们主要了解了网络设备在使用中的安全隐患。面对这些威胁,通过赵主任的详细介绍,小王对网络设备安全有了进一步的认识。在使用无线局域网时,所要注意的事项有:更改默认设置、更新 AP 的 Firmware、更新 AP 的 Firmware、关闭机器或无线发射、MAC 地址过滤、降低发射功率。而对路由器的安全设置,需要注意:为路由器间的协议交换增加认证功能、提高网络安全性、路由器的物理安全防范、保护路由器口令、阻止查看路由器诊断信息和阻止路由器接收带源路由标记的包,将带有源路由选项的数据流丢弃等安全设置。经过学习,小王认为对于网络设备中的安全隐患要未雨绸缪。

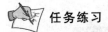**任务练习**

练习　基于路由器的防火墙

1. 使用防火墙的文档,建立该防火墙。它至少应该连接到一台机器上。

2. 试一试向该防火墙已阻塞端口发送数据包。

任务二　网络设备的安全防范操作

【技能要点】

1. 能够划分虚拟局域网;

2. 能够使用一些简单的路由器安全配置;

3. 能够配置无线路由器。

【任务背景】

一次小王在网络中心上网,他发现网络网速缓慢,且出现延迟现象,登录服务器很久都没有响应,时常提示超时。当初判断是网络中有异常数据流,因为网络中的交换机和路由器灯长明、狂闪。小王决定借助分析软件来检查。将安装软件的笔记本接入到中心交换机端口,经过一个小时,根据软件得到的数据分析,感觉是感染了蠕虫病毒,这些病毒在网络中感染了其他机器,产生了数据风暴,使网络性能下降。查杀后一小部分网络仍出现停滞,他去询问了赵主任。赵主任分析网络网速慢也可能是信息中心网络部署不严密或者在网络中存在 ARP 欺骗,ARP 风暴吞噬了网络宽带,影响了网络速度。

【任务分析】

网络设备的安全防范操作包括虚拟局域网划分,路由器安全设置以及无线路由器的安全配置。

【任务实施】

步骤一　实现 vlan 的划分

vlan 的划分是用来为交换机划分广播域的,避免网络中不必要的广播和冲突。从而提高网络带宽的利用率。实验拓扑如图 7-10 所示。

1. vlan 配置命令

当把拓扑图加载到模拟器中后,就可以开始配置了。vlan 的配置方法有两种。

(1)在特权模式下配置

使用 vlan database,进入 vlan 数据库后,输入 vlan <vlan 号> name <vlan 的名字>。

配置完成后用 exit 退出。如图 7-11 所示。

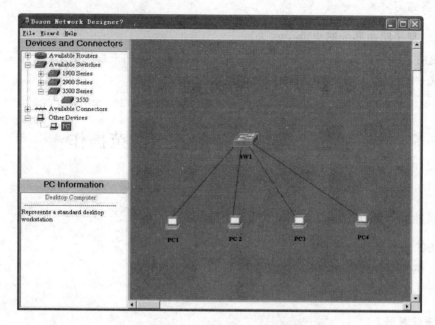

图 7-10　划分 vlan 实验拓扑

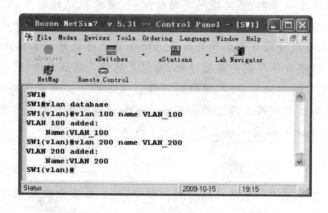

图 7-11　特权模式下配置 vlan

知识提示：在我们输入 exit 的时候，同时执行了两条命令，即退出和保存。

（2）在全局模式下配置 vlan

这种配置方法我们的模拟器不支持，但在真实的交换机上是可以使用的。配置命令如下：

SW1(config)＃vlan 100

SW1(config-vlan)＃name VLAN_100

SW1(config-vlan)＃exit

知识提示：在全局模式下配置 vlan 号最大可用 4095，在特权模式下配置 vlan 号最大可用 1004，而且这两种模式保存位置也不一样。

2. 添加接口到 vlan 中

在接口模式下：使用 switchport access vlan 100 把接口加入到 vlan 100 中。使用 switchport mode access 更改接口的封装模式，其他类同。如图 7-12 所示。

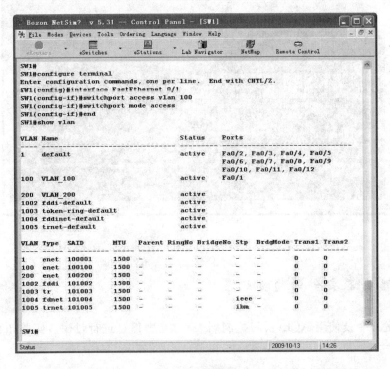

图 7-12　接口加入到 vlan 中

知识提示：我们常用的封装模式有两种，trunk 和 access，trunk 模式可以传输多个 vlan 的信息，access 模式只能传输一个 vlan 的信息。我们使用 show 命令查看。

3. 测试

PC1 ping PC2——不通。如图 7-13 所示。

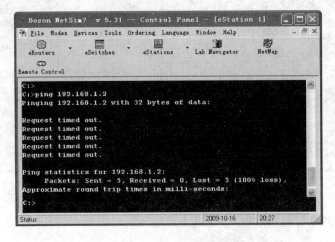

图 7-13　PC1 ping PC2

PC1 ping PC3——通。如图 7-14 所示。

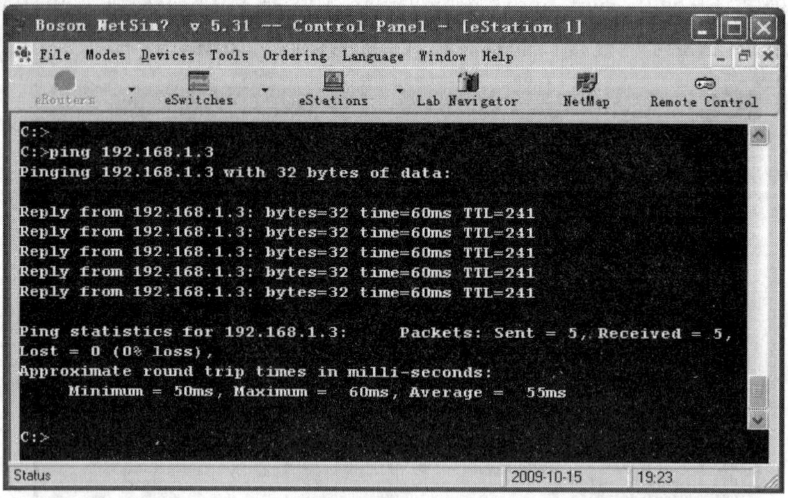

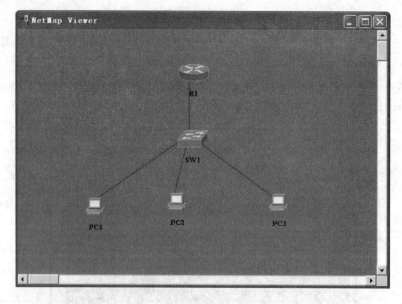

图 7-14 PC1 ping PC2

步骤二 路由器安全的简单配置

路由器的口令及使用 ACL(访问控制列表)对路由信息进行过滤。实验拓扑如图 7-15 所示。

图 7-15 路由器基本安全

需求:R1 配置特权用户和端口口令,R1 启用环回口模拟 INTERNET,配置 ACL,禁止 PC1 访问 INTERNET,其他所有计算机允许。

1. 路由器特权用户口令配置

特权用户口令的设置可以使用 enable password 命令和 enable secret 命令。一般不用前者，前者不安全，加密比较简单。后者使用 MD5 散列算法进行加密。配置命令如图 7-16 所示。

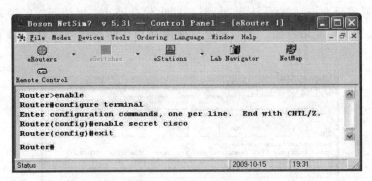

图 7-16 特权用户口令设置

知识提示：在路由器默认配置中，口令是以纯文本形式存放的，不利于保护路由器的安全。在 Cisco 路由器上可以对口令加密，这样访问路由器的其他人就不能看到这些口令。

全局命令：servise password-encryption

2. 端口登录口令

路由器一般有 Consle（控制台端口）、Aux（辅助端口）和 Ethernet 口可以登录到路由器，这为网络管理员对路由器进行管理提供了很大的方便，同时也给攻击者提供了可乘之机。

因此要对这些端口进行加密认证，下面以 Cisco 路由器为例，简单说明路由器口令的设置。如图 7-17 所示。

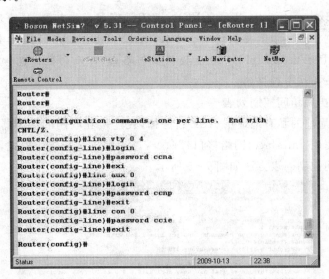

图 7-17 端口登录口令配置

知识提示：在路由器默认配置中，口令是以纯文本形式存放的，不利于保护路由器的安全。在 Cisco 路由器上可以对口令加密，这样访问路由器的其他人就不能看到这些口令。

全局命令：servise password-encryption

3. ACL（访问控制列表）的配置

访问控制列表分为标准访问控制列表、扩展访问控制列表和命名访问控制列表等。标准的访问控制列表只允许过滤源 IP 地址，且功能十分有限。扩展访问控制列表允许过滤源地址、目的地址和上层应用数据。我们这里只使用标准访问控制列表就可以了。配置命令如图 7-18 所示。

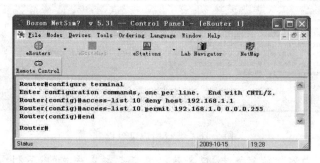

图 7-18　标准 ACL 的配置

知识提示：标准访问控制列表的功能十分有限，并不能做一些高级的过滤，下面我们将讲解扩展访问控制列表的应用。

4. 分布式拒绝服务攻击的防范

使用扩展访问控制列表防止分布式拒绝服务攻击，步骤如下。

第 1 步：使用 ip verfy unicast reverse-pathye 网络接口命令。这个命令模拟器不支持，但真实的路由器上是可以的。

知识提示：这个命令检查发送到路由器的每一个包。如果一个包的源 IP 地址在 Cisco 快速转发（Cisco Express Forwarding，CEF）表里面没有该数据包源 IP 地址的路由，则路由器将丢弃掉这个包。如路由器接收到一个源 IP 地址为 202.118.118.9 的数据包，如果 CEF 路由表中没有为 IP 地址 202.118.118.9 提供任何路由（即反向数据包传输时所需要的路由），则路由器会丢弃这个数据包。

第 2 步：配置扩展访问控制列表

我们要把 IP 地址的私有地址用 ACL 过滤掉，在连接互联网的路由器上要禁止这些地址的访问。首先使用"interface{网络接口}"命令，进入到指定的端口模式，然后建立访问控制列表。建立访问控制列表方法如图 7-19 所示。

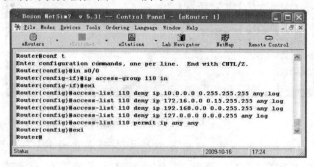

图 7-19　扩展 ACL 过滤私有地址

知识提示：IP 地址分为私有和公有。私有地址是不允许进入 INTERNET 的，只能在局域网中使用。

* A 类地址中私有地址为 10.0.0.0—10.255.255.255/8；
* B 类地址中私有地址为 172.16.0.0—172.16.255.255/12；
* C 类地址中私有地址为 192.168.0.0—192.168.255.255/16。

而 127.0.0.0—127.255.255.255/8 这些地址并不属于任何类，它是本地环回地址，是用来检测 TCP/IP 协议的。

第 3 步：RFC2267，使用访问控制列表过滤进出报文

RFC2267 建议在全球范围的互联网上使用向内过滤的机制，主要是防止假冒地址的攻击，使得外部机器无法假冒内部机器的地址来对内部机器发动攻击。但是这样会带来很多的麻烦，在中等级别的路由器上使用访问控制列表不会带来太大的麻烦，但是已经满载的骨干路由器上会受到明显的威胁。下面以客户端网络接入 ISP 网络为例进行说明。我们只讲客户端的配置。如图 7-20 所示。

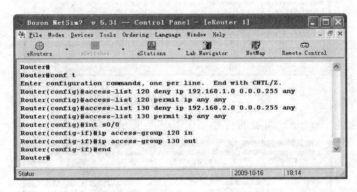

图 7-20　客户端边界路由器的 ACL

5. 配置 Cisco 路由器防止蠕虫病毒

近几年网络蠕虫病毒给计算机往来带来了很大的影响，如 Slammer、冲击波等蠕虫病毒在爆发时占用的大量的网络资源，导致所连接的网络资源不可用。在路由器上针对不同的蠕虫病毒使用控制列表，可以有效地防止一些病毒的传播和攻击，减少病毒对网络资源的占用。下面说明防止几种常见的蠕虫病毒的控制列表的写法。

（1）用于控制 Nachi（冲击波克星）蠕虫的扫描，如图 7-21 所示。

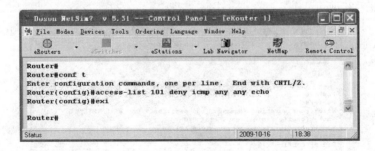

图 7-21　控制 Nachi 的扫描

（2）用于控制 Blaster（冲击波）蠕虫的传播，如图 7-22 所示。

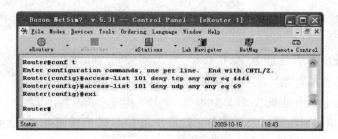

图 7-22　防止 Blaster 的传播

（3）用于控制 Blaster 蠕虫的扫描和攻击，如图 7-23 所示。

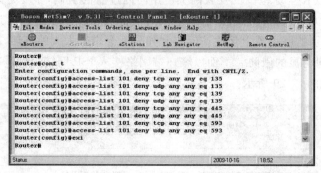

图 7-23　控制 Blaster 的扫描和攻击

（4）用于控制 Slammer 蠕虫的传播，如图 7-24 所示。

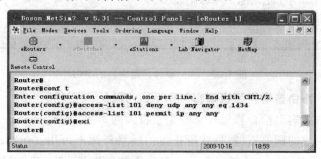

图 7-24　控制 Slammer 的传播

为防止外来的病毒攻击和内网向外发起的病毒攻击，将访问控制规则应用在广域网端口。配置如图 7-25 所示。

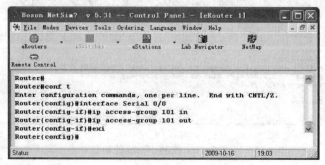

图 7-25　将 ACL 挂到接口

6. 保护内部网络 IP 地址

网络地址转换可以动态改变通过路由器的 IP 报文的源 IP 地址及目的 IP 地址,使离开及进入的 IP 地址与原来不同。在路由器上设置 NAT,即可隐藏内部网络的 IP 地址。

具体配置步骤如下。

第 1 步:选择 E1/0 作为内部接口,S0/0 作为外部接口。配置如图 7-26 所示。

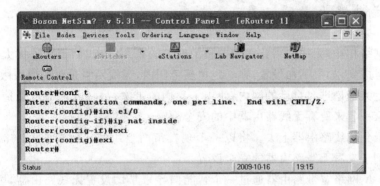

图 7-26 配置内部和外部接口

第 2 步:使用访问控制列表定义内部地址池,如图 7-27 所示。

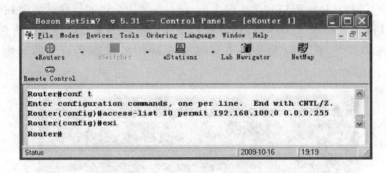

图 7-27 定义内部地址池

第 3 步:配置静态地址转换,并开放 Web 端口(TCP 80)。如图 7-28 所示。

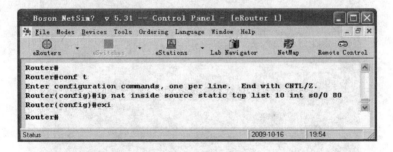

图 7-28 配置静态 NAT

知识提示:Cisco 路由器上 NAT 通常有三种应用方式,分别适用于不同的需求。

静态地址转换:适用于企业内部服务器向企业网外部提供服务(如 Web、FTP 等),需要建立服务器内部地址到固定合法地址的静态映射。

动态地址转换:建立一种内外部地址的动态转换机制,常适用于租用的地址数量较多的情况;企业可以根据访问需求,建立多个地址池,绑定到不同的部门。这样既增强了管理的力度,又简化了排错的过程。

端口地址复用:适用于地址数很少,是多个用户需要同时访问互联网的情况。

步骤三 无线路由器的配置

与有线网络相比,无线网络让我们摆脱了线缆的束缚,给我们带来了极大的方便,同时我们也必须考虑到,如果不加设置,在一定覆盖范围内,无线网络是对任何人敞开大门的,一方面可能陌生人轻松进入自己的网内,使用了我们的带宽;另一方面有可能造成信息泄露。今天就和大家一起来看看无线路由器中的安全配置。

现在登录到无线路由器上去。将以一个现在市面上用的比较多的 DI-624＋A 网络宽带路由器为例子来看无线路由器的安全设置。

DI-624＋A 网络宽带路由器通过一个智能向导来帮助设置无线路由器,因此很多用户设置完了后可能还不知道自己的 IP 地址是多少,更不知道无线路由器的 IP 地址是多少。这里有一个简单的方法来获得这个信息。大家用的最多的应该是 Windows 操作系统,可以打开一个命令行窗口(Dos 窗口),然后输入 ipconfig,一切需要的信息就展现在你的眼前了。你看到的默认网关(DefaultGateway)通常就是无线路由器的 IP 地址了,在笔者的这个例子中是"192.168.0.1"。默认网关是所有前往互联网的数据都要通过的地方。如图 7-29 所示。

图 7-29 ipconfig 探测网关地址

1. 登录界面

找到默认网关地址后,打开一个 Web 浏览器,然后在地址栏里输入这个地址。LinkSys 路由器登录界面会弹出一个窗口提示你输入用户名和密码。有的路由器的登录界面是一个带有用户名和密码输入框的 Web 页面。如图 7-30 所示。

图 7-30 登录界面

知识提示:安全规则第一条:务必要修改无线路由器的默认密码,通常是 admin 或空密码。假如你不修改的话,我们下面所有说的这些安全设置可能都会白费力气。

假如这个路由器是刚从包装盒里取出来第一次使用的话,可能会有一个设置向导来帮助你设置它。由于本文的重点是安全设置,对此不做详细说明,我们假定该路由器已经设置完毕并且正在使用。

2. 无线路由器安全模式设置界面

由于关注的是无线安全设置,所以直接点击无线路由器配置界面中的无线(Wireless)标签,然后找到无线安全(Wireless 安全)设置选项。默认情况下安全模式一般处于禁止状态。点击下拉框,将看到多个选项。当然,并不是所有的无线路由器的安全模式都和我们例子中的选项一致,有的选项可能多点,有的可能少点。下面来看一下这里的四个选项。如图 7-31 所示。

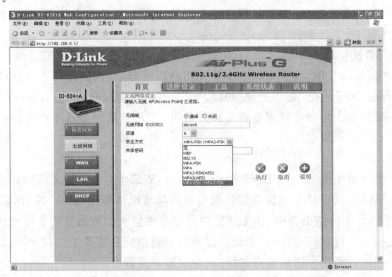

图 7-31 无线安全设置

3. WPA-Preshared 密钥

WPA-Preshared 密钥（WPS-PSK）：WiFi ProtectedAccess 是保护您数据安全的一个非常安全的方法。通过它的加密，在无线路由器和无线网卡之间传输的数据的每一个数据包将被一个不同的钥匙打包封装。这意味着即使有人截获了你的数据的数据包，破解了加密字符串，也不能阅读数据的其他部分。因为同样的加密字符串重复的可能性很小。如图 7-32 所示。

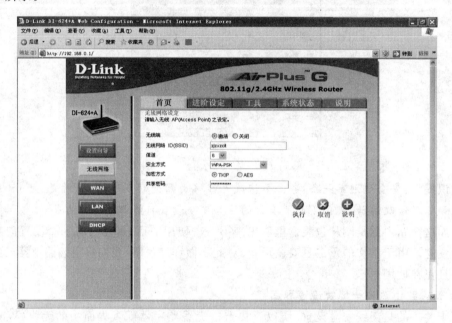

图 7-32　WPA-Preshared

现在有的最新的无线路由器已经开始使用 WPA2，它把加密密钥从 24 位升级到 48 位，复制一个密钥已经是不可能的事。这个安全模式的 Preshared 密钥部分表示你给授权的用户设置一个密码，他们输入密码后，他们的设备处理其他的安全操作。笔者个人建议，密码可以用与你自己有关的短语，并且最好在这个短语中有空格和标点符号，密码长度越长，别人猜的可能性越小。

AES 加密算法使用 128 位、192 位和 256 位密钥，可以获得最好的安全性。有的无线路由器允许选择密钥的长度，这个 LinkSys 无线路由器没有，默认使用 256 位标准。TKIP 不是一个加密算法，而是一个"密钥交换"协议。尽管它也非常安全，但是不如 AES 强壮，而且会降低连接速度，因为它会给处理器带来额外负担。TKIP 是一个基于软件的协议，而 AES 是基于硬件的。

4. WEP

WEP 有线等效加密（Wired Equivalent Privacy，WEP）是个保护无线网络（Wi-Fi）的资料安全体制。WEP 的设计是要提供和传统有线的局域网络相当的机密性，而以此命名的。

在 LINKSYS 无线路由器中，让无线路由器根据你输入的短语自动生成密钥，选择加密的位数 64 位或 128 位，对一般用户来说可以满足普通的安全需要了。这个协议的缺点是密钥从不改变，因此如果这个密钥泄露的话，安全也就不复存在。

尽管 WEP 存在好几个弱点，安全性要略微低一些，但是有总比没有强。如图 7-33 所示。

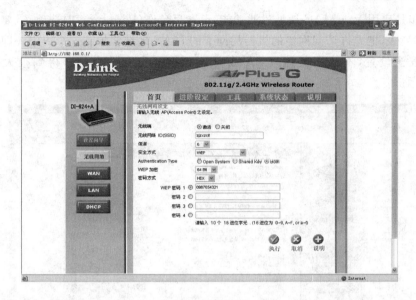

图 7-33　WEP

5. 无线 MAC 过滤

　　获得更大安全性的另一个方法是无线 MAC 过滤。大多数无线路由器都支持这个功能。每一个网络设备,不论是有线还是无线,都有一个唯一的标识叫 MAC 地址(媒体访问控制地址)。这些地址一般表示在网络设备上,网卡的 MAC 地址可以用这个办法获得:打开命令行窗口,输入 ipconfig/all,然后出现很多信息,其中物理地址(Physical Address)就是 MAC 地址。如图 7-34 所示。

图 7-34　ipconfig/all

第一步是启用无线 MAC 地址过滤功能,设置只允许(Permit only)选项,需要编辑修改 MAC 过滤列表,把允许访问网络的机器的网卡的 MAC 地址添加到这个表中。即使仅仅使用了这个安全设置,不使用其他 WPA 或 WEP 加密,安全性也可以得到很大保证。如图 7-35 所示。

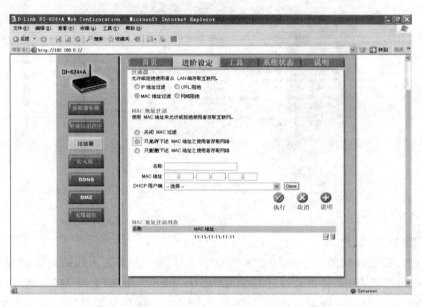

图 7-35　MAC 过滤

除了无线路由器中的安全配置外,还有一些方法可以提高无线网络的安全性,如修改 SSID,禁止 SSID 广播等,在本文中不做详细介绍。

 任务小结

经过赵主任的操作讲解,小王对网络设备的安全防范操作有了更深的认识,知道了路由器安全存在的问题,他配置 Cisco 路由器防止蠕虫病毒,有效地防止一些病毒的传播和攻击。利用路由器的网络地址转换隐藏内部地址。在路由器上设置 NAT,即可以隐藏内部网络的 IP 地址。他通过 ARP 将 IP 地址绑定在某一介质访问控制地址之上,防止盗用内部 IP 地址。

 任务练习

练习　Packet_Tracer 无线网络设计

在 ISP 背后接了一台 DNS 服务器与一个 WWW 服务器,现在 Router1 模拟公司的路由器,在公司的路由器背后接了一台 t300n 的无线路由器,下面 4 台 PC,通过添加无线网卡,连接到无线路由器上,然后通过公司内部的路由器访问外面的 www 服务器。

项目实践 Packet Tracer 模拟无线路由

【实训目的】

1. 无线接入点的原理和 SSID 服务标识集的意义。

2. 无线接入服务的交互过程及链路层的开放方式(open system)。

3. 无认证无加密方式接入的无线接入点(AP)的基本配置。

【实训环境】

实践拓扑图如图 7-36 所示。

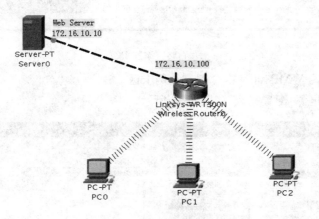

图 7-36 拓扑结构图

简要说明:Server 1 是一台服务器,上面运行着 Web 服务。三台 PC 无线连接 Wireless Router0,Router0 开启了 DHCP 服务,所以,三台 PC 为动态获取 IP。

【实训步骤】

第 1 步:添加一台无线路由。如图 7-37 所示。

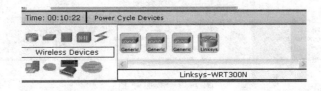

图 7-37 添加无线路由

第 2 步:添加三台 PC,并去掉其有线网卡,更换为无线网卡。如图 7-38 所示。

(1) 关闭电源,单击红色按钮

(2) 将有线网卡拖曳到配件区域

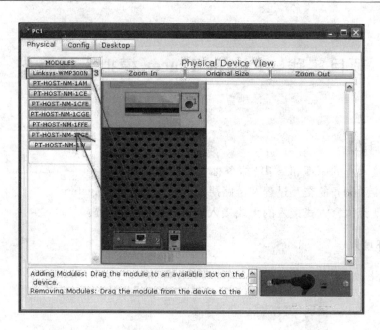

图 7-38　添加 PC

（3）将 Linksys-WMP300N 拖曳到有线网卡区

（4）重新开启电源，配置完成，如图 7-39 所示。

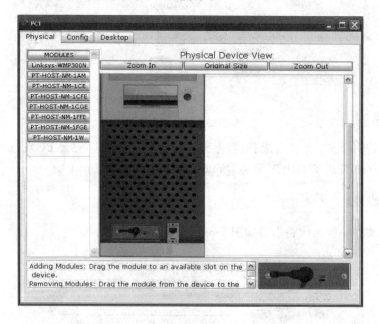

图 7-39　添加好 PC

　　三台 PC 都配置好，会看到多了很多波线，表示已经连接到了无线路由。如图 7-40 所示。

　　此时我们在任意一台 PC 上执行 IPCONFIG 命令。如图 7-41 所示。

　　发现已经自动获取了 IP 地址，证明与无线路由通信正常。

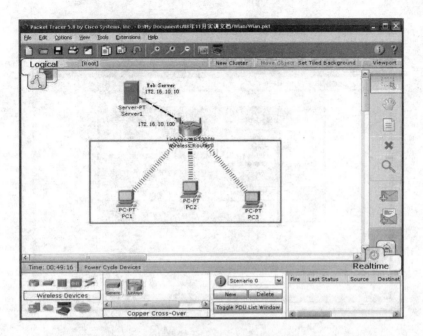

图 7-40　已连接无线路由

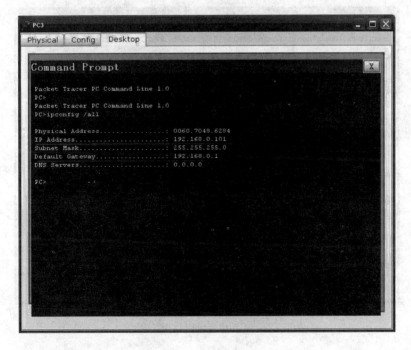

图 7-41　执行 inconfig/all

　　第 3 步：设置路由。在任意一台 PC 上，打开浏览器。在地址栏中输入 192.168.0.1，弹出的登录窗口中用户名和密码都是 admin。如图 7-42 所示。登录后就看到 Web 管理界面，现在就可以进行相关配置。如图 7-43 所示。

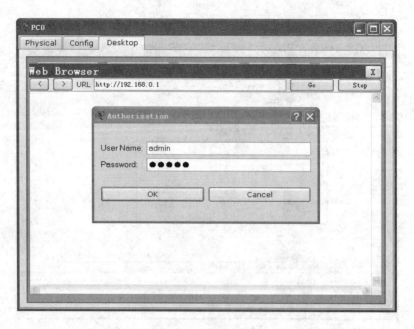

图 7-42　设置无线路由

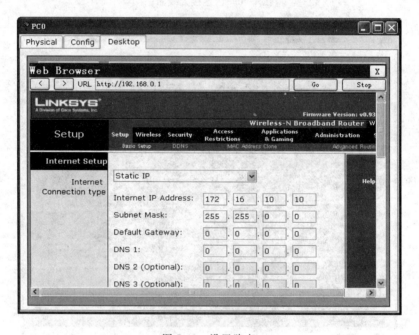

图 7-43　设置路由

 项目思考

　　小刘利用现有的设备和网络组建了一个新的无线网络,将有线局域网与无线局域网有机结合起来。通过基本设置和基本安全设置,所有的计算机都顺利上网,为了保证通信安全,他做了如下工作:

　　(1) 安全基本设置;

（2）进行了 WEP 设置。

现在要考虑这些问题：

（1）这些动作要完成什么事情？

（2）你建议还要采取些什么操作？

（3）无线局域网客户端的安全如何设置？

课 后 练 习

一、填空题

1. 代理防火墙工作在_____层。

2. 目前综合布线工程中，常用的测试标准为 ANSI/EIA/TIA 制定的_____标准。

3. 网络攻击的步骤是：_____、_____、_____控制或破坏目标系统_____和_____。

4. 按照计算机网络安全漏洞的可利用方式来划分，漏洞探测技术可以划分为信息型漏洞探测和_____。

5. 分布式入侵检测对信息的处理方法可以分为四种：分布式信息收集、集中式处理、分布式信息收集和_____。

6. 防火墙一般部署在_____和_____之间。

7. 从系统构成上看，入侵检测系统应包括数据提取、_____、响应处理和远程管理四大部分。

8. 就检测理论而言，入侵检测技术可以分为异常检测和_____。

9. 物理安全在整个计算机网络安全中占有重要地位，主要包括：机房环境安全、通信线路安全和_____。

10. 防火墙一般位于_____和外部网络之间。

二、选择题

1. Windows 主机推荐使用（　　）格式。

A. NTFS　　　　B. FAT32　　　　C. FAT　　　　D. LINUX

2. UNIX 系统的目录结构是一种（　　）结构。

A. 树状　　　　B. 环状　　　　C. 星状　　　　D. 线状

3. Windows NT/2000 SAM 存放在（　　）。

A. WINNT　　　　　　　　　　B. WINNT/SYSTEM

C. WINNT/SYSTEM32　　　　　D. WINNT/SYSTEM32/config

4. 使用 Winspoof 软件，可以用来（　　）。

A. 显示好友 QQ 的 IP　　　　　B. 显示陌生人 QQ 的 IP

C. 隐藏 QQ 的 IP　　　　　　　D. 攻击对方 QQ 端口

5. http://IP/scripts/..%255c..%255winnt/system32/cmd.exe? /c＋del＋c:\tanker.txt 可以（　　）。

A. 显示目标主机目录   B. 显示文件内容

C. 删除文件   D. 复制文件的同时将该文件改名

6. 目前无线局域网主要以（   ）作传输媒介。

A. 短波   B. 微波   C. 激光   D. 红外线

7. 为了提高电子设备的防电磁泄漏和抗干扰能力，可采取的主要措施是（   ）。

A. 对机房进行防潮处理   B. 对机房或电子设备进行电磁屏蔽处理

C. 对机房进行防静电处理   D. 对机房进行防尘处理

8. 为保证计算机网络系统的正常运行，对机房内的三度有明确的要求。其三度是指
（   ）。

A. 温度、湿度和洁净度   B. 照明度、湿度和洁净度

C. 照明度、温度和湿度   D. 温度、照明度和洁净度

三、简答题

1. 端口扫描的基本原理是什么？端口扫描技术分成哪几类？

2. 为提高电子设备的抗电磁干扰能力，除提高芯片、部件的抗电磁干扰能力外，主要还可以采取哪些措施？

3. 简述边界端口扫描的原理和工作过程。

4. 简述无线局域网由哪些硬件组成。

5. 简述基于主机的扫描器和基于网络的扫描器的异同。

项目八　网络安全管理技术

网络安全管理保障与安全技术的紧密结合至关重要。本项目简要介绍了网络管理与保障体系和网络安全管理基本过程。网络安全保障包括信息安全策略、信息安全管理、信息安全运作和信息安全技术,其中,管理是企业管理行为,主要包括安全意识、组织结构和审计监督;运作是日常管理的行为(包括运作流程和对象管理);技术是信息系统的行为(包括安全服务和安全基础设施)。网络安全是在企业管理机制下,通过运作机制借助技术手段实现的。"七分管理,三分技术,运作贯穿始终",管理是关键,技术是保障,其中的网络安全技术包括网络安全管理技术。

任务一　网络安全管理概述

【技能要点】

1. 了解网络安全管理概念、内容及功能。
2. 知道网络安全管理功能。
3. 熟悉网络安全管理技术。

【任务背景】

小王通过向赵主任请教,对网络安全了解了很多内容,但是在管理网络的过程中,还是很困惑。网络安全管理到底是怎么回事,功能有哪些,目前的网络安全管理技术尤其是新技术有哪些,还需要赵主任详细讲讲。赵主任不厌其烦,接着讲述。

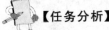
【任务分析】

进行网络管理,就要系统学习网络安全管理的基本概念,包含的内容以及主要功能,还要及时学习一些使用的技术。

【任务实施】

步骤一　网络安全管理概念和内容

1. 网络安全管理概念

安全管理(Security Management)是指以管理对象的安全为任务和目标所进行的各种

管理活动。

开放系统互连参考模型 OSI /RM(Open System Interconnection Reference Model)中的安全管理主要是指对除通信安全服务之外的、支持和控制网络安全所必需的其他操作所进行的管理。按照国际标准化组织(ISO)的定义,网络管理是指规划、监督、控制网络资源的使用和网络的各种活动,以使网络的性能达到最优。

2. 网络安全管理的内容

现代网络管理的内容一般可以用 OAM&P(Operation,Administration,Maintenance and Provisioning,运行、管理、维护和提供)来概括,主要指一组系统或网络管理功能,其中包括:故障指示、性能监控、安全管理、诊断功能、网络和用户配置等。

OSI/RM 的安全管理需要处理有关安全服务和安全机制操作的管理信息,这些信息存储在安全管理信息库中,可以是一个数据表或是一个文件,又称为安全管理数据库。

OSI/RM 的安全管理包括:系统安全管理、安全服务管理和安全机制管理,如图 8-1 所示。

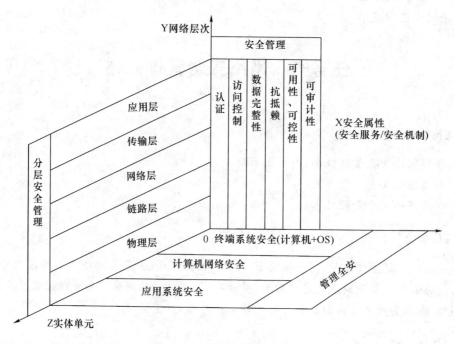

图 8-1　网络安全管理体系结构

安全管理的内容包括:硬件资源的安全管理,分为硬件设备的使用管理和常用硬件设备维护和保养;信息资源的安全与管理,分为信息存储的安全管理和信息的使用管理;其他管理,分为鉴别管理、访问控制管理和密钥管理等。

网络安全管理、安全策略、安全技术的内容和关系如图 8-2 所示。

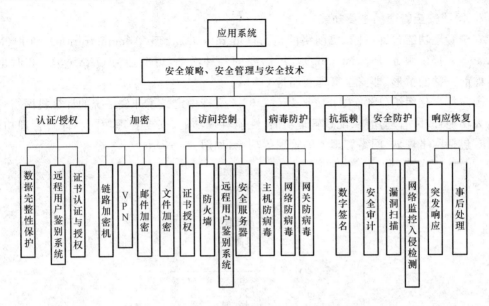

图 8-2　网络安全管理策略技术内容关系图

步骤二　网络安全管理步骤及功能

1. 安全管理的步骤和方法

网络安全管理工作的程序,遵循如下 PDCA 循环模式的 4 个基本过程:

(1) 制订计划(Plan);

(2) 落实执行(Do);

(3) 监督检查(Check);

(4) 评价行动(Action)。

网络安全管理的方法:信息安全管理根据具体管理对象的不同,可以采用不同的具体管理方法。安全管理模型——PDCA 持续改进模式如图 8-3 所示。

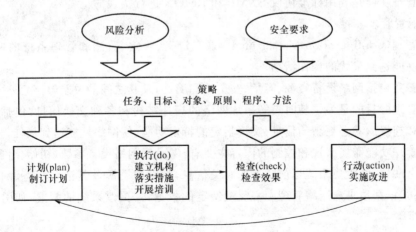

图 8-3　安全管理模型—PDCA 持续改进模式

2. 网络安全管理的主要功能

安全管理功能包括：计算机网络的运行（Operation）、处理（Administration）、维护（Maintenance）、提供服务（Provisioning）等所需要的各种活动，可概括为 OAM&P。有时也限定考虑前三种的情形，即安全管理功能指 OAM。

国际标准化组织（ISO）在 ISO / IEC 7498-4 文档中定义了开放系统的计算机网络管理的五大功能：故障管理功能、配置管理功能、性能管理功能、安全管理功能和计费管理功能。而没有包括网络规划、网络管理者的管理等功能，如图 8-4 所示。

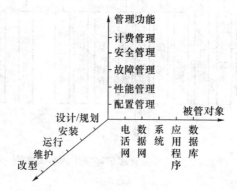

图 8-4　计算机网络管理的五大功能图

（1）故障管理

故障管理（Fault Management）是网络管理中最基本的功能之一，指对网络非正常的操作引起的故障进行检查、诊断和排除处理等工作。

主要目的是保证网络系统能够提供持续可靠的服务。故障管理的功能有 5 个：

①对管理对象进行差错检测，或对管理对象接收错误检测报告并作出响应；②当设备出现空闲或迂回路由时，提供新的网络资源和服务；③创建和维护差错日志库，并对差错日志进行分析；④进行诊断和测试，以追踪和确定故障位置和性质；⑤纠正错误，通过资源更换、维护及其他恢复措施使网络重新开始服务。

故障管理功能是利用标准协议 SNMP 和 RMON 进行实现的。

（2）配置管理

配置管理（Configuration Management）是指定义、收集、监测和管理系统的配置参数，使得网络性能达到最优的操作活动。

配置参数包括网络设备资源、容量、安全性和属性，及其之间的关系等。

配置管理的目的是为了随时了解系统网络的拓扑结构和各种交换信息，包括连接前静态设定的和连接后动态更新的信息；实现指定的特定功能、使网络性能达到最佳。

配置管理功能需要监视和控制的内容主要有：①设置网络设备参数、初始化网络资源及关闭不安全端口；②收集系统当前状态的有关信息，如网络资源及其活动状态、网络资源之间的关系；③根据请求向网络管理中心反馈特定的数据；④更改系统的配置，如引入新资源和删除旧资源等。

配置管理需要进行的操作包括：①鉴别被管理对象，标识被管理对象；②设置被管理对象的参数，如初始化被管理对象，路由操作的参数；③改变被管理对象的操作特性，报告被管理对象的状态变化；⑷关闭、删除被管理对象。

（3）性能管理

性能管理（（Performance Management）主要用于收集分析有关网络当前状况的数据信息，并维护和分析性能日志。典型的网络性能管理分为性能检测和网络控制两部分。

性能管理以网络性能为准则收集、分析和调整被管理对象的状态，其目的是保证网络可以提供可靠、连续的通信能力并使用最少的网络资源和具有最少的时延。

网络性能管理的功能包括：①收集、分发、统计与性能有关的数据信息；②维护系统性能的历史记录；③模拟各种操作的系统模型；④分析当前的统计数据，以检测性能故障，产生性能告警、报告性能事件；⑤确定自然和人工状况下系统的性能；⑥改变系统操作模式以便进行系统性能管理的操作。

（4）安全管理

安全管理主要是指监视、审查和控制用户对网络的访问，并产生安全日志以保证合法用户对网络的访问。在内联网中，安全管理与防护功能一般是由专门的系统软件承担，如防火墙软件、入侵检测系统、访问控制与审计等。

网络安全性能是用户最为关心的问题，主要有5个方面的网络安全问题：①网络数据的专有机密性，保护网络数据不被侵入者非法获取和查看；②用户授权使用，防止侵入者在网络上发送错误信息；③进行访问控制，有限制地对网络不同资源进行访问；④数据完整性，确保原有数据保持完整不变地传输；⑤不可抵赖性，发出者无法抵赖所发送的原有数据内容真实性。

网络安全管理还应当包括对授权机制、访问控制、加密和密钥的管理，还要维护和检查安全日志。安全管理的功能包括：①支持系统的安全服务；②维护系统的安全日志；③向其他开放系统传送有关安全方面的信息和相关事件的通报；④创建、删除、控制安全服务和机制。

（5）计费管理

计费管理（Accounting Management）主要是指记录、控制和调整网络资源的使用。目的是监测和控制网络操作的费用和成本代价，以便估算出用户所使用的网络资源及其所需的费用和代价、合理分配网络资源、降低网络故障。

步骤三 网络安全管理技术

1. 网络安全管理技术概念

网络安全管理技术是实现网络安全管理和维护的技术，需要利用多种网络安全技术和设备，对网络系统进行安全、合理、有效和高效的管理和维护。

网络安全管理技术一般需要实施一个基于多层次安全防护的策略和管理协议，将网络访问控制、入侵检测、病毒检测和网络流量管理等安全技术应用于内网，进行统一的管理和控制，各种安全技术彼此补充、相互配合，对网络行为进行检测和控制，形成一个安全策略集中管理、安全检查机制分散布置的分布式安全防护体系结构，实现对内网进行安全保护和管理。

监控和审计与网络管理密切相关的技术。监控和审计是通过对网络通信过程中可疑、有害信息或行为进行记录，为事后处理提供依据，从而对黑客形成一个强有力的威慑和最终达到提高网络整体安全性的目的。

2. 网络管理新技术

目前，网络正在向智能化、综合化、标准化发展，网络管理技术也正在不断发生新的变化，新的网络管理理念及技术正在不断涌现。

（1）基于 Web 的网络管理模式（Web-Based Management，WBM）。

（2）远程 IT 管理的整合式应用。

（3）CORBA 网络安全管理技术（通用对象请求代理体系结构，CORBA）。

3. 安全策略的制定与实施

（1）安全策略的制定

安全策略是指在某个特定的环境中，为达到一定级别的安全保护需求所必须遵守的各种规则和条例。安全策略是网络安全管理过程的重要内容和方法。

安全策略包括 3 个重要组成部分：安全立法、安全管理、安全技术。安全立法是第一层，有关网络安全的法律法规可以分为社会规范和技术规范；安全管理是第二层，主要指一般的行政管理措施；安全技术是第三层，是网络安全的重要物质技术基础。

（2）安全策略的实施

重要的商务信息和软件的安全存储；对网络系统及时安装最新补丁软件；安装入侵检测系统并实施监视；启动系统事件日志。

4. 主机网络安全防护

与网络安全采用安全防火墙、安全路由器等在被保护主机之外的技术手段不同，主机网络安全所采用的技术手段通常在被保护的主机内实现，并且一般为软件形式。因为只有在被保护主机之上运行的软件，才能同时获得外部访问的网络特性以及所访问资源的操作系统特性。

主机网络安全系统是为了解决主机安全性与访问方便性之间的矛盾，将用户访问时表现的网络特性和操作系统特性进行综合考虑，因此，这样的系统必须建立在被保护的主机上，并且贯穿于网络体系结构中的应用层、传输层、网络层之中。在不同的层次中，可以实现不同的安全策略。

更复杂的设计可以在更多的层实现更多的安全功能，下面就前面的设想提出一个可行的主机网络安全系统的结构模型，如图 8-5 所示。

 任务小结

通过本任务的学习，小王对网络安全管理有了全面了解，知道了网络安全管理新技术。赵主任说这些新技术会不断升级更新，从事网络管理维护要不断学习，不断在实践中总结工作经验，以防备网络中不断出现的新情况。下面给你讲最后一个问题，关于网络安全管理体系及网络安全法律法规。

 任务练习

练习　IDS 策略

使用 Web 站点和厂商文档创建一份描述某个网络完整 IDS 计划的文档。假定预算为2 000美元，规划你的整个 IDS 策略。

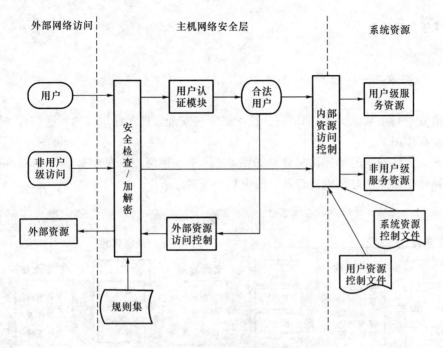

图 8-5　主机网络安全系统的结构模型

任务二　网络安全管理体系

【技能要点】

1. 了解网络安全保障体系
2. 知道网络安全的法律法规

【任务背景】

　　小王边听赵主任讲解边实践,这一段时间确实收获很大。最后还想请教一个关于网络安全保障体系和国内外的网络安全的法律法规的问题。赵主任开始细细阐述。

【任务分析】

　　了解网络安全管理体系能从整体了解网络安全管理的知识,网络安全的法律法规也是要普及的网络安全知识。

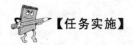【任务实施】

步骤一　网络安全保障体系

　　网络安全是个系统工程，网络安全技术必须与安全管理和保障措施紧密结合，才能真正有效地发挥作用。

　　计算机网络安全的整体保障体系如图 8-6 所示。网络安全的整体保障作用，主要体现在整个系统生命周期对风险进行整体的应对和控制。

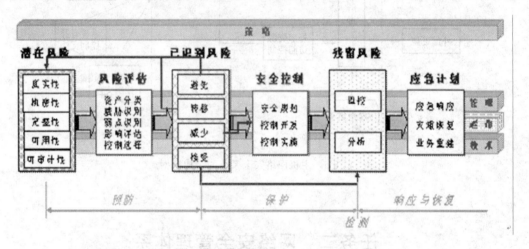

图 8-6　网络安全整体保障体系

1. 网络安全保障关键因素

　　网络安全保障包括四个方面：网络安全策略、网络安全管理、网络安全运作和网络安全技术，如图 8-7 所示。"七分管理，三分技术，运作贯穿始终"，管理是关键，技术是保障，其中的管理应包括管理技术。

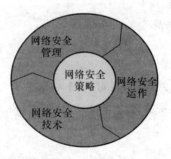

图 8-7　网络安全保障因素

2. 网络安全保障总体框架

　　网络安全保障体系总体框架如图 8-8 所示。此保障体系框架的外围是风险管理、法律法规、标准的符合性。

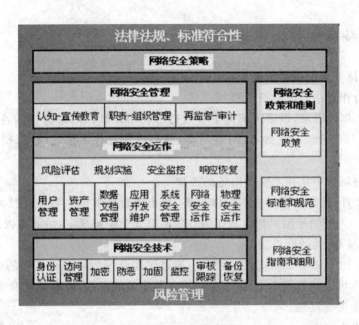

图 8-8 网络安全保障体系总体框架

网络安全涉及网络风险缓解。因此,网络安全设计者需要确定网络面临的威胁,这个过程被称为威胁识别(threat identification)。然而,除基本的威胁识别外,主要设计决策包括分析威胁发生的可能性以及一旦发生威胁时后果的严重性。这类分析被称为风险分析(risk analysis)。进行风险分析时,存在两种广为使用的方法:定量(quantitative)或定性(qualitative)。

一种是定量分析。定量分析对风险出现概率和严重性进行算术模拟。下面的等式是定量分析的例子。$ALE = AV * EF * ARO$

该等式计算年损益预算(Annualized Loss Expectancy,ALE)。ALE 币值可帮助推断安全解决方案开支。计算 ALE 值的各部分因数如表 8-1 所示。

表 8-1 年损益预算因数

因数	描述
资产值(AV)	是资产的总体成本,包括采购价格、后期维修费用以及与资产咨询有关的其他成本
暴露因子(EF)	即预期威胁对特定资产造成损失的百分比
年度发生率(ARO)	特定威胁在一年内估计会发生的频率

由两个因数可计算出另一个值。单一损失期望(Single Loss Expectancy,SLE)表示预期威胁单一发生可能造成的预期的货币损失。SLE 可由下式计算。$SLE = AV * EF$

另一种是定性分析。定性分析往往比定量分析更恰当,因为要分析的网络规模较大。例如,在全国性的网络部署中,列举整个国家所有已安装设施的资产是不切实际的。因此,定性分析运用场景模型,在场景模型中确定发生风险的场景。

步骤二 网络安全的法律法规

1. 国外网络安全的法律法规

(1) 国际合作立法打击网络犯罪

20 世纪 90 年代以来,很多国家为了有效打击利用计算机网络进行的各种违反犯罪活动,都采取了法律手段。分别颁布《网络刑事公约》、《信息技术法》、《计算机反欺诈与滥用法》等。

(2) 禁止破解数字化技术保护措施的法律

1996 年 12 月,世界知识产权组织做出了"禁止擅自破解他人数字化技术保护措施"的规定。欧盟、日本、美国等国家都将其作为一种网络安全保护规定,纳入本国法律。

(3) 与"入世"有关的网络法律

在 1996 年 12 月联合国第 51 次大会上,通过了联合国贸易法委员会的《电子商务示范法》,对于网络市场中的数据电文、网上合同成立及生效的条件,传输等专项领域的电子商务等规范成为一个主要议题。

(4) 其他相关立法

(5) 民间管理、行业自律及道德规范

2. 我国网络安全的法律法规

我国从网络安全管理的需要出发,从 20 世纪 90 年代初开始,国家及相关部门、行业和地方政府相继制定了多项有关网络安全的法律法规。

我国网络安全立法体系分为以下三个层面。

第一层面:法律。为全国人民代表大会及其常委会通过的法律规范。

第二个层面:行政法规。主要指国务院为执行宪法和法律而制定的法律规范。

第三个层面:地方性法规、规章、规范性文件 公安部制定的《计算机信息系统安全专用产品检测和销售许可证管理办法》、《计算机病毒防治管理办法》、《金融机构计算机信息系统安全保护工作暂行规定》、《关于开展计算机安全员培训工作的通知》等。

工业和信息化部制定的《互联网电户公告服务管理规定》《软件产品管理办法》《计算机信息系统集成资质管理办法》《国际通信出入口局管理办法》、《国际通信设施建设管理规定》、《中国互联网络域名管理办法》《电信网间互联管理暂行规定》等。

步骤三 网络安全评估准则和测评

网络安全标准是确保网络信息安全的产品和系统,在设计、建设、生产、实施、使用、测评和管理维护过程中,解决产品和系统的一致性、可靠性、可控性、先进性和符合性的技术规范、技术依据。

1. 国外网络安全评估标准

(1) 美国 TCSEC(橙皮书)

1983 年由美国国防部制定的 5200.28 安全标准——可信计算系统评价准则 TCSEC,即网络安全橙皮书或橘皮书,主要利用计算机安全级别评价计算机 系统的安全性。它将安全分为 4 个方面(类别):安全政策、可说明性、安全保障和文档。将这 4 个方面(类别)又分为 7 个安全级别,从低到高为 D、C1、C2、B1、B2、B3 和 A 级。

数据库和网络其他子系统也一直用橙皮书来进行评估。橙皮书将安全的级别从低到高分成 4 个类别:D 类、C 类、B 类和 A 类,并分为 7 个级别,如表 8-2 所示。

表 8-2　安全级别分类

类 别	级 别	名 称	主 要 特 征
D	D	低级保护	没有安全保护
C	C1	自主安全保护	自主存储控制
	C2	受控存储控制	单独的可查性,安全标识
B	B1	标识的安全保护	强制存取控制,安全标识
	B2	结构化保护	面向安全的体系结构,较好的抗渗透能力
	B3	安全区域	存取监控、高抗渗透能力
A	A	验证设计	形式化的最高级描述和验证

(2) 欧洲 ITSEC

信息技术安全评估标准 ITSEC,俗称欧洲的白皮书,将保密作为安全增强功能,仅限于阐述技术安全要求,并未将保密措施直接与计算机功能相结合。ITSEC 是欧洲的英国、法国、德国和荷兰等四国在借鉴橙皮书的基础上联合提出的。橙皮书将保密作为安全重点,而 ITSEC 则将首次提出的完整性、可用性与保密性作为同等重要的因素,并将可信计算机的概念提高到可信信息技术的高度。

(3) 美国联邦准则(FC)

美国联邦准则 FC 标准参照了加拿大的评价标准 CTCPEC 与橙皮书 TCSEC,目的是提供 TCSEC 的升级版本,同时保护已有建设和投资。FC 是一个过渡标准,之后结合 ITSEC 发展为联合公共准则。

(4) 通用评估准则(CC)

通用评估准则 CC 主要确定了评估信息技术产品和系统安全性的基本准则,提出了国际上公认的表述信息技术安全性的结构,将安全要求分为规范产品和系统安全行为的功能要求,以及解决如何正确有效地实施这些功能的保证要求。CC 结合了 FC 及 ITSEC 的主要特征,强调将网络信息安全的功能与保障分离,将功能需求分为 9 类 63 族,将保障分为 7 类 29 族。CC 的先进性体现在其结构的开放性、表达方式的通用性,以及结构及表达方式的内在完备性和实用性四个方面。目前,中国测评中心主要采用 CC 等进行测评,具体内容及应用可以查阅相关网站。

(5) ISO 安全体系结构标准

国际标准 ISO7498-2-1989《信息处理系统·开放系统互连、基本模型第 2 部分安全体系结构》,为开放系统标准建立框架。主要用于提供网络安全服务与有关机制的一般描述,确定在参考模型内部可提供这些服务与机制。如表 8-3 所示。

表 8-3　ISO 提供的安全服务

服务	用途
身份验证	身份验证是证明用户及服务器身份的过程
访问控制	用户身份一经过验证就发生访问控制,这个过程决定用户可以使用、浏览或改变哪些系统资源
数据保密	这项服务通常使用加密技术保护数据免于未授权的泄露,可避免被动威胁
数据完整性	这项服务通过检验或维护信息的一致性,避免主动威胁
抗否认性	否认是指否认参加全部或部分事务的能力,抗否认服务提供关于服务、过程或部分信息的起源证明或发送证明

目前,国际上通行的与网络信息安全有关的标准可分为 3 类,如图 8-9 所示。

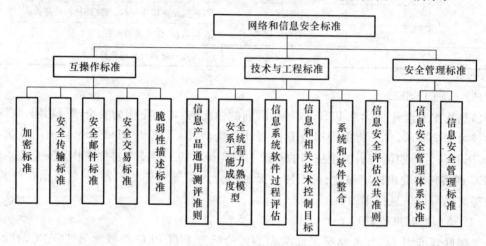

图 8-9　有关网络和信息安全标准种类

2. 国内网络安全评估通用准则

（1）系统安全保护等级划分准则

1999 年国家质量技术监督局批准发布系统安全保护等级划分准则,依据 GB-17859《计算机信息系统安全保护等级划分准则》和 GA-163《计算机信息系统安全专用产品分类原则》等文件,将系统安全保护划分为 5 个级别,如表 8-4 所示。

表 8-4　系统安全保护划分

等　级	名　称	描　述
第一级	用户自我保护级	安全保护机制可以使用户具备安全保护的能力,保护用户信息免受非法的读写破坏
第二级	系统审计保护级	除具备第一级所有的安全保护功能外,要求创建和维护访问的审计跟踪记录,使所有用户对自身行为的合法性负责
第三级	安全标记保护级	除具备前一级所有的安全保护功能外,还要求以访问对象标记的安全级别限制访问者的权限,实现对访问对象的强制访问

等级	名 称	描 述
第四级	结构化保护级	除具备前一级所有的安全保护功能外,还将安全保护机制划分为关键部分和非关键部分,对关键部分可直接控制访问者对访问对象的存取,从而加强系统的抗渗透能力
第五级	访问验证保护级	除具备前一级所有的安全保护功能外,还特别增设了访问验证功能,负责仲裁访问者对访问对象的所有访问

2006 年公安部修改制订并实施《信息安全等级保护管理办法(试行)》。将我国信息安全分五级防护,第一至五级分别为:自主保护级、指导保护级、监督保护级、强制保护级和专控保护级。

(2) 我国信息安全标准化现状

中国信息安全标准化建设,主要按照国务院授权,在国家质量监督检验检疫总局管理下,由国家标准化管理委员会统一管理标准化工作,下设有 255 个专业技术委员会。

从 20 世纪 80 年代开始,积极借鉴国际标准,制定了一批中国信息安全标准和行业标准。从 1985 年发布第一个有关信息安全方面的标准以来,已制定、报批和发布近百个有关信息安全技术、产品、测评和管理的国家标准,并正在制定和完善新的标准。

3. 网络安全的测评

(1) 网络安全测评目的包括:搞清企事业机构具体信息资产的实际价值及状况;确定机构具体信息资源的安全风险程度;通过调研分析搞清网络系统存在的漏洞隐患及状况;明确与该机构信息资产有关的风险和需要改进之处;提出改变现状的建议和方案,使风险降到可最低;为构建合适的安全计划和策略做好准备。

(2) 网络安全测评类型:一般通用的测评类型分为 5 个:系统级漏洞测评;网络级风险测评;机构的风险测评;实际入侵测试;审计。

(3) 调研与测评方法:收集信息有 3 个基本信息源:调研对象、文本查阅和物理检验。调研对象主要是与现有系统安全和组织实施相关人员,重点是熟悉情况和管理者。

测评方法:网络安全威胁隐患与态势测评方法、模糊综合风险测评法、基于弱点关联和安全需求的网络安全测评方法、基于失效树分析法的网络安全风险状态测评方法、贝叶斯网络安全测评方法等,具体方法可以通过网络进行查阅。

4. 网络安全策略及规划

网络安全策略是在指定安全区域内,与安全活动有关的一系列规则和条例,包括对企业各种网络服务的安全层次和权限的分类,确定管理员的安全职责,主要涉及 4 个方面:实体安全策略、访问控制策略、信息加密策略和网络安全管理策略。

(1) 网络安全策略总则

网络安全策略包括总体安全策略和具体安全管理实施细则,包括:均衡性原则、时效性原则、最小限度原则。

保护网络安全的一种方法是最小权限,根据职责给用户分配相应的最小权限。这个方法被称为最小权限概念(least-privilege concept),它有助于减少因用户权限过大而具有的潜在系统漏洞。最小权限概念还可加速系统安全缺陷的识别。

然而,在实际应用中,最小权限概念给具体实现带来了挑战。例如,用户有时需要一个许可级别,而这个级别不是其当前合法任务所具有的。这种"例外"可导致管理者的日常配置中出现不能接受的级别,以及导致运营效率的全面下降。

理解最小权限的概念如图 8-10 所示。防火墙只允许用户通过 SMTP 和/或 POP3 与 E-mail 服务器进行通信。若添加了基于 Web 的 E-mail 访问,则需讨论此处的最小权限。此例中,用户可尝试连接使用 HTTP 的 E-mail 服务器以连接最新配置的基于 Web 的 E-mail 特性。然而,由于防火墙只允许 SMTP 和 POP3 访问 E-mail 服务器,则可能会拒绝该用户的访问。管理员可要求附加的防火墙配置以启用基于 Web 的 E-mail 访问。

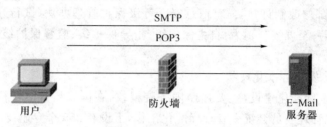

图 8-10　最小权限概念

（2）安全策略的内容

根据不同的安全需求和对象,可以确定不同的安全策略。主要包括入网访问控制策略、操作权限控制策略、目录安全控制策略、属性安全控制策略、网络服务器安全控制策略、网络监测、锁定控制策略和防火墙控制策略等 7 个方面的内容:实体与运行环境安全;网络连接安全;操作系统安全;网络服务安全;数据安全;安全管理责任;网络用户安全责任;网络安全策略的制定与实施。

（3）网络安全策略的制定及实施

安全策略是网络安全管理过程的重要内容和方法。网络安全策略包括 3 个重要组成部分:安全立法、安全管理、安全技术。安全策略的实施包括:存储重要数据和文件,及时更新加固系统,加强系统检测与监控,做好系统日志和审计。

（4）网络安全规划基本原则

网络安全规划的主要内容:规划基本原则、安全管理控制策略、安全组网、安全防御措施、审计和规划实施等。规划种类较多,其中,网络安全建设规划可以包括:指导思想、基本原则、现状及需求分析、建设政策依据、实体安全建设、运行安全策略、应用安全建设和规划实施等。

制定网络安全规划的基本原则,重点考虑 6 个方面:统筹兼顾;全面考虑;整体防御与优化;强化管理;兼顾性能;分步制定与实施。

（5）网络安全管理原则及制度

为了加强网络系统安全,网络安全管理应坚持基本原则:多人负责原则;有限任期原则;职责分离原则;严格操作规程;系统安全监测和审计制度;建立健全系统维护制度;完善应急措施。

另有将网络安全指导原则概括为 4 个方面:适度公开原则、动态更新与逐步完善原则、通用性原则、合规性原则。

（6）网络安全管理机构和制度

网络安全管理的制度：人事资源管理、资产物业管理、教育培训、资格认证、人事考核鉴定制度、动态运行机制、日常工作规范、岗位责任制度等。

完善管理机构和岗位责任制。计算机网络系统的安全涉及整个系统和机构的安全、效益及声誉。系统安全保密工作最好由单位主要领导负责，必要时设置专门机构。重要单位、要害部门安全保密工作分别由安全、保密、保卫和技术部门分工负责。常用的网络安全管理规章制度包括 7 个方面：系统运行维护管理制度；计算机处理控制管理制度；文档资料管理；操作及管理人员的管理制度；机房安全管理规章制度；其他的重要管理制度；风险分析及安全培训。

所有领导机构、重要计算机系统的安全组织机构，包括安全审查机构、安全决策机构、安全管理机构，都要建立和健全各项规章制度。完善专门的安全防范组织和人员。制定人员岗位责任制，严格纪律、管理和分工。专职安全管理员负责安全策略的实施与更新。

安全审计员监视系统运行情况，收集对系统资源的各种非法访问事件，并进行记录、分析、处理和上报。保安人员负责非技术性常规安全工作，如系统场所的警卫、办公安全、出入门验证等。

坚持合作交流制度互联网安全人人责任，网络运营商更负有重要责任。应加强与相关业务往来单全机构的合作与交流，密切配合共同维护网络安全，及时获得必要的安全管理信息和专业技术支持与更新。国内外也应当进一步加强交流与合作，拓宽国际合作渠道，建立政府、网络安全机构、行业组织及企业之间多层次、多渠道、齐抓共管的合作机制。

任务小结

经过赵主任的详细介绍，小王终于了解到网络安全管理体系，国内外都很重视网络安全的立法，通过法律法规规范网络行为。赵主任说不但自己要懂，还要给学生讲解，让更多的人在国家允许的范围内，充分利用网络带给我们的便利，而不会危害到别人的利益。

任务练习

练习　成本效率

技术力量不是判断解决方案的唯一标准。因为必须要考虑成本。在本项目中将进行成本估算。这就要求你研究产品的 Web 网站，甚至需要打电话给销售代表。

1．假定一个小型局域网（100 个用户以下，5 台服务器）。

2．假定 20 个用户远程用户，而且不同时连接。

3．假定在任何给定时刻平均有 5～8 个连接。

4．研究确定支持这样环境的三种方案，并且报告每个解决方案的成本。

项目实践 园区网络安全整体设计

【实训描述】

校园网是距离学生最近的综合性网络,学生们对校园网相对比较熟悉,通过园区网络安全整体解决方案的设计,让学生们了解设计整个流程及设计要点,进而可以去探讨中小型企业网络安全解决方案。

【实训目的】

1. 熟悉网络安全整体解决方案流程。

2. 了解园区网络安全方案设计。

【实训步骤】

第 1 步:需求分析

(1) 实施背景

维护校园网络的安全,防范网络病毒入侵校园网,防止 IP、MAC 地址的盗用,对学生用户上网时间的控制,用户网络权限的控制,有效屏蔽各种网络攻击,访问身份认证等。

(2) 网络安全需求

所谓网络安全就是计算机系统安全概念在网络环境下的扩展和延伸,包括在网络内的访问是否充分得到授权与控制、网络内传输的数据是否得到加密性、完整性保护,网络内的数据包是否合乎安全策略的要求。

① 防范非法用户非法访问

非法用户的非法访问也就是黑客或间谍的攻击行为。在没有任何防范措施的情况下,网络的安全主要是靠主机系统自身的安全,如用户名及口令字这些简单的控制。但对于用户名及口令的保护方式,对有攻击目的的人而言,根本就不是一种障碍。他们可以通过对网络上信息的监听,得到用户名及口令或者通过猜测用户及口令,这都将不是难事,而且可以说只要花费很少的时间。因此,要采取一定的访问控制手段,防范来自非法用户的攻击,严格控制只有合法用户才能访问合法资源。

② 防范合法用户非授权访问

合法用户的非授权访问是指合法用户在没有得到许可的情况下访问了他本不该访问的资源。一般来说,每个成员的主机系统中,有一部分信息是可以对外开放,而有些信息是要求保密或具有一定的隐私性。外部用户(指数字网络合法用户)被允许正常访问的一定的信息,但他同时通过一些手段越权访问了别人不允许他访问的信息,因此而造成他人的信息泄密。所以,还得加密访问控制的机制,对服务及访问权限进行严格控制。

③ 防范假冒合法用户非法访问

从管理上及实际需求上是要求合法用户可正常访问被许可的资源。既然合法用户可以访问资源。那么,入侵者便会在用户下班或关机的情况下,假冒合法用户的 IP 地址或用户名等资源进行非法访问。因此,必须从访问控制上做到防止假冒而进行的非法访问。

（3）应用安全需求

应用安全主要涉及应用系统信息资产的保密性和完整性保障,对应用安全的考虑主要集中两个方面,一是内容审计,审计是记录用户使用计算机网络系统所访问的所有资源和访问的过程,它是提高安全性的重要工具。它不仅能够识别谁访问了系统,还能够成功地还原系统的相关协议。二是对应用系统访问的源、目的的双向鉴别与授权。针对校园网络系统而言,建立 CA 系统是满足这一要求的可行解决方案。CA 认证体系使用了数字签名、加密和完整性机制,使两个或多个实体之间通信时,进行"交叉认证",可以有效地鉴别对应用系统访问者的身份,并根据确认的身份确定其能够访问的资源。

此外,针对校园网重要业务系统,要规划全面的病毒防护体系。我们看到,随着网络的飞速发展,病毒的发展趋势是从面向文件型转到面向应用的,从面向单机转到面向网络的,防病毒软件面临着集中管理、智能更新等多方面的问题,病毒防护也已经步入到了一个网络化、多方位防护的阶段。

网络防病毒系统应基于策略集中管理的方式,使得移动、分布式的网络级病毒防护不再困难,而且应提供病毒定义的实时自动更新功能,所有操作都应对终端用户透明,不需用户的干预,使用户在不知不觉中将病毒拒之门外。

第 2 步:设计原则

（1）先进性与成熟性

采用当今国内、国际上先进和成熟的计算机应用技术,使搭建的硬件平台能够最大限度地适应今后的办公自动化技术和系统维护的需要。从现阶段的发展来看,系统的总体设计的先进性原则主要体现在使用 Thin-Client/Server 计算机体系是先进的、开放的体系结构,当系统应用量发生变化时具备良好的可伸缩性,避免"瓶颈"的出现。

（2）实用性与经济性

实用性就是能够最大限度地满足实际工作的要求,是每个系统平台在搭建过程中必须考虑的一种系统性能,它是对用户最基本的承诺。办公自动化硬件平台是为实际使用而建立的,应避免过度追求超前技术而浪费投资。

（3）扩展性与兼容性

系统设计除了可以适应目前的应用需要以外,应充分考虑日后的应用发展需要,随着数据量的扩大,用户数的增加以及应用范围的拓展,只要相应地调整硬件设备即可满足需求。通过采用先进的存储平台,保证对海量数据的存取、查询以及统计等的高性能和高效率。同时考虑整个平台的统一管理,监控,降低管理成本。

（4）标准化与开放性

系统设计应采用开放技术、开放结构、开放系统组件和开放用户接口,以利于网络的维护、扩展升级及外界信息的沟通。

计算机软硬件和网络技术有国际和国内的标准,但技术标准不可能详细得面面俱到,在一些技术细节上各个生产厂商按照自己的喜好设计开发,结果造成一些产品只能在较低的层面上互通,在较高层面或某些具体方面不能互通。我们不但要选用符合标准的产品,而且应尽量选用市场占有率高且发展前景好的产品,以提高系统的互通性和开放性。

（5）安全性与可维护性

随着应用的发展,系统需要处理的数据量将有较大的增长,并且将涉及各类的关键性应用,系统的稳定性和安全性要求都相对较高,任意时刻系统故障都可能给用户带来不可估量的损失,建议采用负载均衡的服务器群组来提高系统整体的可用性。

（6）整合型好

当前采用企业级的域控制管理模式,方便对公司内所有终端用户的管理,同时又可以将公司里的计算机纳入管理范围,极大地降低了网络维护量,并能整体提高当前网络的安全管理。

第 3 步:网络总体设计

（1）网络架构分析

现代网络结构化布线工程中多采用星型结构,主要用于同一楼层,由各个房间的计算机间用集线器或者交换机连接产生的,它具有施工简单,扩展性高,成本低和可管理性好等优点;而校园网在分层布线时主要采用树形结构;每个房间的计算机连接到本层的集线器或交换机,然后每层的集线器或交换机再连接到本楼出口的交换机或路由器,各个楼的交换机或路由器再连接到校园网的通信网中,由此构成了校园网的拓扑结构。

校园网采用星形的网络拓扑结构,骨干网为 1 000 Mbit/s 速率具有良好的可运行性、可管理性,能够满足未来发展和新技术的应用。另外,作为整个网络的交换中心,在保证高性能、无阻塞交换的同时,还必须保证稳定可靠的运行。

因此在网络中心的设备选型和结构设计上必须考虑整体网络的高性能和高可靠性,我们选择热路由备份可以有效地提高核心交换的可靠性。

传输介质也要适合建网需要。在楼宇之间采用 1000 M 光纤,保证了骨干网络的稳定可靠,不受外界电磁环境的干扰,覆盖距离大,能够覆盖全部校园。在楼宇内部采用超 5 类双绞线,其 100 m 的传递距离能够满足室内布线的长度要求。

（2）设计思路

进行校园网总体设计,第一要进行对象研究和需求调查,明确学校的性质、任务和改革发展的特点及系统建设的需求和条件,对学校的信息化环境进行准确的描述;第二在应用需求分析的基础上,确定学校 Intranet 服务类型,进而确定系统建设的具体目标,包括网络设施、站点设置、开发应用和管理等方面的目标;第三是确定网络拓扑结构和功能,根据应用需求建设目标和学校主要建筑分布特点,进行系统分析和设计;第四,确定技术设计的原则要求,如在技术选型、布线设计、设备选择、软件配置等方面的标准和要求;第五,规划校园网建设的实施步骤。

校园网总体设计方案的科学性,应该体现在能否满足以下基本要求方面:整体规划安排;先进性、开放性和标准化相结合;结构合理,便于维护;高效实用;支持宽带多媒体业务;能够实现快速信息交流、协同工作和形象展示。

（3）校园网的设计原则

① 先进性原则

以先进、成熟的网络通信技术进行组网,支持数据、语音和视频图像等多媒体应用,采用基于交换的技术代替传统的基于路由的技术,并且能确保网络技术和网络产品在几年内基本满足需求。

② 开放性原则

校园网的建设应遵循国际标准，采用大多数厂家支持的标准协议及标准接口，从而为异种机、异种操作系统的互连提供便利和可能。

③ 可管理性原则

网络建设的一项重要内容是网络管理，网络的建设必须保证网络运行的可管理性。在优秀的网络管理之下，将大大提高网络的运行速率，并可迅速简便地进行网络故障的诊断。

④ 安全性原则

信息系统安全问题的中心任务是保证信息网络的畅通，确保授权实体经过该网络安全地狄取信息，并保证该信息的完整和可靠。网络系统的每一个环节都可能造成安全与可靠性问题。

⑤ 灵活性和可扩充性

选择网络拓扑结构的同时还需要考虑将来的发展，由于网络中的设备不是一成不变的，如需要添加或删除一个工作站，对一些设备进行更新换代，或变动设备的位置，因此所选取的网络拓扑结构应该能够容易地进行配置以满足新的需要。

⑥ 稳定性和可靠性

可靠性对于一个网络拓扑结构是至关重要的。在局域网中经常发生节点故障或传输介质故障，一个可靠性高的网络拓扑结构除了可以使这些故障对整个网络的影响尽可能小以外，同时还应具有良好的故障诊断和故障隔离功能。

（4）网络三层结构设计

校园网网络整体分为三个层次：核心层、汇聚层、接入层。为实现校区内的高速互联，核心层由 1 个核心节点组成，包括教学区区域、服务器群；汇聚层设在每栋楼上，每栋楼设置一个汇聚节点，汇聚层为高性能"小核心"型交换机，根据各个楼的配线间的数量不同，可以分别采用 1 台或是 2 台汇聚层交换机进行汇聚，为了保证数据传输和交换的效率，现在各个楼内设置三层楼内汇聚层，楼内汇聚层设备不但分担了核心设备的部分压力，同时提高了网络的安全性；接入层为每个楼的接入交换机，是直接与用户相连的设备。本实施方案从网络运行的稳定性、安全性及易于维护性出发进行设计，以满足客户需求。

（5）网络拓扑图如图 8-11 所示。

（6）网络物理图如图 8-12 所示。

第 4 步：网络安全解决方案

（1）网络病毒防范技巧

网络病毒是一种新型病毒，它的传播媒介不再是移动式载体，而是网络通道，这种病毒的传染能力更强，破坏力更大。同时有关调查显示，通过电子邮件和网络进行病毒传播的比例正逐步攀升，它们给人们的工作和生活带来了很多麻烦。

作为个人用户，我们在防范网络病毒时，需要注意以下几点。

① 留心邮件的附件

对于邮件附件尽可能小心，安装一套杀毒软件，在打开邮件之前对附件进行预扫描。因为有的病毒邮件恶毒之极，只要你将鼠标移至邮件上，哪怕不打开附件，它也会自动执行。更不要打开陌生人来信中的附件文件，当收到陌生人寄来的一些自称是"不可不看"的有趣内容时，千万不要不假思索地贸然打开它，尤其对于一些".exe"之类的可执行程序文件，更要慎之又慎！

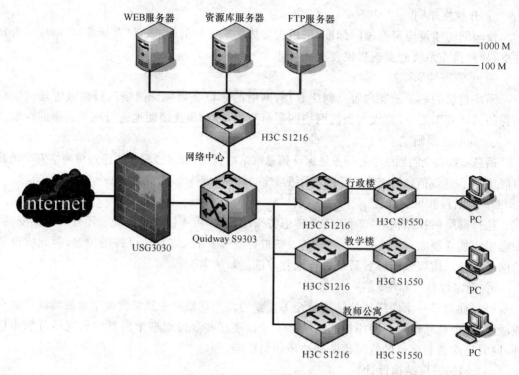

图 8-11　网络拓扑图

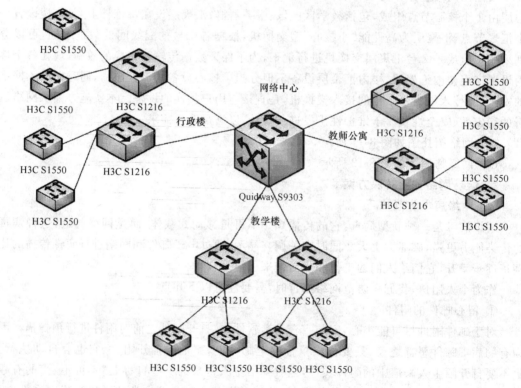

图 8-12　网络物理图

② 注意文件扩展名

因为 Windows 允许用户在文件命名时使用多个扩展名，而许多电子邮件程序只显示第一个扩展名，有时会造成一些假象。所以我们可以在"文件夹选项"中，设置显示文件名的扩展名，这样一些有害文件，如 VBS 文件就会原形毕露。注意千万别打开扩展名为 VBS、SHS 和 PIF 的邮件附件，因为一般情况下，这些扩展名的文件几乎不会在正常附件中使用，但它们经常被病毒和蠕虫使用。例如，你看到的邮件附件名称是 wow.jpg，而它的全名实际是 wow.jpg.vbs，打开这个附件意味着运行一个恶意的 VBScript 病毒，而不是你的 JPG 查看器。

③ 不要轻易运行程序

对于一般人寄来的程序，都不要运行，就算是比较熟悉、了解的朋友们寄来的信件，如果其信中夹带了程序附件，但是他却没有在信中提及或是说明，也不要轻易运行。因为有些病毒是偷偷地附着上去的——也许他的电脑已经染毒，可他自己却不知道。比如"happy 99"就是这样的病毒，它会自我复制，跟着邮件走。当收到邮件广告或者主动提供的电子邮件时，尽量也不要打开附件以及它提供的链接。

④ 不要盲目转发信件

收到自认为有趣的邮件时，不要盲目转发，因为这样会帮助病毒的传播；给别人发送程序文件甚至包括电子贺卡时，一定要先在自己的电脑中试试，确认没有问题后再发，以免好心办了坏事。另外，应该切忌盲目转发。有的朋友当收到某些自认为有趣的邮件时，还来不及细看就打开通讯簿给自己的每一位朋友都转发一份，这极有可能使病毒制造者的恶行得逞，而你的朋友对你发来的信无疑是不会产生怀疑的，结果你无意中成为病毒传播者。

⑤ 堵住系统漏洞

现在很多网络病毒都是利用了微软的 IE 和 Outlook 的漏洞进行传播的，因此大家需要特别注意微软网站提供的补丁，很多网络病毒可以通过下载和安装补丁文件或安装升级版本来消除、阻止。同时，及时给系统打补丁也是一个良好的习惯，可以让系统时时保持最新、最安全。但是要注意最好从信任度高的网站下载补丁。

⑥ 禁止 Windows Scripting Host

对于通过脚本"工作"的病毒，可以采用在浏览器中禁止 JAVA 或 ActiveX 运行的方法来阻止病毒的发作。禁用 Windows Scripting Host。Windows Scripting Host(WSH) 运行各种类型的文本，但基本都是 VBScript 或 Jscript。许多病毒/蠕虫，如 Bubbleboy 和 KAK.worm 使用 Windows Scripting Host，无须用户单击附件，就可自动打开一个被感染的附件。同时应该把浏览器的隐私设置设为"高"。

⑦ 注意共享权限

一般情况下勿将磁盘上的目录设为共享，如果确有必要，请将权限设置为只读，读操作须指定口令，也不要用共享的软盘安装软件，或者是复制共享的软盘，这是导致病毒从一台机器传播到另一台机器的方式。

⑧ 不要随便接受附件

尽量不要从在线聊天系统的陌生人那里接受附件，比如 ICQ 或 QQ 中传来的东西。有些人通过在 QQ 聊天中取得对你的信任之后，给你发一些附有病毒的文件，所以对附件中的文件不要打开，先保存在特定目录中，然后用杀毒软件进行检查，确认无病毒后再打开。

⑨ 从正规网站下载软件

不要从任何不可靠的渠道下载任何软件,因为通常我们无法判断什么是不可靠的渠道,所以比较保险的办法是对安全下载的软件在安装前先做病毒扫描。

⑩ 多做自动病毒检查

确保你的计算机对插入的软盘、光盘和其他的可插拔介质,以及对电子邮件和互联网文件都会做自动的病毒检查。

我们要养成用最新杀毒软件及时查毒的好习惯。但是千万不要以为安装了杀毒软件就可以高枕无忧了,一定要及时更新病毒库,否则杀毒软件就会形同虚设;另外要正确设置杀毒软件的各项功能,充分发挥它的功效。

(2) 防止 IP、MAC 地址的盗用

Internet 是一个开放的、互操作的通信系统,其基础协议是 TCP/IP。Internet 协议地址(简称 IP 地址)是 TCP/IP 网络中可寻址设施的唯一逻辑标识,它是一个 32 位的二进制无符号数。对于 Internet 上的任一主机,它都必须有一个唯一的 IP 地址。IP 地址由 Inter-NIC 及其下级授权机构分配,没有分配到 IP 地址的主机不能够直接连接到 Internet。

随着 Internet 的迅速发展,IP 地址的消耗非常快,据权威机构预测,现行 IPv4 版本的 IP 只够用到 2007 年。现在,企业、机构、个人要申请到足够的 IP 地址都非常困难,作为一种稀缺资源,IP 地址的盗用就成为很常见的问题。特别是在按 IP 流量计费的 CERNET 网络,由于费用是按 IP 地址进行统计的,许多用户为了逃避网络计费,用 IP 地址盗用的办法,将网络流量计费转嫁到他人身上。另外,一些用户因为一些不可告人的目的,采用 IP 地址盗用的方式来逃避追踪,隐藏自己的身份。

IP 地址盗用侵害了 Internet 网络的正常用户的权利,并且给网络计费、网络安全和网络运行带来了巨大的负面影响,因此解决 IP 地址盗用问题成为当前一个迫切的课题。

① P 地址盗用方法分析

IP 地址的盗用方法多种多样,其常用方法主要有以下几种。

• 静态修改 IP 地址

对于任何一个 TCP/IP 实现来说,IP 地址都是其用户配置的必选项。如果用户在配置 TCP/IP 或修改 TCP/IP 配置时,使用的不是授权机构分配的 IP 地址,就形成了 IP 地址盗用。由于 IP 地址是一个逻辑地址,是一个需要用户设置的值,因此无法限制用户对于 IP 地址的静态修改,除非使用 DHCP 服务器分配 IP 地址,但又会带来其他管理问题。

• 成对修改 IP-MAC 地址

对于静态修改 IP 地址的问题,现在很多单位都采用静态路由技术加以解决。针对静态路由技术,IP 盗用技术又有了新的发展,即成对修改 IP-MAC 地址。MAC 地址是设备的硬件地址,对于我们常用的以太网来说,即俗称的计算机网卡地址。每一个网卡的 MAC 地址在所有以太网设备中必须是唯一的,它由 IEEE 分配,是固化在网卡上的,一般不能随意改动。但是,现在的一些兼容网卡,其 MAC 地址可以使用网卡配置程序进行修改。如果将一台计算机的 IP 地址和 MAC 地址都改为另外一台合法主机的 IP 地址和 MAC 地址,那静态路由技术就无能为力了。

另外,对于那些 MAC 地址不能直接修改的网卡来说,用户还可以采用软件的办法来修改 MAC 地址,即通过修改底层网络软件达到欺骗上层网络软件的目的。

- 动态修改 IP 地址

对于一些黑客高手来说,直接编写程序在网络上收发数据包,绕过上层网络软件,动态修改自己的 IP 地址(或 IP-MAC 地址对),达到 IP 欺骗并不是一件很困难的事。

② 防范技术研究

针对 IP 盗用问题,网络专家采用了各种防范技术,现在比较常见的防范技术主要是根据 TCP/IP 的层次结构,在不同的层次采用不同的方法来防止 IP 地址的盗用。

- 交换机控制

解决 IP 地址的最彻底的方法是使用交换机进行控制,即在 TCP/IP 第二层进行控制:使用交换机提供的端口的单地址工作模式,即交换机的每一个端口只允许一台主机通过该端口访问网络,任何其他地址的主机的访问被拒绝。但此方案的最大缺点在于它需要网络上全部采用交换机提供用户接入,这在交换机相对昂贵的今天不是一个能够普遍采用的解决方案。

- 路由器隔离

采用路由器隔离的办法其主要依据是 MAC 地址作为以太网卡地址全球唯一不能改变。其实现方法为通过 SNMP 协议定期扫描校园网各路由器的 ARP 表,获得当前 IP 和 MAC 的对照关系,和事先合法的 IP 和 MAC 地址比较,如不一致,则为非法访问。对于非法访问,有几种办法可以制止,如:使用正确的 IP 与 MAC 地址映射覆盖非法的 IP-MAC 表项;向非法访问的主机发送 ICMP 不可达的欺骗包,干扰其数据发送;修改路由器的存取控制列表,禁止非法访问。

路由器隔离的另外一种实现方法是使用静态 ARP 表,即路由器中 IP 与 MAC 地址的映射不通过 ARP 来获得,而采用静态设置。这样,当非法访问的 IP 地址和 MAC 地址不一致时,路由器根据正确的静态设置转发的帧就不会到达非法主机。

路由器隔离技术能够较好地解决 IP 地址的盗用问题,但是如果非法用户针对其理论依据进行破坏,即成对修改 IP-MAC 地址,对这样的 IP 地址盗用它就无能为力了。

- 防火墙与代理服务器

使用防火墙与代理服务器相结合,也能较好地解决 IP 地址盗用问题:防火墙用来隔离内部网络和外部网络,用户访问外部网络通过代理服务器进行。使用这样的办法是将 IP 防盗放到应用层来解决,变 IP 管理为用户身份和口令的管理,因为用户对于网络的使用归根结底是要使用网络应用。这样实现的好处是,盗用 IP 地址只能在子网内使用,失去盗用的意义;合法用户可以选择任意一台 IP 主机使用,通过代理服务器访问外部网络资源,而无权用户即使盗用 IP,也没有身份和密码,不能使用外部网络。

使用防火墙和代理服务器的缺点也是明显的,由于使用代理服务器访问外部网络对用户不是透明的,增加了用户操作的麻烦;另外,对于大数量的用户群(如高校的学生)来说,用户管理也是一个问题。

第 5 步:校园网络安全管理制度

(1)总则

第一条为了保护中学校园网络系统的安全,促进学校计算机网络系统的应用和发展,保证校园网络的正常运行,根据《中华人民共和国计算机信息系统安全保护条例》、《中华人民共和国计算机信息网络国际联网管理暂行规定》、《计算机信息网络国际联网安全保护管理办法》以及其他法律、法规,制定本制度。

第二条本管理制度所称的校园网络系统,是指由校园网络设备、配套的网络线缆设施、网络服务器、工作站、学校网站所构成的,为校园网络应用目标及规则服务的硬件、软件的集成系统。

第三条任何单位和个人,未经校园网网管中心同意、不得擅自安装、拆卸或改变网络设备。

第四条所有工作人员和用户必须遵守国家有关法律、法规,严格执行安全保密制度,并对所提供的信息负责。任何单位和个人不得利用连网计算机从事危害校园网及本地局域网服务器、工作站的活动,不得危害或侵入未授权的(包括 CERNET 在内)服务器、工作站。

(2) 安全保护

第五条与校园网相连的计算机房建设应当符合国家的有关标准和规定。

第六条校园内从事施工、建设,不得危害计算机网络系统的安全。

第七条校园网上与国际联网的计算机必须在校园网网管中心备案

第八条校园网主干服务系统发生案件,由校园网网管中心向校保卫处及龙游县公安机关报告。

第九条严禁在校园网上使用来历不明、引发病毒传染的软件;对于来历不明的可能引起计算机病毒的软件应使用合格的杀毒软件进行检查、消毒。

第十条校园网及其子网上应使用具有合法版权的软件,维护知识产权。

第十一条任何单位和个人不得在校园网及其连网计算机上录阅传送有政治问题和淫秽色情内容的信息。

第十二条未经校园网网管中心同意,不得将有关服务器、工作站上的系统软件、应用软件转录、传递到校外。

第十三条校园网系统软件、应用软件及信息数据要实施保密措施。信息资源保密等级可分为:可向 Internet 公开的;可向校内公开的;可向本系(单位)公开的;可向有关单位或个人公开的;仅限于个人使用的。

(3) 法律责任

第十四条违反本制度的规定,由校园网网管中心会同校保卫处向学校报告,提请学校乃至公安部门处以警告或停机整顿,乃至刑事处罚。

第十五条故意输入计算机病毒,造成危害校园网及子网安全的按《中华人民共和国计算机信息系统安全保护条例》中第二十三条的规定予以处罚。

第十六条对于运行无合法版权的网络软件而引起的版权纠纷由网络服务器、工作站的管理单位(及个人)承担责任。

第十七条任何单位或个人违反本规定,给学校校园网系统造成损失的,应当依法承担民事责任。

(4) 附则

第十八条本制度中所指的网管中心目前是指中学校园网网络管理中心。

第十九条本管理制度自学校发布之日起实行。

项目思考

小周在一家安全顾问公司工作,他被要求审计一个小型商务网络(40台工作站,5台服务器),并开发一个安全策略,他采取了以下步骤。

(1) 检查所有机器,查看它们是否升级了补丁,检查物理安全。

(2) 查看是否有正确配置和正常工作的防火墙、入侵检测系统和代理服务器(或者NAT)。

(3) 查看是否所有主机都正确配置了反病毒软件。

(4) 使用NetCop探测边界和所有服务器。

(5) 开发策略解决任何服务器、VPN、网络或者其他资源的所有登录账号问题。

(6) 职工终端上的所有浏览器都被设置为中等或高级安全。

现在要考虑这些问题:

(1) 由于这个公司工作的特性,你还将什么措施添加到这个策略中?

(2) 审计措施充分吗?小周还应当采取什么措施?

(3) 这些动作没有回应什么样的威胁?

课后练习

一、填空题

1. 目前综合布线工程中,常用的测试标准为ANSI/EIA/TIA制定的_____标准。

2. 网络攻击的步骤是:_____、_____、_____控制或破坏目标系统_____和_____。

3. 按照计算机网络安全漏洞的可利用方式来划分,漏洞探测技术可以划分为信息型漏洞探测和_____。

4. 分布式入侵检测对信息的处理方法可以分为四种:分布式信息收集、集中式处理、分布式信息收集和_____。

5. 误用检测技术是按照已知模式的可靠检测。_____模式搜寻时间数据、最适合于对内网。

6. 根据所使用通信协议的不同,端口扫描技术分为TCP端口扫描技术和_____端口扫描技术。

7、IDMEF的中文全称为_____。

8. 从系统构成上看,入侵检测系统应包括数据提取、_____、响应处理和远程管理四大部分。

9. 就检测理论而言,入侵检测技术可以分为异常检测和_____。

10. IDMEF的中文全称为_____。

二、选择题

1. 网络精灵的客户端文件是(　　)。

A. UMGR32. EXE   B. Checkdll. exe

C. KENRNEL32. EXE   D. netspy. exe

2. 一份好的计算机网络安全解决方案,不仅要考虑到技术,还要考虑的是( )。

A. 软件和硬件   B. 机房和电源

C. 策略和管理   D. 加密和认证

3. 在进行计算机网络安全设计、规划时,不合理的是( )。

A. 只考虑安全的原则   B. 易操作性原则

C. 适应性、灵活性原则   D. 多重保护原则

4. Windows Server 2003 系统的安全日志通过( )设置。

A. 事件查看器   B. 服务器管理   C. 本地安全策略   D. 网络适配器

5. 目前无线局域网主要以( )作传输媒介。

A. 短波   B. 微波   C. 激光   D. 红外线

6. 为了提高电子设备的防电磁泄漏和抗干扰能力,可采取的主要措施是( )。

A. 对机房进行防潮处理   B. 对机房或电子设备进行电磁屏蔽处理

C. 对机房进行防静电处理   D. 对机房进行防尘处理

7. 为保证计算机网络系统的正常运行,对机房内的三度有明确的要求。其三度是指( )。

A. 温度、湿度和洁净度   B. 照明度、湿度和洁净度

C. 照明度、温度和湿度   D. 温度、照明度和洁净度

三、简答题

1. 端口扫描的基本原理是什么? 端口扫描技术分成哪几类?

2. 简述恶意代码的主要防范措施。

3. 试述网络安全技术的发展趋势。

4. 某投资人士用 Modem 拨号上网,通过金融机构的网上银行系统,进行证券、基金和理财产品的网上交易,并需要用电子邮件与朋友交流投资策略。该用户面临的安全威胁主要有:(1)计算机硬件设备的安全;(2)计算机病毒;(3)网络蠕虫;(4)恶意攻击;(5)木马程序;(6)网站恶意代码;(7)操作系统和应用软件漏洞;(8)电子邮件安全。试据此给出该用户的网络安全解决方案。

5. 假如你是一个网络管理员,请假定一个网络应用场景,并说明你会采取哪些措施来构建你的网络安全体系,这些措施各有什么作用,它们之间有什么联系?

参 考 文 献

[1] 蒋亚军. 网络安全技术与实践[M]. 北京：人民邮电出版社，2012.

[2] 石淑华，等. 计算机网络安全技术[M]. 3 版. 北京：人民邮电出版社，2012.

[3] 杨文虎，等. 网络安全技术与实训[M]. 2 版. 北京：人民邮电出版社，2011.

[4] 付忠勇. 网络安全管理与维护 [M]. 北京：清华大学出版社，2009.

[5] 吴献文. 计算机网络安全应用教程 [M]. 北京：人民邮电出版社，2010.

[6] 归奕红，等. 网络安全技术案例教程 [M]. 北京：清华大学出版社，2010.

[7] 张兆信，等. 计算机网络安全与应用技术 [M]. 北京：机械工业出版社，2010.

[8] 王建平. 网络安全与管理[M]. 西安：西北工业大学出版社，2008.

[9] 范荣真. 计算机网络安全技术[M]. 北京：清华大学出版社，2010.

[10] 张殿明，等. 计算机网络安全[M]. 北京：清华大学出版社，2010.